高等院校精品课程系列教材

华东师范大学精品教材建设专项基金资助项目

U0191320

智能数字图像处理

原理与技术

全红艳 编著

Intelligent Digital Image Processing

Principle and Technology

机械工业出版社

CHINA MACHINE PRESS

图书在版编目（CIP）数据

智能数字图像处理：原理与技术 / 全红艳编著 . —北京：机械工业出版社，2022.10
高等院校精品课程系列教材
ISBN 978-7-111-71955-7

Ⅰ. ①智…　Ⅱ. ①全…　Ⅲ. ①数字图像处理 – 高等学校 – 教材　Ⅳ. ① TN911.73

中国版本图书馆 CIP 数据核字（2022）第 204018 号

本书分为数字图像处理基础理论和智能数字图像处理方法两篇。数字图像处理基础理论篇涵盖数字图像处理的概念、数字图像处理的基本运算、基于点运算的图像增强、基于空域的图像增强、基于频域的图像增强、数字图像复原技术、数学形态学的图像处理方法、数字图像的分割技术等知识。智能数字图像处理方法篇涵盖智能图像处理的基础知识、智能图像处理的发展及应用、基于智能技术的图像去噪技术、基于智能技术的暗光图像增强技术、基于智能技术的图像语义分割、基于智能技术的图像彩色化处理、基于智能技术的图像风格化处理技术以及基于智能技术的图像修复技术等内容。

本书内容全面、体系完整、案例丰富，适合作为高校数字图像处理、智能数字图像处理及相关课程的教材，也适合智能数字图像处理方向的技术人员参考。

出版发行：机械工业出版社（北京市西城区百万庄大街 22 号　邮政编码：100037）

策划编辑：曲　熠		责任编辑：曲　熠	
责任校对：梁　园　梁　静		责任印制：李　昂	
印　　刷：河北鹏盛贤印刷有限公司		版　　次：2023 年 3 月第 1 版第 1 次印刷	
开　　本：185mm×260mm　1/16		印　　张：17.75	
书　　号：ISBN 978-7-111-71955-7		定　　价：69.00 元	

客服电话：（010）88361066　68326294

前　言

近年来，随着信息技术的发展，数字图像处理技术已经广泛应用于地理信息、网络、安全、医学、媒体传播等领域。在多媒体技术高速发展的今天，特别是在人工智能新技术革命的驱动下，数字图像处理技术在各个应用领域发挥着重要的作用。掌握图像处理技术及实践的基本技能是开发数字图像处理应用的前提和基础。

本书根据人工智能的发展，结合传统数字图像处理技术的理论知识，进一步拓展到结合人工智能的数字图像处理技术。本书分为两篇：数字图像处理基础理论和智能数字图像处理方法。数字图像处理基础理论篇涵盖数字图像处理的概念、数字图像处理的基本运算、基于点运算的图像增强、基于空域的图像增强、基于频域的图像增强、数学图像复原技术、数学形态学的图像处理方法、数字图像的分割技术等知识。智能数字图像处理方法篇涵盖智能图像处理的基础知识、智能图像处理的发展及应用、基于智能技术的图像去噪技术、基于智能技术的暗光图像增强技术、基于智能技术的图像语义分割、基于智能技术的图像彩色化处理、基于智能技术的图像风格化处理技术以及基于智能技术的图像修复技术等内容。

数字图像处理是一门实践性较强的课程，该课程的教学应采用理论与实践相结合的方法，因此，实践是该课程教学的一个主要环节。为了使学生掌握扎实的实践技能，我们以培养学生的创新意识、提高学生的实践能力为目标，一方面讲解数字图像处理的理论知识及实现方法，另一方面根据数字图像处理课程实践教学的需要，编写了配套实践教材《智能数字图像处理实践》。本书与实践教材保持了风格和内容的一致性，具有浅显易懂、实例丰富、循序渐进的特点。

本书主要包括以下几个方面的特点：

- 面向零起点读者。没有学习过算法设计知识的学生也可以通过本书循序渐进地掌握数字图像处理的知识。本书对数字图像处理知识的阐述浅显易懂，计算机类、电子类以及相关专业的学生均可学习。

- 深入浅出，夯实知识基础。在深入讲解数字图像处理原理的基础上，由浅入深地介绍数字图像处理的实现方法及实践技能，为学生未来从事数字图像处理的研究或技术工作打下基础。

- 教学实例丰富。为了提高学生学习数字图像处理的效率和实践技能，本书提供了丰富的实例，展示数字图像处理的方法及实践步骤，学生可以通过练习掌握常用的技术和方法。

- 理论与实践内容同步。理论教材与实践教材相互呼应，同时，理论教材讲解的编程实例与实践教材中的编程工具相对应，既有利于教学，也有利于学生自学。

- 注重数字图像处理的实践及技能训练。为了帮助读者深入理解图像处理算法，本书注重用实例讲解数字图像处理问题的具体方法及步骤，这样可以使学生扎实地掌握数字图像处理的方法及技术，提高数字图像处理的实践技能。

- 采用多种编程方法。根据目前实际工程的需要，在讲解数字图像处理方法时，采用常用的编程语言及软件包对算法进行描述。在讲解理论知识时，示例采用 skimage、PIL 或者

OpenCV 进行编程；在实践教学中，拓展了 Matlab 方法、OpenCV 方法以及 CDib 类的方法，以便满足各类专业的教学及实践要求。

- 提供习题，供学生巩固知识和练习。各章最后配备了习题，便于学生巩固知识点，也可以为相关专业的教学提供方便。
- 涵盖前沿技术。智能数字图像处理方法篇介绍了相关的前沿技术，在讲解过程中，从原理、技术到新动态，既适合理论教学，也适合技术开发人员参考。

在本书撰写过程中作者参考了大量数字图像处理方面的书籍、资料和网站。特别是基于智能方法的图像处理技术目前还处于快速发展中，因此，在编写本书的过程中，作者除了融入自己积累的实践经验及知识之外，也参考了大量国外知名的期刊及国际顶级会议的技术资料，在此向这些资源的作者表示感谢。

鉴于作者的经验及水平，书中的错误在所难免，敬请各位读者不吝指正。

编 者

目　　录

第一篇
数字图像处理基础理论

本篇首先介绍数字图像处理（Digital Image Processing，DIP）的基本知识、人类感知与影响数字图像质量的因素，然后介绍空域图像处理技术和频域图像处理技术。在此基础上，对数字处理、图像的复原、彩色图像处理技术、数学形态学处理技术、图像编码技术与压缩技术、图像分割技术进行阐述。

第1章　概　　论

随着信息技术的不断进步，特别是数字媒体技术的迅猛发展，数字图像处理技术已广泛应用于地理信息、网络、安全、医学、媒体传播等各个领域。特别是，由于人工智能等新技术的驱动，数字图像处理技术在各个应用领域中展示出强大的作用，并且不同的应用领域对于数字图像具有不同的要求。因此，学习数字图像处理的理论知识变得越来越重要，掌握图像处理的理论知识及实践技能将成为满足各种实际应用需求的前提和基础。

1.1　数字图像概述

1.1.1　图像与数字图像的概念

图像是通过人类视觉对客观环境的感知或者利用采集设备对客观环境的能量采样后获得的数据信息。摄像头、数码照相机及扫描仪等都是典型的图像采集设备。

1. 图像采集

为了获取图像，需要环境光照射到物体表面。客观世界中的目标在环境光照射下，会在表面形成明暗不同的照射效果，即物体表面形成反射或透射光的能量分布，再利用图像采集设备对物体表面分布的能量进行拍摄。

对于图像的采集设备，传统的工业控制多采用光导摄像真空管（Vidicon）摄像头。近些年，电荷耦合器件（Charge Coupled Device，CCD）技术迅猛发展，CCD 具有体积小、重量轻、分辨率高、灵敏度高、价格低等优点，因此被广泛应用，并促进了图像处理及机器视觉系统的发展。无论是摄像头、CCD 数码照相机，还是扫描仪，图像传感器都是其中的主要部件。在图像采集的过程中，通过光传感器获取客观世界环境的光能量"图"，然后将这些能量转换成电信号，将光能转换为电能，以电压形式输出。例如，对于空间物体表面的某一截线 AB 上的能量进行采样（如图 1-1a 所示），然后输出一定波形的电压（如图 1-1b 所示）。

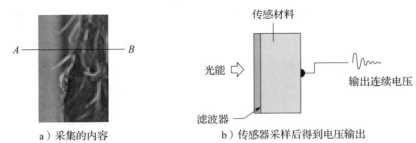

a）采集的内容　　　　　　　　b）传感器采样后得到电压输出

图 1-1　传感器采样后输出连续电压

可见，物体表面的连续能量在采集后，首先得到的是连续波形的电压。然而，计算机只能处理离散化的数字信息，例如，显示器只能显示离散的光栅数据，如图 1-2 所示。因此，为了使图像能够在计算机内进行存储、处理和显示，必须对图像进行数字化处理，转为数字图像，其处理过程分为图像采样和量化两个步骤。

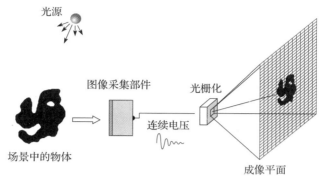

图 1-2　图像采样及光栅化

2. 图像采样处理

为了满足计算机显示和处理离散数据的需求，图像采集后需要进行采样处理。图像采样是从连续能量获取离散化结果的过程，可以采取垂直方向采样（如图 1-3a 所示）以及水平方向采样（如图 1-3b 所示）两种方式。

传统的图像采样方法一般需要进行两次采样处理，即行采样处理和列采样处理。例如，在采用 Vidicon 真空管摄像机进行图像采样时（如图 1-4a 所示），先采用行扫描采样方式进行处理，即按照水平方向采样（如图 1-4b 所示），形成每一行采样电压的模拟信号，在

图 1-3　图像垂直采样与水平采样

模拟信号送到图像采集卡后，再对其做垂直方向的采样（如图 1-4c 所示），得到矩形阵列的像元点阵，每个采样的像元被称为像素。每个像元采样为该点的能量，需要进一步将其量化后，形成每个像素离散化的结果，供计算机进行光栅化处理。CCD 摄像机由半导体光敏阵列组成，进行图像采样时，其靶面直接对客观环境中的能量进行采样，得到二维图像的点阵采样，即获得二维图像的像素阵列。

图 1-4　图像采样过程

采样一般按等间距进行，称为均匀采样，如图 1-5a 所示。均匀采样是按一定的顺序和间隔采集数据，将图像在空间上分割成规则排列的一系列离散数据点的过程。有时根据需要也可以采用非均匀采样，即在颜色变化比较剧烈、细节丰富的区域用较大的采样密度，在变化缓慢、细节较少的平缓区或背景区用较小的采样密度，这种采样被称为自适应采样（如图 1-5b 所示），是非均匀采样的一种。在本书中，如果不特别说明，采样均指均匀采样。

a）均匀采样　　　　　　　　　b）自适应采样

图 1-5　均匀采样和自适应采样

3. 图像的量化处理

图像的量化处理过程就是将采样得到的图像函数值（灰度值或颜色）进行数字化，通常将每个像素的灰度值量化到 0 至 255（256 个灰度级）之间，或者将每个像素的灰度值归一化到 0 到 1 之间，这样处理后的图像称为数字图像。

那么，图像是怎样进行量化的呢？

我们以图 1-6a 中的图像为例说明水平截线 AB 上的灰度采样过程。为了说明清晰，我们假设水平方向的像素个数为 640，那么水平方向均匀采样 640 次，如图 1-6b 所示。假设某次采样的电压值为 u，量化后将它离散为 0~255 之间的整数值，如图 1-6c 所示。从图 1-6 可以看出，该图像的水平扫描线 AB 经过采样和量化处理后，得到的是离散化的数值结果，然后可以在计算机中进一步存储、表达和处理。

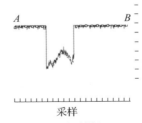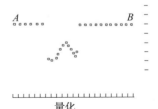

a）物体的水平扫描线　　　b）AB 上的采样电压　　　c）AB 上像素采样的量化结果

图 1-6　图像采样和量化

实际上，图像经过采样、量化处理后的离散化结果是真实场景的一种近似表示，如图 1-7 所示。图 1-7a 是真实场景中物体的客观状态，图 1-7b 是量化后的结果，从图中可以明显地看出，量化后的图像信息并不包含客观真实物体的全部细节，而是真实物体的近似表示。

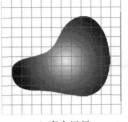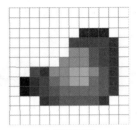

a）真实场景　　　　　　b）数字图像

图 1-7　数字图像是真实场景的近似表示

4. 数字图像的概念

数字图像是指利用采集设备对客观的三维世界实体的外观及环境的光照能量进行数据采集，对所得到的结果再进一步采样和量化，以便计算机表达与处理，人们将其量化结果称为数字图像。

数字图像可以采用二元组 $\langle P, G \rangle$ 表示。其中，P 是像素坐标的集合，G 是像素的颜色集合

或者灰度集合。其具体表示为

$$P = \{(x, y) \mid 0 \leqslant x \leqslant X, \ 0 \leqslant y \leqslant Y\} \tag{1-1}$$

$$G = \{g \mid g = f(p) \cap p \in P\} \tag{1-2}$$

式中，X 为小于 M 的非负整数集合，Y 为小于 N 的非负整数集合，M 和 N 分别表示图像在水平和垂直方向的尺度，(x, y) 表示二维图像平面上像素点的坐标。对于灰度图像，如图 1-8a 所示，函数值 g 表示位置 (x, y) 处像素的灰度值，其范围通常在 0 到 255 之间，0 表示黑色，255 表示白色；对于彩色图像，如图 1-8b 所示，函数值 g 由色彩分量组成，如 RGB 色彩空间的红、绿、蓝分量。

a）灰度图像　　　　　　b）彩色图像

图 1-8　灰度图像和彩色图像实例

1.1.2 数字图像的表示与实例

数字图像由二维的元素组成，这些元素被称为像素，每个像素具有一个特定的位置 (x, y) 和幅值 g，$\langle P, G \rangle$ 是像素坐标与颜色或灰度之间的映射，如图 1-9 所示。图 1-9a 中的 (x, y) 为 $(3, 5)$，g 表示颜色值，为 $f(3, 5)$ 的结果。对于一幅图像，用矩阵表示灰度值的阵列，如图 1-10 所示。

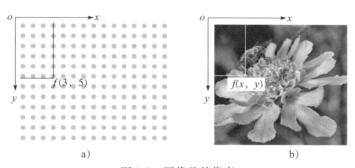

a)　　　　　　　　　　b)

图 1-9　图像及其像素

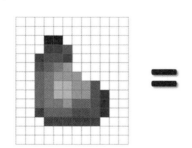

图 1-10　灰度图像及灰度值阵列表示实例

1. 数字图像的坐标系

根据实际应用的需要，图像可以采用不同坐标系来表示，常见的坐标系有设备坐标系、图像坐标系和视觉坐标系。下面先介绍设备坐标系和图像坐标系。

（1）设备坐标系

图 1-9a 中的坐标系是设备坐标系。它把计算机屏幕的左上角作为坐标系的原点，以像素为单位，水平向右的方向作为坐标系的 x 轴，垂直向下的方向作为坐标系的 y 轴。本书描述图像处理算法时，都采用设备坐标系。在利用 Matlab 软件描述图像处理算法时，约定垂直向下的方向作为坐标系的 x 轴，水平向右的方向作为坐标系的 y 轴，如图 1-11 所示。

（2）图像坐标系

图像坐标系的原点是图像中心，以像素为单位，水平向右的方向作为坐标系的 x 轴，垂直向下的方向作为坐标系的 y 轴，如图 1-12 所示。在图像三维重建中，常考虑 dx 和 dy 尺度单位，它们分别表示每个像素在横轴方向和纵轴方向的物理尺寸。

图 1-11　Matlab 软件描述图像处理算法采用的坐标系

图 1-12　图像坐标系

数字图像是在采样和量化之后得到的离散化结果，因此，我们用二维离散函数 $I(x, y)$ 来表示数字图像，x 和 y 表示图像像素在设备坐标系中的坐标，取正整数。函数值 I 表示在点 (x, y) 处像素的灰度值或颜色值。

对一幅图像采样后，采用矩阵 $I(x, y)$ 表示，即

$$I(x, y) = \begin{bmatrix} I(0, 0) & I(1, 0) & \cdots & I(M-1, 0) \\ I(0, 1) & I(1, 1) & \cdots & I(M-1, 1) \\ \vdots & \vdots & & \vdots \\ I(0, N-1) & I(1, N-1) & \cdots & I(M-1, N-1) \end{bmatrix} \tag{1-3}$$

$I(x, y)$ 中每行（即横向）像素为 M 个，每列（即纵向）像素为 N 个，图像中共有 $M×N$ 个像素，$0 \leqslant x \leqslant M$，$0 \leqslant y \leqslant N$，构成一个 $M×N$ 的矩阵，$I(x, y)$ 表示像素灰度值或颜色值。

图 1-13 给出了一个数字图像实例。其中，图像的水平宽度 M 为 511，高度 N 为 479，图中分别给出了第 0 行第 0 列、第 58 行第 278 列和第 478 行第 510 列位置的像素，$(510, 478)$ 位置的像素的灰度值为 75，三通道分量为 $(75, 75, 75)$。

2. 灰度图像实例

对于灰度图像，图像像素的灰度值表示图像像素的深浅程度，可以用强度表示，对应物体表面的亮度。图像的亮度是指物体表面被照射后的明亮程度，由反射

图 1-13　数字图像表示的实例

系数及物体表面光的反射光强度决定。一般来说，颜色越浅，表示亮度越高，对应目标物体的表面能量越高。图像的强度等级是灰度图像中灰度种类的数目，通常采用的强度等级有 256、64、16、8 和 2 等。对于 256 强度等级的图像，每个像素可以取 0~255 的一个灰度值，0 表示黑色，255 表示白色。

强度等级也可以用位深来表示。位深也称为位分辨率，代表图像中一个像素灰度值占有的二进制位的数量。例如，对于具有 256 个强度等级的图像来说，其位深为 8，也称为 8 位图像；而对于具有 2 个强度等级的图像来说，其位深为 1，也称为 1 位图像。

图 1-14 给出了一个具有 256 个强度等级的灰度图像的实例，图 1-14a 是一幅灰度图像，图 1-14b 是取出的局部样例，图 1-14c 是图 1-14b 中的样例对应的灰度阵列。可以看出，每个像素对应一个 0~255 之间的灰度值。

45	34	46	48	28	39	56
47	41	35	52	37	46	38
42	23	48	59	23	22	53
78	72	82	92	73	92	72
83	93	49	62	21	73	83
110	91	104	82	81	91	82
71	81	89	103	172	91	92

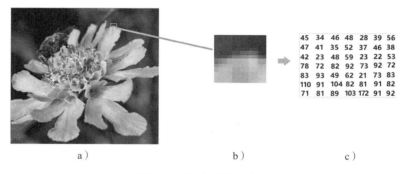

a)　　b)　　c)

图 1-14　灰度图像的实例

二值图像是一种特殊的灰度图像，其强度等级为 2，常用 0 或者 1 对二值图像中的像素进行标记。如果图像像素标记为 1，表示该像素为前景像素，其灰度值一般为 255；如果标记为 0，表示该像素为背景像素，其对应灰度值一般为 0。图 1-15 是二值图像的一个实例，从图像中可以看出，每个像素对应 0 或 1 的标记。

0	0	0	0	0	0	0	0	0	0
0	0	1	0	0	0	0	0	0	0
0	0	1	0	0	0	0	0	0	0
0	0	1	0	0	0	0	0	0	0
0	0	1	0	0	0	0	0	0	0
0	0	1	0	0	0	0	0	0	0
0	0	1	0	0	0	0	0	0	0
0	0	1	1	1	1	1	0	0	0
0	0	0	0	0	0	0	0	0	0

0	0	0	0	0
0	0	1	0	0
0	0	1	0	0
0	0	1	0	0
0	0	1	0	0

图 1-15　二值图像的实例

彩色图像中每个像素用色彩表示，有多种色彩模型可以表示图像的像素颜色，例如，RGB 和 CMYK 是两种常用的色彩模型。RGB 类型的图像由基色为红色（R）、绿色（G）和蓝色（B）的三种颜色成分组成，CMYK 类型的图像则由青色（C）、品红（M）、黄色（Y）和黑色（K）四种颜色成分组成。关于色彩空间的其他模型我们将在后面章节予以介绍。

用 RGB 色彩空间描述的彩色图像，其位深为 24，能够表示约 1670 万种不同的颜色。由于人的眼睛能识别的颜色种类不超过 1400 万种，因此 24 位颜色也被称为彩色或真彩色。红、绿、蓝每一种原色都可以有 0~255 共 256 种变化，占 8 位内存，因此需分配 24 位内存来存储彩色信息。R、G 和 B 的取值若均为 0，表示黑色；R、G 和 B 的取值若均为 255，表示白色。再如，如果一个像素的三个分量为 (255, 0, 0)，表示该像素为红色；如果三个分量为 (0, 255, 0)，表示该像素为绿色；如果三个分量为 (0, 0, 255)，表示该像素为蓝色。

图 1-16 给出了一个 RGB 色彩空间的彩色图像实例。从图中可以清楚地看出，每个像素由 R、G 和 B 三个分量(也称为三个通道)组成，每个分量占一个字节的内存，每个像素的颜色由三个分量共同确定。

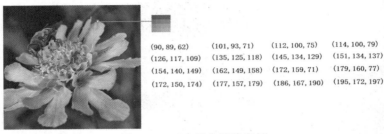

图 1-16　RGB 彩色图像实例

1.1.3　像素及其邻域

邻域操作是对像素相邻区域进行的操作，而不是对单一像素进行的操作。邻域常为矩形区域，也可以是任何尺度、任何形状。

1. 像素的 4 邻域

像素的 4 邻域是由像素的上、下、左、右相邻像素构成的像素集，其表示为 $L_4(p)$，如图 1-17 所示。

2. 像素的对角邻域(D 邻域)

像素的对角邻域是由像素的左上、右上、左下、右下相邻像素构成的邻域集，其表示为 $L_D(p)$，如图 1-18 所示。

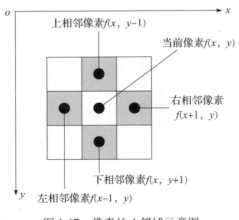

图 1-17　像素的 4 邻域示意图

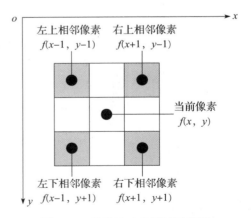

图 1-18　像素的对角邻域示意图

3. 像素的 8 邻域

像素的 8 邻域是指由像素的上、下、左、右、左上、左下、右上、右下相邻像素构成的像素集，其表示为 $L_8(p)$，如图 1-19 所示。

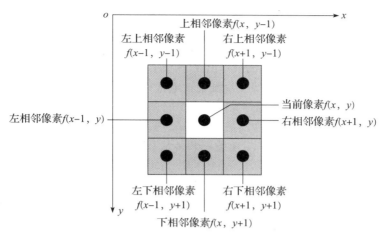

图 1-19　像素的 8 邻域示意图

常见的邻域操作有以下几种：

- 最小化操作：将邻域内像素的最小灰度值作为中心像素的灰度。
- 最大化操作：将邻域内像素的最大灰度值作为中心像素的灰度。
- 中值化操作：将邻域内所有像素的中间值作为中心像素的灰度。

像素之间具有一定的距离。对于像素 $p(x, y)$、$q(s, t)$ 和 $z(u, v)$，如果用 D 表示两个像素之间的距离，那么 D 具有以下一些特性：

- $D(p, q) \geqslant 0$。
- $D(p, q) = 0$（当 $p=q$ 时）。
- $D(p, q) = D(q, p)$。
- $D(p, z) \leqslant D(p, q) + D(q, z)$。

对于像素之间距离的计算，常采用欧式距离、D_4 距离（也称为城市街区距离）和 D_8 距离（也称为棋盘距离）。

欧氏距离（Euclidean Distance）也称为欧几里得距离，在二维空间中，欧氏距离就是两点之间的直线段距离。例如，在上述像素中，p 和 q 之间的欧氏距离定义如下：

$$D = \sqrt{(x-s)^2 + (y-t)^2} \tag{1-4}$$

p 和 q 之间的 D_4 距离为：

$$D_4(p, q) = |x-s| + |y-t| \tag{1-5}$$

图 1-20 给出了中心像素到周围邻域像素之间的 D_4 距离的计算结果。

p 和 q 之间的 D_8 距离为：

$$D_8(p, q) = \max(|x-s|, |y-t|)$$

图 1-21 给出了中心像素到周围 5×5 邻域像素的 D_8 距离的计算结果。

		2		
	2	1	2	
2	1	0	1	2
	2	1	2	
		2		

2	2	2	2	2
2	1	1	1	2
2	1	0	1	2
2	1	1	1	2
2	2	2	2	2

图 1-20　中心像素到周围邻域像素的 D_4 距离　　图 1-21　中心像素到周围 5×5 邻域像素的 D_8 距离

1.2 数字图像处理技术的发展及应用

20 世纪 20 年代，数字图像处理的技术出现。当时，报纸行业率先开发了巴特兰(bartlane)电缆图像传输系统。1921 年，在巴特兰系统中，电报打印机采用特殊字体在编码纸带上产生数字图片，人们第一次通过海底电缆横跨大西洋，将图片从伦敦送往纽约。虽然当时通过电缆传输的图像质量不是很高，甚至不涉及数字图像处理，仅仅是一次数字图像传输的实现，但是，这次传输具有里程碑意义。巴特兰电缆图片传输系统使用 5 个不同的灰度级来编码图像，传输时首先进行编码，然后在接收端用特殊打印设备重现该图像。随着技术的发展，1929 年，表示灰度图像的等级数已经达到 15 个，由于当时技术尚未成熟，在不压缩的情况下，传输一幅图像需要一个多星期的时间，压缩图像后，传输的时间减少到 3 小时。

20 世纪 40 年代，超大规模集成电路迅速发展，计算机技术得以迅猛发展。在此基础上，1946 年，第一台电子计算机"电子数字积分计算机"问世，为数字图像处理技术的发展奠定了硬件基础。20 世纪 60 年代，随着计算机技术的发展，开始将大型计算机用于图像处理，于是产生了数字图像处理学科。当时，图像处理的主要目的是图像的增强、改变图像的视觉感知的质量，并出现了图像处理的复原、编码技术。图像处理大型设备逐渐用于空间项目，在美国喷气推进实验室对航天探测器"徘徊者 7 号"的卫星探测中，通过图像处理的灰度变换、去除噪声等技术，对从月球发回的几千张照片进行处理，得到了月球的地形图、彩色图及全景镶嵌图等。此次成功应用，在为人类登月奠定坚实基础的同时，也促进了数字图像处理这门学科的发展。

随着技术的不断进步，数字图像处理技术已经广泛应用于医学、生物学及军事等领域，在指纹识别、人脸识别、图像检索、视频检索、电影特技、虚拟现实以及电子商务等新兴领域也发挥出重要作用，在计算机辅助诊断、数字图像编码及农业方面出现了很多应用成果。

在医学领域，Ledley 在 1966 年首次提出计算机辅助诊断(Computer Aided Diagnosis，CAD)的概念，其中医学影像是计算机辅助诊断的主要应用领域。X 射线是一种较早出现的一种医学影像技术，在 1895 年德国物理学家威廉·康拉德·伦琴发现 X 射线以后，X 射线就为医学影像的采样奠定了基础。1972 年，英国 EMI 公司的工程师 Housfield 发明了医学影像的 X 射线计算机断层摄影装置(Computer Tomograph，CT)，用于头颅诊断。随后出现了基于头部断截面影像的三维重建技术。在此基础之上，1975 年，该公司又成功研制出用于全身的无损伤 CT 诊断装置，这一产品获得了诺贝尔奖。目前，已经有 X 射线在内的多种影像技术。例如，X 射线的影像技术有血管摄影、心血管摄影、电脑断层扫描、牙齿摄影等；伽马射线影像技术包括伽马摄影正子发射断层扫描、单一光子发射断层扫描；磁共振技术包括核磁共振成像及磁共振成像；超声波影像技术包括 A 型超声波检查、B 型超声波检查、M 型超声波检查和 D 型多普勒超声。在医学辅助诊断中，经常采用不同影像之间的跨模态诊断技术。医学影像分析在 CAD 的发展中起着重要作用，同时，由于人工智能技术的迅猛发展，推动医学影像的智能分割与重建技术不断改进，智能化水平有了新的进展。基于人工智能的 CAD 技术已经应用于疾病诊断和治疗决策之中。

在数字图像处理技术的发展过程中，经历了低级、中级和高级三个处理阶段。在技术发展的初期，处理图像的目的是提高图像的质量，例如，解决图像在采集过程中由于噪声、干扰信号、编码等因素造成的质量下降问题，改善图像的质量，使得图像有利于人类视觉的感知。在 20 世纪 70 年代中期，逐步出现了对图像进行区域分割的研究，图像处理的技术从低级处理阶段发展到包括图像解释等处理的中级处理阶段，计算机视觉迅速发展。20 世纪 70 年代末，

Marr 提出了视觉理论，图像处理进入高级处理阶段——图像理解。

随着技术的进步，数字图像处理技术在图像压缩及编码方面的技术也迅速发展。图像压缩及编码技术具有很高的实用价值，例如，可以用于可视电话、会议电视、数字电视、高清晰度电视等。在该技术发展的初期，美国航空航天局曾使用差分脉码调制编码技术对数字图像进行压缩处理。后来加入了自适应编码策略，出现了自适应的差分脉码调制编码压缩，在图像的空域进行压缩编码处理，效率较低。随着压缩技术的不断进步，产生了频率域处理的方法。开始使用频域编码时，主要采用傅里叶变换，后来又出现了离散余弦变换及加帧间运动补偿技术。1980 年以后，国际标准化组织先后推出了 H 系列和 MPEG 标准的运动图像压缩编码技术。1993 年出现了 MPEG-1 编码标准草案，1994 年出现了 MPEG-2 标准，并用于高清晰度电视图像的编码。2000 年，出现了 MPEG-4 编码，使得移动通信技术得以快速发展。20 世纪 90 年代初，小波理论和小波变换方法的诞生，更好地实现了数字图像的分解与重构。当时的图像分解是把原始图像分解成两部分：结构和纹理。图像分解技术在图像处理领域中是极为重要并且具有挑战性的问题，技术的发展已经使这个问题得到了解决。数字图像处理中小波压缩理论及技术的发展，使得图像信息安全传输有了新的进展。

20 世纪 70 年代，计算机视觉技术逐步在农业领域得到了应用，主要用于动物、植物和农产品等生物体的检测和质量评定。

- 数字图像处理应用于果品形状与缺陷的检测及分级。从 1985 年开始，Rehkugler 采用图像的灰度值检测苹果的缺陷。后来，Sarkar N. 和 R. R. Wolfe 在研究中利用 8 邻域链码边界的曲率描述西红柿的形状，并研究出利用计算机视觉技术的西红柿品质分级装置。1989 年，Miller 等在桃子的分级研究中，开发出准确度较高的损伤面积计算方法。1990 年，Shearer 研究出了基于机器视觉的圆椒颜色分级的算法，准确率较高。同年，Brandon 开发的视觉系统能够获取胡萝卜的顶部图像，根据外形特征对胡萝卜顶部形状进行分级。后来，又逐步出现了苹果质量检测及橘子、桃子等水果的分级应用。
- 数字图像处理技术应用于粮食作物质量的检测与分级。1985 年出现了小麦品种分类技术，1986 年出现了玉米籽粒裂纹机器视觉无损检测技术，检测精度达到 90%。随后，人们利用数字图像技术研究出小麦品种分级的视觉算法、玉米籽粒分类的算法及蚕豆品质评价算法等。
- 数字图像处理应用于植物生长状态监测。1992 年，人们利用图像分析手段，对植株叶子的生长情况进行监测，从而进一步控制灌溉系统。Vande Vooren 等在 1992 年利用图像分析，测定蘑菇的各种形态学特征，通过描述蘑菇的形状特征预测同一胚芽体细胞的发芽状况。后来又利用数字图像分析手段，研究根据水稻生长情况及施肥量来预测产量的数学模型。此外，图像处理技术还广泛应用于杂草与病虫害的防治以及农业生物孵化的研究。

1.3　数字图像处理方法概述

在数字图像处理技术的发展过程中，出现了传统的图像处理方法和智能的图像处理方法。无论是传统的图像处理方法还是智能的图像处理方法，处理的主要问题是一致的，即主要是对图像进行增强、编码、变换以及恢复等处理。

图像增强是图像处理中的典型问题，它是指通过一定的手段对原图像附加一些信息或变换数据，有选择地突出图像中感兴趣的特征或者抑制（掩盖）图像中某些不需要的特征，使图像与视觉响应特性相匹配。典型的图像增强问题包括图像的平滑和锐化处理。

传统的图像增强处理方法主要有空域法和频域法两大类方法。空域图像处理是从图像所在的二维空间平面及二维图像函数着手，对二维函数空间的像素进行点处理或邻域处理。其中，点处理包括代数运算、几何运算及形态学运算；在空域法的邻域处理中，图像平滑去噪增强的典型处理算法有均值滤波和中值滤波方法。锐化处理中典型的空域处理方法是采用梯度方法、各种空域滤波器，在空域中对感兴趣的图像区域的边缘信息进行提取，突出其特征信息。频域方法是将图像看作信号，利用傅里叶、余弦变换等将图像变换到频谱空间，然后在频域空间中采用滤波器进行处理。对于图像平滑，典型的频域空间平滑滤波器有理想低通滤波器、巴特沃斯低通滤波器、高斯低通滤波器等；对于图像锐化处理，常见的频域滤波器有理想高通滤波器、巴特沃斯高通滤波器、高斯高通滤波器等。

智能的图像处理方法是指近些年由于人工智能技术的迅猛发展，产生了利用多层感知的技术，采用深度学习的方法来实现图像处理的功能。目前出现的智能图像处理技术主要包括图像的去噪技术、图像的暗光增强技术、图像的彩色化和风格技术以及图像的复原技术。

传统的图像处理方法直接对图像的像素点、邻域利用频域直接处理，智能的图像处理方法则是采用学习的方法，通过建立学习模型，根据大量数据样本进行学习，从而挖掘出图像处理中的特征、规律和方法，深度学习的质量依赖于训练数据集的大小和数据分布。

1.4 数字图像处理的主要技术与系统构成

数字图像处理又称为计算机图像处理，它是指将图像信号转换成离散的数字信号，并利用计算机对其进行处理。传统图像处理方法和智能图像处理方法是不同的。

在传统数字图像处理方法中，主要技术手段包括图像采集技术、图像增强技术、图像复原技术、图像分割技术、目标识别技术、表达描述技术、图像压缩技术和彩色化处理技术等。

- 图像采集：利用采集设备获取连续的信号，经采样和量化得到数字化图像信息。
- 图像增强：增强图像中的有用信息，改善图像质量。
- 图像复原：在图像出现退化时，根据一定的先验知识，恢复图像信息。
- 形态学处理：利用形态学方法提取图像中的形状信息。
- 图像分割：把图像分成"有意义"的区域，这是图像分析的基础。
- 目标识别：从图像中区分出目标的处理过程。
- 表达描述：采用链码法、边界标记法等表示图像，便于特征提取。
- 图像压缩：采用数据压缩技术减少图像数据中的冗余信息，便于存储和传输。
- 彩色化处理：采用色度学和编码学的技术对图像的颜色信息进行处理。

传统数字图像处理过程一般先对采样的图像进行去噪、增强等预处理，再做进一步处理。例如，在图像分割处理时，必要情况下需要先将图像灰度的对比度增强，再进行分割处理，图 1-22 给出了在有噪声情况下的数字图像分割处理过程。

图 1-22 有噪声情况下的数字图像分割处理过程

智能数字图像处理技术所解决的关键问题包括图像的采集问题、增强问题、编码压缩问题、复原问题、分割问题、图像修复问题等，采用的技术手段包括：

- 图像采集或者收集：获取训练数据，可以利用硬件采集方法，也可以利用现有的公开数据集。

- 数据预处理：利用获取的数据进行去噪、对比度增强等处理，并建立训练集和测试集。
- 建立神经网络模型：选择现有的网络架构或者创新地提出所需要的网络结构。
- 网络训练：在给定网络超参数的情况下，得到网络训练模型的参数。
- 网络模型测试：利用测试集来测试方法的性能，如果性能不能满足要求，需要反复修改网络结构，再重复进行训练。
- 利用网络模型进行图像的处理。

智能数字图像处理过程包括训练过程(回归模型参数过程)和预测过程(使用模型及参数过程)，在图 1-23 中给出了智能数字图像处理过程的简单描述。

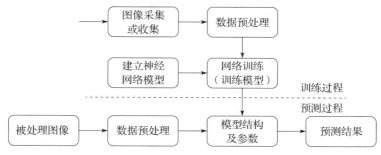

图 1-23　智能数字图像处理过程

无论是传统图像处理方法还是智能图像处理方法，数字图像处理系统均由四个部分组成：图像采集模块、图像处理模块、图像通信模块和图像显示模块，如图 1-24 所示。在该系统中，核心模块是图像处理模块，它的研究技术及水平直接决定了数字图像处理系统的质量。

- 图像采集。用户根据任务和目的，利用图像传感器进行数据采集，将得到的图像作为系统的输入。
- 图像处理。在传统的图像处理模块中，对图像进行各种处理，包括图像增强、图像复原、图像分割、图像识别等，得到图像的特征，并采用一定的形式进行表达。在智能图像处理中，图像处理模块中包括图像预处理、神经网络模型构建、模型训练及预测等过程。
- 图像通信。为了便于图像的存储和传输，人们需要采取一定措施对图像进行压缩处理，然后传输图像。
- 图像显示。经处理后的图像，需要利用显示器等设备进行显示。

图 1-24　数字图像处理系统的组成

1.5　图像处理编程基础

1.5.1　Python 编程基础

1. Python 语言简介

Python 的创始人是荷兰的 Guido van Rossum。Guido van Rossum 自 1982 年大学毕业后进入

数学与计算机方面的学术研究机构，在团队进行 ABC 语言开发的过程中积累了编程经验，形成了 Python 的最初设计思想。ABC 是 Guido 参与设计的一种教学语言，具有风格优美和功能强大的特点，是专门为非专业程序员设计的。后来，Guido 改进了 ABC 不够开放的问题，加强了和其他语言（如 C、C++ 和 Java）的结合性，特别是，借鉴了 UNIX 系统的解释器 Bourne Shell 的风格和设计思想，利用简单脚本实现系统的管理功能，从而创建了 Python 语言。

Python 语言是采用面向对象、解释型、弱类型的简单编码的脚本语言。Python 具有简单清晰的语法和可扩展性。其可扩展性体现在它的模块上，Python 具有丰富和强大的类库，这些类库覆盖了文件 I/O、GUI、网络编程、数据库访问、文本操作等绝大部分应用场景。Python 语言的编码格式并非自由开放，而是具有一定的编写格式缩进的规范。其具有跨平台的特性，只要有 Python 解释器，Python 程序就可以运行。

从 Python 语言的演化过程来看，1989 年，Python 已经有了雏形。1991 年 2 月，Python 的代码对外公布，此时版本为 0.9.0，并且第一个 Python 解释器诞生，它是利用 C 语言实现的，能够调用 C 库，当时 Python 已经具有的数据类型包括类、函数、异常处理、表及词典等，具有模块设计的基础，为其功能的拓展奠定了基础。1994 年 1 月，Python 1.0 正式发布；2000 年，Python 2.0 发布；2001 年，Python 软件基金会发布 Python 2.1。2004 年以后，Python 的使用率呈线性增长。2008 年 12 月，Python 3.0 正式发布。在 Python 语言的发展过程中，比较稳定的低级版本是 Python 2.7，它是在 2010 年 7 月 3 日作为 2.x 版本的最后一版发布的。之所以 Python 2.7 在 Python 3.0 之后发行，主要是为了测试 Python 2.7 与 Python 3.0 之间的兼容性，便于 Python 2.x 的用户将代码移植到 3.0 版本中。Python 2.7 与 Python 3.0 功能类似，但是有一些差异。特别是，Python 3.0 与 Python 2.7 不完全兼容，这些都是在使用时应该注意的问题。

下面简述 Python 的语法基础，以便在后面章节中使用。

（1）变量、标识符及表达式

Python 变量采用标识符表示，标识符由字母、数字、下划线组成，但不能以数字开头。标识符中，字母大小写是有差异的。变量在使用前需要先赋值，没有默认值的机制。例如，x = 3。Python 中可以采用数学表达式表示法，例如 2 + 2 + 4 - 2/3。Python 可以在同一行显示多条语句，语句间用分号（;）分开。

（2）输入输出功能

Python 可以接收用户的输入，例如 x = input("x:")，运行后，用户终端的输入值（例如 2）就存入变量 x 中；也可以方便地打印变量的结果，例如 print(x) 表示打印变量 x 的结果。在 Python 中可以使用格式控制符，例如 print('%10.3f'%PI) 表示打印出 PI 的值，其字段宽为 10，小数部分的精度为 3。Python 支持字符串的串接、输出功能，例如，在赋值 hi = "hello" 之后，使用语句 print(hi + "world") 可以输出字符串 helloworld。

（3）序列

在 Python 的数据结构中，序列是最基本的数据结构。Python 有 6 个有关序列的内置类型：列表、元组、字符串、Unicode 字符串、buffer 对象和 xrange 对象。最常用的类型是列表（List）和元组（Tuple）。列表中的元素可以是相同类型或者不同类型的，元素之间用逗号分隔，例如 list = [1, 2, 3, 4, 5, 6, 7]，list 是用户命名的列表变量。可以访问列表中元素，例如，list[1:5] 表示访问第 1 个到第 5 个元素（序号从 0 开始）。列表具有合并功能，例如，[1, 2] + [3, 4] 的输出结果为 [1, 2, 3, 4]。列表类型提供一些内置方法，可以添加元素，例如，对于 L = [12, 'Hi', 10.023]，L.append('Tues')，通过 print(L) 输出的结果为 [12, 'Hi', 10.023, 'Tues']。列表的解析功能是指利用表达式生成列表元素，例如，[x * x for x in [0, 1, 2, 3]] 可以生成列表[0，1，4，9]，这一功能很有用。除了列表类型，元组类型可以看作一种"不变"的 List，也是通过下标访问，用小括号表示。

（4）字典

字典是另一种可变容器模型，且可存储任意类型的对象。字典的每个键值对之间用冒号（:）分隔，元素之间用逗号（,）分隔，字典数据列在花括号（{}）中，例如：

```
dict = {'name': 'Wang', 'likes': 231, 'url': 'abc'}
```

可以打印输出某一个键对应的值，例如，print(dict['name'])的结果为 Wang。

为使用 Python 的数学计算功能，首先要通过 import math 命令导入数据计算库，然后使用，例如 math.cos(0.0)，结果为 1。

对于 Python 的函数调用功能，用户可以自定义函数并调用。例如：

```
def add_one(res):
    print("Function got res ", res)
return res + 1
```

Python 中的循环语句有 for 循环和 while 循环。对于 for 循环，例如：

```
for value in [0, 1, 2, 3, 4, 5]:
    print(value * value)
```

或者

```
mylist = [1,5,7]
for i in range(len(mylist)):
    print(mylist[i])
```

while 循环的写法和 C 语言类似：

```
n = 10
while n > 0:
print(n)
n = n-1
```

Python 支持面向对象的编程功能，可以自定义类，例如：

```
class student:
    def __init__(self, name, age):
        self.name = name
        self.age = age
    def greet(self):
        print("Hello, my name is % s!" % self.name)
```

其中，student 是类的名称，构造函数__init__用于对类中成员进行初始化。greet 是一个成员函数。定义后，可以声明类对象，例如 stu = student("Wang", 22)。在定义类时，可以采用继承的方法，例如：

```
class elderStudent(student):
    def __init__(self, name):
        super().__init__(name, 22)
    def greet(self):
        print("Hi!")
```

2. Python 图像处理的软件包

在 Python 环境中，经常采用 Python 结合 OpenCV、PIL、skimage 库处理图像。下面对这几种软件包进行简单介绍。

（1）OpenCV

OpenCV（Open Source Computer Vision Library）作为开源的跨平台计算机视觉库，提供了很多数字图像处理的算法，目前，OpenCV 已成为广泛应用的开源库。OpenCV 内核最初采用 C 语言编写，并且提供了面向对象的使用接口风格，具有 C++、Python、Java 和 Matlab 等编程语言的接口，支持多种操作系统，包括 Windows、Linux、Android 和 Mac OS。

OpenCV 是 1999 年由 Intel 创建的。1999 年 1 月，在人机界面开发过程中，作为人机交互调用的视觉库成为 OpenCV 0. X 的开端，并且促使第一个开源版本 OpenCV alpha 3 在 2000 年 6 月发布。2000 年 12 月，Linux 平台的 OpenCV beta 1 版本出现。

随着 OpenCV 软件包从功能到性能的不断完善，陆续出现了多个版本：2006 年 10 月，正式发布 OpenCV 1. 0 版本，该版本完善了跨平台的特性，支持 Mac OS 系统，并完善了机器学习的算法。从 2009 年至 2012 年开发了 OpenCV 2. X，利用 C++语言进行移植，并保留了 C API 的功能，直到 2012 年 4 月 2 日发布了 OpenCV 2. 4 版本。在完善 OpenCV 3. X 的过程中，采用了 OpenCL 加速策略，特别是 OpenCV 3. 3 版本完善了对神经网络的支持。在极大地改善性能之后，OpenCV 4. 0. 0 版本于 2018 年 10 月发布。目前，OpenCV 软件包提供了丰富的数字图像处理功能，已经应用于图像分割、目标识别、人脸识别、人机交互等领域。OpenCV 提供的图像处理功能包括图像的灰度化处理、阈值化处理、图像增强的滤波处理等。

（2）skimage

skimage 的全称是 scikit-image SciKit（toolkit for SciPy），是一组图像处理算法的集合，由开源社区团队利用 Python 编程语言实现，并在 BSD 开源许可证下可用。目前，它已经成为图像处理的理想工具包。它提供一个高效、强大的图像算法库的用户接口函数，能够满足研究人员的使用需求，具有很强的实际应用价值。它对 scipy. ndimage 进行了扩展，提供了更多的图像处理功能。skimage 包由许多子模块组成，各个子模块提供不同的功能。主要子模块包括：

- 读取、保存和显示图像的模块 io。
- 颜色空间变换模块 color。
- 图像增强及边缘检测模块 filters。
- 基本图形绘制模块 draw。
- 几何变换模块 transform。
- 形态学处理模块 morphology。
- 图像强度调整模块 exposure。
- 特征检测与提取模块 feature。
- 图像属性测量模块 measure。
- 图像分割模块 segmentation。
- 图像恢复模块 restoration。
- 应用功能模块 util。

（3）PIL

PIL（Python Imaging Library，PIL）是 Python 的第三方图像处理库，功能强大，已经被认为是 Python 的官方图像处理库。PIL 历史悠久，但是只支持 Python 2. 7 及以前版本，后来出现了移植到 Python 3 的库 Pillow。Pillow 是基于 PIL 模块 fork 的一个派生分支，如今已经发展为比 PIL 功能更强的图像处理库，其网站为 https://pillow. readthedocs. io/en/stable/。Pillow 包括以下模块：

- Image 模块。
- ImageChops(Channel Operations)模块。
- ImageColor 模块。
- ImageDraw 模块。
- ImageEnhance 模块。
- ImageFile 模块。
- ImageFilter 模块。
- ImageFont 模块。
- ImageGrab 模块(仅适用于 Windows)。
- ImageMath 模块。
- ImageOps 模块。
- ImagePalette 模块。
- ImagePath 模块。
- ImageQt 模块。
- ImageSequence 模块。
- ImageStat 模块。
- ImageTk 模块。
- ImageWin 模块(仅适用于 Windows)。
- PSDraw 模块。

3. Python 图像处理的环境搭建

在本书的图像处理代码实现环境中，我们均采用 Windows 10。下面说明软件安装过程，以构建代码运行平台，其中的软件包括以下几类：

- 编程语言及环境类软件：Python 3.7、Pycharm 软件、Anaconda 3。
- 第三方库软件包：sklearn scikit-image 0.17.2、Matplotlib 3.3.1、SciPy 1.5.2、NumPy 1.19.1、OpenCV-Python 4.4.0.42、Pillow 7.2.0 和 PIL。
- 深度学习框架软件包：TensorFlow 1.14。
- 深度学习框架软件包：PyTorch 1.17。

需要说明的是，编程语言和环境类软件及第三方库软件包会在整个实验环节中使用，图像处理的编程语言基于 Python，图像处理的第三方库软件包使用 OpenCV、skimage 和 PIL。

同时，在深度学习的实践环节中，可以采用深度学习框架软件包 TensorFlow，也可以采用深度学习框架软件包 PyTorch，这可以根据需要自行确定。

关于编程环境类软件，本节主要介绍 PyCharm 编程环境软件和环境设置软件 Anaconda，也可选择 xcode 等类似的编程软件。

下面我们基于 Windows 10 操作系统，阐述实践环境的搭建与环境测试的过程。

(1) 安装 Anaconda

首先，从官方网站上下载安装 Anaconda 的软件包。从网址 https://www.anaconda.com/products/individual 找到要安装的软件，然后下载软件，如图 1-25 所示。

按照向导进行安装，如图 1-26 所示。应该注意的是，安装过程中需要勾选建立环境变量的选项，如图 1-27 所示。逐步进行安装过程，直到安装完毕为止。

图 1-25　Anaconda 软件的下载网站

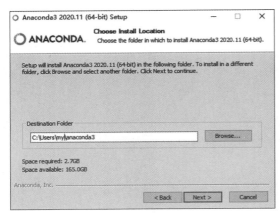

图 1-26　Anaconda 的安装过程

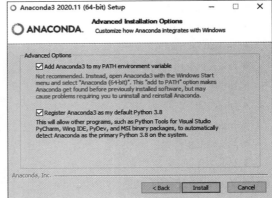

图 1-27　安装时勾选建立环境变量的选项

安装之后，按照如下方法测试是否安装成功：打开命令行终端，输入命令 conda-version，如果显示 conda 的版本号，说明安装成功。

（2）PyCharm 软件包的安装

首先进入官方网站 http://www.jetbrains.com/pycharm/download/#section＝windows。

根据自己电脑的操作系统选择相应的安装包。这里选择 Windows 10.0 系统对应的安装包，但要注意的是，需要选择 Community 版安装包。

下载后，启动安装软件，进入安装向导，如图 1-28 所示。

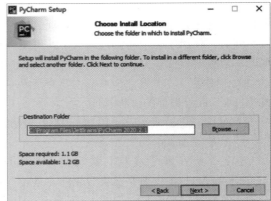

图 1-28　PyCharm 安装向导的界面

在安装过程中，按照向导步骤中提供的安装选项（如图 1-29 所示），需要勾选"Create Asso-ciations"中文件类型关联选项".py"，并且需要勾选"Create Desktop Shortcut"中的"64-bit launcher"选项。然后，按照向导逐步进行，直到安装结束为止。

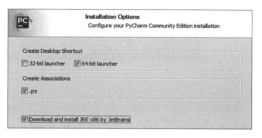

图 1-29　PyCharm 安装中关联文件类型

（3）安装第三方库

1）安装 numpy。在 Windows 的"开始"菜单中，利用 cmd 命令打开命令行终端，并且激活虚拟环境，即可安装 numpy，命令为：conda install numpy = 1. 18. 1。

2）安装 scikit-learn 0. 22. 1。在 Windows 的"开始"菜单中，利用 cmd 命令打开命令行终端，并且激活虚拟环境，即可安装 scikit-learn 0. 22. 1，安装命令为：conda install scikit-learn = 0. 22. 1。

3）安装 scipy。在 Windows 的"开始"菜单中，利用 cmd 命令打开命令行终端，并且激活虚拟环境，即可安装 scipy，安装命令为：conda install scipy = 1. 2. 0。

4）安装 Matplotlib。在 Windows 的"开始"菜单中，利用 cmd 命令打开命令行终端，并且激活虚拟环境，即可安装 Matplotlib，安装命令为：pip install matplotlib，如图 1-30 所示。

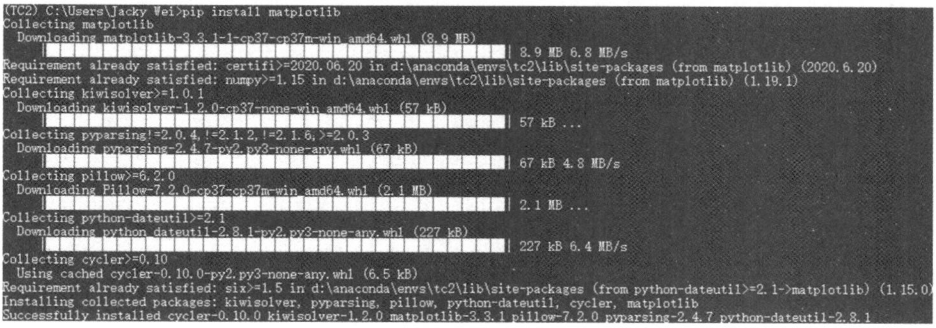

图 1-30　安装 Matplotlib 的界面

5）安装 pillow。在 Windows 的"开始"菜单中，利用 cmd 命令打开命令行终端，并且激活虚拟环境，利用如下命令即可安装 pillow 软件包：pip install pillow。

6）安装 sklearn。在 Windows 的"开始"菜单中，利用 cmd 命令打开命令行终端，并且激活虚拟环境，利用如下命令即可安装 sklearn 软件包：pip install sklearn，如图 1-31 所示。

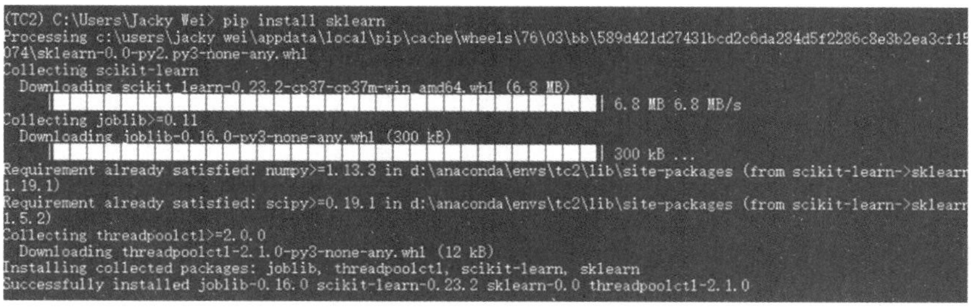

图 1-31　安装 sklearn 的界面

7）安装 OpenCV。在 Windows 的"开始"菜单中，利用 cmd 命令打开命令行终端，并且激活虚拟环境，利用如下命名即可安装 OpenCV 软件包：pip install opencv-python，如图 1-32 所示。

图 1-32 安装 OpenCV 的界面

8）安装 scikit-image。在 Windows 的"开始"菜单中，利用 cmd 命令打开命令行终端，并且激活虚拟环境，利用如下命令即可安装 scikit-image 软件包：pip install scikit-image，如图 1-33 所示。

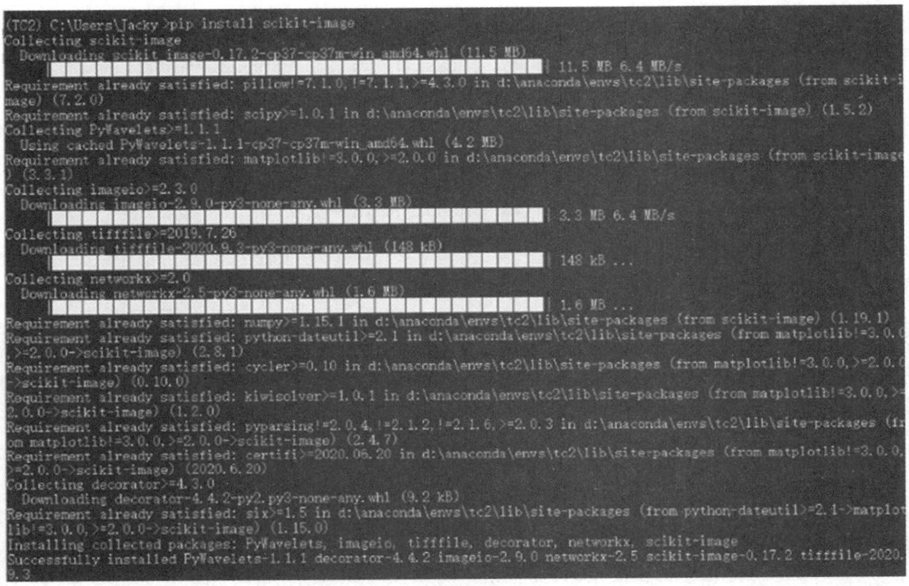

图 1-33 安装 scikit-image 的界面

需要说明的是，如果在安装软件包时遇到下载失败的情形，那么应该考虑通过镜像获取软件源的方法。例如，如果添加清华软件镜像站点，需要采用以下命令：

```
conda config --add channels https://mirrors.tuna.tsinghua.edu.cn/anaconda/cloud/msys2/
conda config --add channels https://mirrors.tuna.tsinghua.edu.cn/anaconda/cloud/conda-forge/
conda config --add channels https://mirrors.tuna.tsinghua.edu.cn/anaconda/pkgs/free/
conda config --set show_channel_urls yes
conda config --add channels bioconda
```

如果有必要，可以使用如下命令取消所增加的镜像源：conda config --remove-key channels。

应该注意的是，如果该镜像源处于不可使用状态，可在网络环境下搜索其他镜像源，实现安装软件的下载与使用。

（4）安装 TensorFlow 并设置工程环境

1）安装 TensorFlow。在 Windows 的"开始"菜单中，利用 cmd 命令打开命令行终端，如果已经安装好虚拟环境，应先激活虚拟环境，然后安装 TensorFlow。

如果还没安装虚拟环境，假设虚拟环境命名为 envname（自己给定的标识），并且指定安装环境为 Python 3.7，创建虚拟环境的命令如下：

```
conda create -n envname python=3.7
```

在激活虚拟环境的情况下，安装 TensorFlow 1.14，安装过程包括 2 个步骤：①激活虚拟环境：在 Windows 的"开始"菜单中，利用 cmd 命令打开命令行终端，使用以下命令激活环境：activate envname；②安装 TensorFlow：如果安装 GPU 版本的 TensorFlow，可采用以下命令：

```
conda install tensorflow-gpu = 1.14.0
```

如果安装 CPU 版本的 TensorFlow，可采用如下命令：

```
conda install tensorflow = 1.14.0
```

如图 1-34 所示，在命令行输入以下命令查看软件包安装的情况：

```
conda list
```

图 1-34　软件包安装的列表显示

2）设置 TensorFlow 工程环境。启动 PyCharm，创建一个项目。然后，打开 File 菜单，如图 1-35 所示。

图 1-35　利用"文件"的"设置"选项设置工程环境

单击 Settings 菜单选项，找到项目中的设置对话框，即单击 File→Settings→Project：...→ Project-Interpreter，然后进行工程环境的设置，如图 1-36 所示。

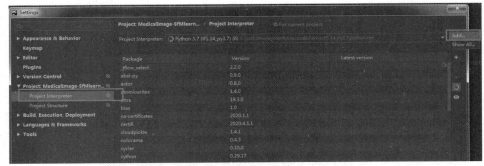

图 1-36　工程环境设置对话框

工程环境的设置是通过选择虚拟环境来实现的。首先，选择"Show All"，显示已建立的虚拟环境选项，如图 1-37 所示。

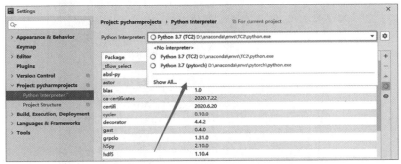

图 1-37　显示已建立的虚拟环境界面

然后，选择已经存在的虚拟环境，如图 1-38 所示，进一步通过路径查找方式，将当前的虚拟环境的路径设置好，如图 1-39 所示。

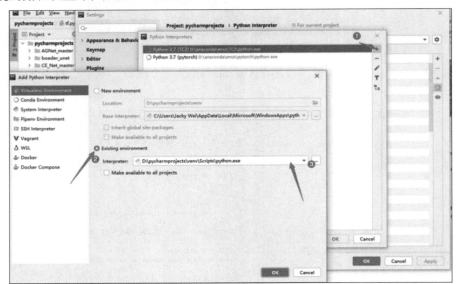

图 1-38　选择已建立虚拟环境的界面

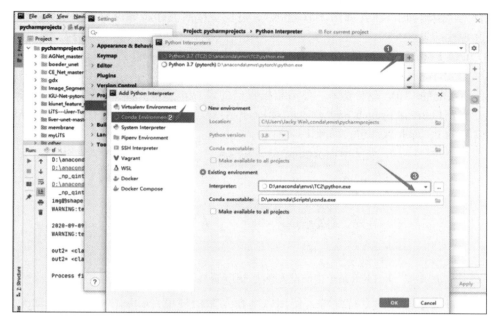

图 1-39　设置已建立虚拟环境路径的界面

在虚拟环境设置成功后，PyCharm 会自动将虚拟环境中的软件包导入到工程中，如图 1-40 所示。

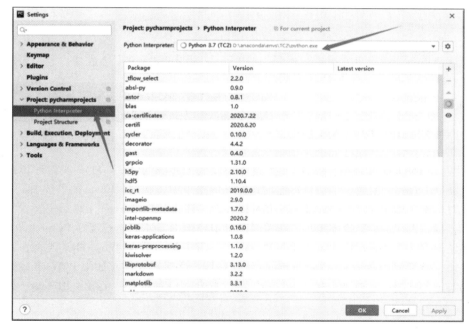

图 1-40　虚拟环境设置成功后的界面

在完成 TensorFlow 的安装和环境设置之后，可以采取以下方法进行测试。首先启动 PyCharm，通过建立一个简单的工程实例，然后利用工程实例对环境进行测试。

建立简单工程的过程为：在 PyCharm 环境中，通过 File 菜单的 New 菜单（新建工程）创建一个项目，再编辑如下代码（如图 1-41 所示），进一步按照上述步骤设置虚拟环境。最后，运行工程并观察结果。

（5）安装 PyTorch 并设置环境

1）安装 PyTorch。在安装 PyTorch 之前，需要安装与机器硬件相匹配的 CUDA 软件版本，然后根据自己的设备情况在官网（https：//pytorch.org/get-started/locally/）找到需要安装的 PyTorch 软件包，如图 1-42 所示。

```
1  import tensorflow as tf
2  greeting = tf.constant('Hello Tensorflow!')
3  sess = tf.Session()
4  result = sess.run(greeting)
5  print(result)
6  sess.close()
```

图 1-41　用于 TensorFlow 环境测试的代码

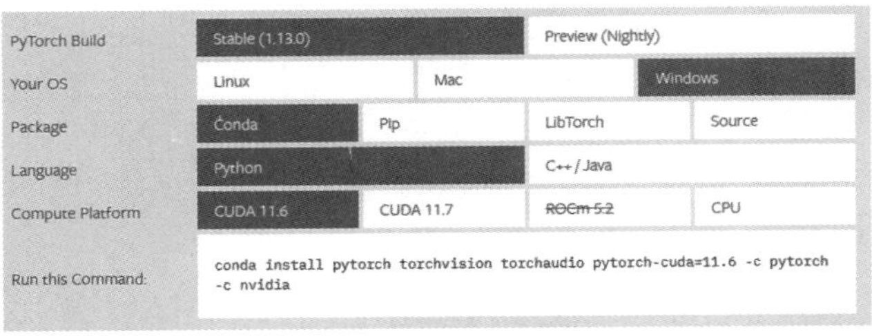

图 1-42　PyTorch 菜单中的设置环境选项（资料来源：http：//pytorch.org/）

利用 cmd 命令打开命令行终端，使用以下命令激活环境：activate envname。如果安装的 PyTorch 对应的 CUDA 的版本为 10.2，那么安装 PyTorch 软件的命令为：

```
conda install pytorch torchvision cudatoolkit=10.2
```

可以采用以下方法测试 PyTorch 软件包是否已经成功安装。首先，利用 cmd 命令打开命令行终端，使用以下命令激活环境：activate envname。然后，在虚拟环境中分别输入以下命令：

● 命令 1：import torch

● 命令 2：import torchvision

如果这两条命令输出没有报错，如图 1-43 所示，说明 PyTorch 安装成功。进一步输入以下命令测试 GPU：

```
torch.cuda.is_available()
```

如果该命令执行后得到返回值 True，说明安装无误。

```
Type "help", "copyright", "credits" or "license" for more information.
>>> import torch
>>> import torchvision
>>> exit()
```

图 1-43　安装 PyTorch 后进行测试

2）设置 PyTorch 实验环境。PyTorch 实验环境设置的步骤与 TensorFlow 实验环境的设置相似：先启动 PyCharm，创建一个项目；然后，在 File 菜单中，利用 settings 菜单选项，找到项目中的设置对话框，即单击 File→Settings→Project：...→Project-Interpreter，然后进行设置。不同之处在于，设置 PyTorch 实验环境时，在关联的虚拟环境中需要提前安装好 PyTorch 软件包。

如果还没安装 PyTorch 软件包，需要注意的是，其安装过程与 TensorFlow 类似，需要先建立虚拟环境，然后利用命令 activate envname 激活环境，之后再安装。如果 PyTorch 软件已经成功安装到指定的环境中，参考上述 TensorFlow 的实验环境设置过程，关联虚拟环境，然后运行项目。

1.5.2　Matlab 编程基础

1. Matlab 简介

Matlab 是 20 世纪 70 年代用 Fortran 编写的，当时，美国新墨西哥大学计算机科学系主任 Cleve Moler 为了减轻学生编程的负担而编写了 Matlab。Matlab 是功能强大、运算效率极高的数值计算软件，可专门用于矩阵运算，1984 年由 MathWorks 公司正式推向市场。目前，Matlab 已成为自动控制领域的标准计算软件，被广泛应用于工程计算及数值分析领域中，并已成为公认的优秀工程开发环境。

Matlab 有两种工作方式：交互式命令行方式和 M 文件的程序工作方式。利用 Matlab 处理图像时，主要采用第二种工作方式，即 M 文件的程序工作方式。Matlab 具有结构控制、函数调用、输入输出等程序语言特征；具有丰富的工具箱，图像处理就是其中一个功能强大的工具。

利用 Matlab 对图像进行处理时，可使用 M 文件中的一些语句及逻辑，处理后的结果可以在窗口中显示。Matlab 支持灰度图像、二进制图像、RGB 真彩色图像和索引图像，编程效率高于其他高级语言。

在命令行工作方式下，经常是交互式输入图像处理的内容，其运行结果即时可见。利用命令行方式可以随时查看图像处理的效果及处理过程。图 1-44 是 Matlab 命令行工作方式的界面。

在使用 M 文件的工作方式时，事先要用 Matlab 中提供的 M 文件编辑器编写好 M 文件的脚本，脚本中可以包括多行具有一定逻辑过程的处理步骤(包括读入图像、显示图像、处理过程)，然后在命令窗口中运行 M 文件的脚本即可。运行时只需给定主文件名(例如 mytest)，不用给定 M 文件的扩展名，Matlab 会自动认为是 M 的扩展名。如图 1-45 所示。

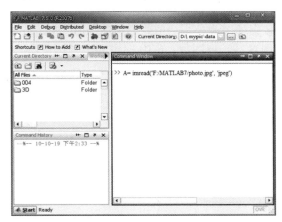

图 1-44　Matlab 命令行工作方式的界面

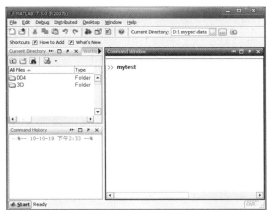

图 1-45　Matlab 命令行运行 M 文件

在命令窗口中输入 cd 命令，并按回车键确认，即会显示当前 Matlab 7 工作所在的目录：

```
>> cd
C:\MATLAB701\work
```

对于 Matlab 7 的搜索路径，可以利用"设置路径"对话框进行设置：选择 Matlab 的主窗口中"File"菜单→"Set Path"，进入的对话框如图 1-46 所示，在其中设置搜索的路径即可。

2. Matlab 图像处理基础

Matlab 有一个图像处理工具箱(Image Processing Toolbox)，其中包含丰富的图像处理实例和函数，如几何操作、线性滤波和滤波器设计、图像变换、图像

图 1-46　设置路径对话框

分析与图像增强、二值图像操作以及形态学处理等。

用 Matlab 处理图像时，涉及图像类型、图像格式、图像存储、图像操作与显示问题。

（1）图像类型

Matlab 支持的图像文件格式有：

- 图像压缩 JPEG 格式。
- Windows Bitmap 的 BMP 格式，包括 1 位、4 位、8 位、24 位非压缩图像。
- Windows Paintbrush 的 PCX 格式，包括 1 位、4 位、8 位、16 位、24 位的图像数据。文件内容包括文件头、位图数据和可选的颜色表。
- TIFF 格式，包括 1 位、4 位、8 位、24 位非压缩图像，1 位、4 位、8 位、24 位 packbit 压缩图像，1 位 CCITT 压缩图像等。
- PNG 图像，包括 1 位、2 位、4 位、8 位和 16 位灰度图像，8 位和 16 位索引图像，24 位和 48 位真彩色图像。
- GIF 图像，包括 1 位到 8 位的可交换图像。
- PBM 图像。
- PGM 图像。
- PPM 图像。

Matlab 支持多种格式的图像文件，因此具有较强的图像处理功能。处理图像时，Matlab 软件包一共支持五种图像类型，即二值图像、索引图像、灰度图像、RGB 图像和多帧图像阵列。Matlab 还提供了这些图像格式之间的转换函数：

- gray2ind：将灰度图像转换成索引图像。
- grayslice：通过设定阈值将灰度图像转换成索引图像。
- im2bw：通过设定亮度阈值将真彩色、索引、灰度图转换成二值图像。
- ind2gray：将索引图像转换成灰度图像。
- ind2rgb：将索引图像转换成真彩色图像。
- mat2gray：将一个数据矩阵转换成一幅灰度图像。
- rgb2gray：将一幅真彩色图像转换成灰度图像。
- rgb2ind：将真彩色图像转换成索引图像。

Matlab 以矩阵形式存储图像数据。无论是哪种类型的图像，其常见的存储格式有：Uint8（8 位无符号整型数）、Uint16（16 位无符号整型数）及 Double（双精度数浮点数）。

下面简单介绍一下各种格式的图像。

- 灰度图像。灰度图像是一个数据矩阵，该矩阵的每一个元素对应于图像中一个像素的灰度值。对于 Uint8 类型的图像，灰度取值范围为 $[0, 255]$；对于 Uint16 类型的图像，灰度取值范围为 $[0, 65535]$；对 Double 类型的图像，像素的取值为浮点数。灰度图像一般不自带调色板，而是使用默认的系统调色板。
- 索引图像。索引图像把图像像素 RGB 值的索引作为图像数据矩阵的值。索引图像除了包括图像数据矩阵，还包含一个图像调色板。
- 二值图像。二值图像是由 0 和 1 两种逻辑值数组组成的数字图像，逻辑值 0 相当于灰度图像中的 0，表示黑色；逻辑值 1 相当于灰度图像中的 255，表示白色。
- RGB 图像。RGB 图像通常称为真彩色图像，每一像素由红、绿、蓝三个分量数值来表示。如果图像的分辨率是 $m \times n$，则 Matlab 中用矩阵 $m \times n \times 3$ 表示。每个元素为一个字节，表示颜色分量。

（2）利用 Matlab 对图像进行操作与显示

1）图像读取函数 imread。函数 imread 可以读入 Matlab 所支持类型的图像。

【例 1-1】 Matlab 图像读取实例。将 F：\ MATLAB7 文件夹下的 photo. jpg 图像读入 A 矩阵中，命令如下：

```
A= imread('F:\MATLAB7\photo.jpg', 'jpeg')
```

对于索引图像，读取命令的格式为：

```
[P, map]= imread(picname, 'fmt')
```

P 存放读取图像的数据，map 为调色板。

2）图像文件的保存函数 imwrite。imwrite 函数将矩阵中的图像数据写入图像文件中。

【例 1-2】 Matlab 图像保存实例。

```
pngmap = imread('concordaerial.png');
imwrite(pngmap, 'bmpmap.bmp', 'bmp');
```

此例将图像 concordaerial. png 读入矩阵 pngmap 中，然后将其写入文件 bmpmap. bmp 中。通过读入和保存，对文件格式进行了转换。

Matlab 中如果指定绝对路径，可以按照绝对路径设置工作位置，否则，默认情况下表示当前工作路径下的文件。

3）图像显示函数 imshow。imshow 函数用于显示所支持的任意图像，如二值图像、灰度图像、真彩图像或者索引图像。应该注意的是，显示不同类型的图像时，格式差异较大，如下所示：

```
imshow(I)
imshow(I, [low high])
imshow(RGB)
imshow(BW)
imshow(X,map)
imshow(filename)
```

imshow 函数不仅可以显示矩阵中的图像，也可以显示文件中的图像，分别使用 imshow(I) 和 imshow(filename)函数实现。

imshow(I, [low high])表示将图像矩阵 I 中灰度值小于或等于 low 的像素灰度值都显示为黑色，所有大于或等于 high 的像素灰度值都显示为白色，而介于两者之间的将以像素实际的灰度值显示，方括号中的 low 和 high 可以省略。

【例 1-3】 Matlab 中的图像显示实例。

```
Bw=imread('example.png');         % 读入图像
imshow(Bw);                       % 显示二值图像
figure(2)                         % 再打开新的绘图窗口
imshow(~Bw);                      % 显示二值图像反转的结果
```

在 Matlab 中也可以同屏显示多个图像。用 subplot(m，n)将图形窗口分为 m 行、n 列的子窗口，然后分别在子窗口显示不同的图像。

【例 1-4】 多视图显示图像。

```
figure(1);
subplot(2,5,1);                   % 取 2×5 窗口中的第 1 个子窗口
imshow(I1);                       % 显示第 1 个图像
……                             % 这里可以取其他子窗口,显示其他图像
subplot(2,5,10);                  % 取 2×5 窗口中的第 10 个子窗口
imshow(I10);                      % 显示第 10 个图像
```

图 1-47 中给出了 2×5 以及 1×2 多视图显示图像的示例。

a）2×5视图显示图像

b）1×2视图显示图像

图 1-47 Matlab 中多视图显示图像

【例 1-5】Matlab 中的两窗口显示实例。

```
[X1,map1]=imread('forest.tif');
[X2,map2]=imread('trees.tif');
subplot(1,2,1), imshow(X1, map1)
subplot(1,2,2), imshow(X2, map2)
```

运行后的结果如图 1-47b 所示。

3. Matlab 处理图像的一些常用函数

表 1-1 给出了 Matlab 中处理图像的一些常用函数。

表 1-1 Matlab 中处理图像的常用函数

函数名	功能	函数名	功能
imread	读入图像	imhist	求取图像的灰度直方图
imshow	显示图像	histeq	图像的直方图均衡化
imwrite	将图像写入文件	imnoise	图像噪声模拟函数
imadjust	灰度调整	grayslice	通过设定阈值将灰度图像转换为索引图像
imadd	图像相加	mat2gray	将一个数据矩阵转换为灰度图像
filter2	图像滤波	imsubtract	图像相减
imopen	从磁盘文件获取图像数据	immultiply	图像相乘
imcomplement	图像求反	fft2	图像傅里叶变换
fftshift	频谱平移	dct2	图像余弦变换
idct2	余弦变换逆变换	ifft2	图像傅里叶变换的逆变换
freqspace	设置频率间隔	imresize	图像缩放
imtool	打开图像工具	imfilter	用滤波器滤波
imcrop	图像剪切	imrotate	图像旋转
edge	图像边缘检测	graythresh	使用最大类间方差法求阈值

习题

一、基础知识

1. 请举例说明什么是数字图像，并说明数字图像定义中 f 函数的含义。

2. 图像的强度等级是灰度图像中灰度级的数量，通常采用的强度等级有哪几种？

3. 数字图像处理应用在哪些领域？请举例说明。

4. 简述智能数字图像处理的过程。

5. 在灰度图像中，灰度值为 0 表示什么颜色？灰度值为 255 呢？在彩色图像中，（255，0，0）表示什么颜色？（0，255，0）表示什么颜色？（0，0，255）呢？

6. 在传统的图像增强处理方法中，主要有哪两类处理技术？

7. 什么是采样？什么是量化？

8. 简单叙述具有 256 个灰度等级图像的量化过程。

9. 对于分辨率为 640×480 的数字图像来说，共有多少行像素、多少列像素？

10. 像素 $p(3，10)$ 和 $q(6，12)$ 之间的棋盘距离 D_8 为多少？请写出计算过程。

二、算法实现

1. 阅读以下代码并说明其功能。

```
cv2.namedWindow('input_image', cv2.WINDOW_AUTOSIZE)
cv2.imshow("input_image",img)
cv2.waitKey(0)
cv2.destroyAllWindows()
```

2. 如何利用 OpenCV 保存一幅图像？请给出语句形式。

3. 阅读以下代码并说明其功能。

```
from skimage import io
import matplotlib.pyplot as plt
path = "E:/data/fruits.bmp"
img = io.imread(path)
io.imshow(img)
plt.show()
```

4. 查阅资料解决以下问题，如何利用上题的 plt 模块实现多视图显示图像？给出代码。

```
import numpy as np
import scipy as sp
import matplotlib.pyplot as plt
from skimage import io
#读取灰度图
img = io.imread("E:\\image1.jpg")
img1 = io.imread("E:\\image1.jpg",as_gray=True)
plt.subplot(121)
plt.title('before')
plt.imshow(img)
plt.subplot(122)
plt.title('after')
plt.imshow(img1,cmap='Greys_r')
plt.show()
```

三、知识拓展

1. 通过搜索相关资料，列举目前与数字图像处理相关的技术热点问题。

2. 用关键词"传统数字图像处理技术"和"智能数字图像处理技术"查阅文献，概述传统数字图像处理技术和智能数字图像处理技术研究中的关键问题。

第2章 人类的感知与数字图像的质量

数字图像处理与人类感知有着密切的关系：一方面，数字图像是通过人类视觉对客观环境的感知而获取的；另一方面，图像处理结果需要人类视觉感知后才能判断其质量。同时，我们在处理图像时，需要人类视觉对图像进行感知判断后，才能决定如何对其进行处理。

在这一章中，我们在介绍人眼结构的基础上，从不同角度讲解人类视觉感知的能力；然后，在阐述人眼感知不同图像属性的基础上，介绍图像多分辨率的特征；结合人类的视觉感知，阐述多分辨感知技术的基础及其在图像处理中的应用。

2.1 人眼结构与视觉特性

2.1.1 人眼结构

人的眼睛从外观上看近似球状，它的前后直径约为 23~24mm，横向直径约为 20mm，包括眼球壁、眼内腔和内容物、神经、血管等组织。眼球壁从外向内分成三层：外层的角膜和巩膜、中层的虹膜、脉络膜、瞳孔和晶状体，以及内层的视网膜，如图 2-1 所示。

人眼能感受的光波范围为 380~780nm，这一范围通常称为可见光。在可见光范围内，人脑根据视网膜所接受的信息，分辨不同亮度，进而辨别出物体的形状及细节。

眼内腔包括前房、后房和玻璃体腔。在眼球内壁上有视网膜，它所得到的视觉信息经视神经传送到大脑，便形成了视路。

在人眼的结构中，瞳孔、晶状体和视网膜与成像直接相关。角膜的作用是将进入眼内的光线进行聚焦。巩膜的作用是保护眼球。虹膜是位于角膜之后的环状膜层，虹膜的内缘称为瞳孔，瞳孔的作用是控制进入人眼的光通量。虹膜可以收缩和伸展，使瞳孔在光弱时放大，光强时缩小，自动控制入射光量。睫状体在巩膜和角膜交界处的后方，调节晶状体的凸度。晶状体的作用是调节曲率，目的是改变焦距。

视网膜是眼球壁最内层的透明薄膜，厚度约为 0.1~0.5mm，贴在脉络膜的内表面。视网膜上布满了视细胞，可以感知光的作用。视网膜上的感光细胞从视野范围内吸收光子，进一步形成传导信号。视网膜上的感光细胞分为锥状细胞和杆（柱）状细胞两类，如图 2-2 所示。人类对光的感知是依靠人眼的感光细胞完成的，它们对于颜色具有不同的作用。杆状细胞的作用是单色夜视，检测亮度。它在较暗的环境中具有视觉功能，在感光细胞获得信号以后，通过视神经

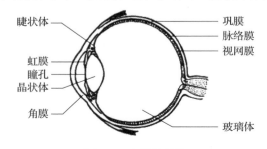

图 2-1　人眼的结构

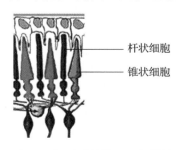

图 2-2　视网膜的神经组织结构

的刺激与传导，经过大脑的解析，感知到外部世界的图像，因此我们不能在暗环境中分辨颜色。一些数码相机的夜光拍摄模式正是模拟了这一特性。

锥状细胞的作用是感知亮度和颜色，具有识别颜色和感知场景亮暗的特性，能够识别出不同的颜色成分，对三种波长的光最敏感，即红色 700nm、绿色 546.1nm，以及蓝色 435.8nm，最终视觉感知的颜色就由它们共同决定（国际照度委员会早在 1931 年就规定了这三种基本颜色）。

2.1.2　人眼的视觉特性

人类视觉系统（Human Visual System，HVS）具有图像感知能力。人眼类似于一个光学系统，受神经系统的调节。人眼观察图像进行感知的过程中有以下几个方面的特性：

- 分辨景物的能力有限性。在 HVS 中，由于瞳孔有一定的几何尺寸和光学像差，视觉细胞的能力有限，因此人眼分辨景物的能力是有限的，对过高频率的目标并不敏感。
- 亮度的非线性特性。人眼对亮度的响应具有非线性特性，在平均亮度大的区域，人眼对灰度误差不敏感。根据这一特性，在实际应用中，若一幅原图像经过处理，恢复到原来的对比度及亮度级别时，就能提高图像的质量，给人以真实的感觉。
- 对比度特性及马赫带效应。人眼具有对比度特性及马赫带效应，即对于同样亮度的目标，在暗背景中看起来亮，在亮背景中看起来暗。马赫带效应是人眼与边缘对比的效应，表现在亮度不同的两个区域，其边界处对比性增强，这种效应也称为边缘对比效应。图 2-3 体现了边缘对比效应。

    根据对比度特性及马赫带效应原理，人眼具有同时对比特性，如图 2-4 所示。在该实例中，中间圆形区域的灰度值为 225，左侧图像背景的灰度值为 64，中间图像背景的灰度值为 128，右侧的图像背景的灰度值为 200，在不同的背景下，我们对圆形区域感知到不同的亮度。

图 2-3　人眼的马赫带效应实例图　　　　图 2-4　人眼的同时对比特性实例

- 对比度敏感特性。人类视觉能察觉的对比度范围可以体现对比度敏感特性，常利用对比度敏感函数来表示，该函数表示对比度敏感值与空间频率的关系。目前，在图像压缩、图像质量评价和水印等应用领域中会用到对比度敏感特性。
- 多通道分辨特性。1968 年，Campbell 在研究中提出了多通道的思想，认为视觉皮层对不同类型的视觉信息具有不同的敏感性。人的视觉感知是一个多通道协同工作的过程，每个通道处理不同的视觉激励，通过相互联系来获得最佳的视觉效果。在空间频域多通道的研究中，人们将空间统计的频域带设置为 5 个，并将方位带设置为 4~8 个。鉴于各通道的带通性，可以设计多尺度、多方向的带通滤波器来近似模拟视觉感知的多分辨特性，对输入的视觉信息，先在不同的频率和方向上进行分解，然后分配到相应的处理通道。人们在图像压缩、图像质量评价和水印处理中常常会用到多通道特性，如小波变换、Gabor 变换和离散余弦变换等。图像的高频部分表征视觉信息的边缘和结构特征；中频部分最易被区分，从而形成视觉关注点；低频部分提供细节较多的纹理信息。
- 视觉掩蔽。人类感知系统常常接收多种刺激，它们相互作用、彼此联系并互相影响。当多种视觉激励信号在空间或时间上同时作用于视觉系统，一种视觉激励信号的出现就会削弱或增强另外一种或多种激励的响应，这种现象就是视觉掩蔽（也称为视觉掩膜效应）。在视觉掩蔽特性中，前景与背景的空间频率和方向直接影响人眼对目标的探测。如图 2-5 所示，可以明显地看出不同的背景对目标识别的影响。在图 2-5a 中，背景的频率（灰度的变化率）很小，前景与背景灰度变化的频率差异较大，这样便于人眼对目标的识别，此时目标很突出；在图 2-5b 中，背景和目标的灰度变化频率接近，这样人眼较难识别出目标；在图 2-5c 中，背景在各个方向灰度变化的频率都比较大，而目标仅在一个方向的灰度变化频率较高，这样目标较容易识别。

a)   b)   c)

图 2-5 视觉掩蔽实例

2.1.3 人类的视觉感知

在数字图像处理的过程中，需要人类的视觉感知。人类的视觉感知和认知是两个不同的概念。所谓感知，是指客观事物通过感觉器官在人脑中的直接反映，如人类感觉器官产生的视觉和听觉等。而认知是指人在认识活动的过程中，对感觉信号接收、检测、转换、合成、编码、提取、重建等的处理过程。

1912 年，格式塔心理学诞生。格式塔心理学认为，整体不等于部分之和，意识不等于感觉元素的集合，行为不等于反射弧的循环。例如，当我们通过视觉看到周围环境时，感知的是整体景物。格式塔心理学感知理论的基本法则是简单精练法则，即人们在进行观察的时候，倾向于将视觉感知的内容理解为对称或有序结构，而人们获取视觉感知时，倾向于将事物理解为整体。格式塔心理学感知理论的主要思想是，人们观察事物时会自然地寻找物体边界，并将区域边缘视为连续物体边界。这一思想为数字图像处理的空域技术的发展奠定了基础。在图像空域处理中，常将图像二维平面中的图像目标对象区域理解为整体，并以物体的边界作为物体目标的特征。这就是以连续性原则作为依据的。

生物学家和心理学家经过进一步探索和研究发现，人类视觉系统的视觉感知与人的心理反应密切相关。在视觉感知理论的研究中，人们建立了基于 HVS 的人类感知模型，进一步研究影响人类感知的各种因素。

实际上，人眼的适应亮度分布具有很宽的光强范围，但是在一般情况下，人眼能够鉴别目标的强度变化范围较窄。因此，人眼对比灵敏度的一些研究工作都是在一定的光强范围内进行的。人眼感知的分辨率一般采用视觉锐度或对比度敏感函数（Contrast Sensitivity Function，CSF）进行测度。在空域范围内，一般采用视觉锐度来测度人眼感知的分辨率，而在频域范围内则一般采用 CSF 进行测度。CSF 可以衡量 HVS 对各种视觉刺激频率的敏感性，反映了在不同频率范围内的信号及目标。

从 1955 年开始，人们不断在人眼敏感度方面进行研究，提出了多种建立 CSF 模型的方法，其中的典型工作是 1966 年由 Campbell 等人用示波器产生亮度按正弦分布的光栅，测量了人眼感受不同空间频率的对比灵敏度，并进一步与 Blackmore、Campbell 建立了一种 CSF 测度模型，如图 2-6 所示。

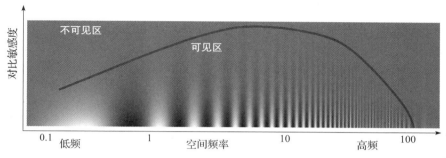

图 2-6　对比敏感度函数（来自 Blackmore 与 Campbell 1969 年的工作）

图 2-6 所示的对比敏感度函数测度结果表明，人眼对不同频率范围内目标感知的敏感程度差异很大。例如，在低频目标区域中，人类感知的对比敏感度很低，即人类视觉不够敏感；而在频率过高的高频目标区域，人类视觉的敏感度也较差。相比之下，在中间频率带中，人眼的对比敏感度较高，这说明具有不同频率的图像目标能在人眼产生不同的敏感度。

为了进一步说明人眼感知的对比敏感度效果，我们以图 2-7 的图像为例进行说明。图 2-7a 是彩色图像，图 2-7b 是其对应的灰度图像。

图 2-7　人眼感知的对比敏感度实例

对于图 2-7 中的实例，我们用水平线横截该图像，并将各段依次标记为 CE、EA、AB 和 BD，观察这四段的灰度化结果。对于 AB 段，人眼感知到的是一片白色墙，在水平线横截上，相邻像素之间的灰度变化规律为：灰度均匀，灰度值较大，相邻像素之间灰度变化较小。如果用频率来表达，水平线上相邻像素的灰度值呈现低频变化规律，即 CSF 函数值较低，此范围图像对人类视觉产生的感知信号较弱。而 CE 和 BD 段则有所不同，每一段中相邻像素之间灰度变化较大，呈现高频变化规律。CSF 函数值较高，对人类视觉产生的感知信号较强烈，即能吸引人类视觉关注。另外，EA 和 BD 段相比，相邻像素之间灰度变化较大，体现灰度变化的频率较高，从相邻像素之间的灰度变化情况看，EA 段的变换更频繁，因此，EA 段在人类视觉上产生的感知效果相对较差。也就是说，在图像环境中，EA 和 BD 段相比，DB 段更能引起人的注意，产生更强的感知信息。

图像的视觉感知已在许多领域得到应用。例如，在图像三维重建算法中，传统的基于多视几何的重建算法利用感知力强的特征点进行图像之间的对齐，从而得到较准确的重建结果。

2.1.4 视觉感知特征在图像处理中的作用

数字图像处理的策略和方法是以人类视觉感知理论为基础的。在前面的内容中，图 2-6 给出了对比敏感度函数与人类视觉感知之间的关系。实际上，数字图像处理的一些理论方法都是基于人类视觉特性的，图像处理算法是以对比敏感特性为基础的。

为了说明对比敏感特性在数字图像处理中的作用，我们先简单介绍怎样从信号角度分析数字图像。对于一幅数字图像，我们将像素的灰度或者某一颜色通道的强度分量（例如，RGB 的 B 通道强度分量）在空域范围内的变化规律看作信号的变化。由于数字图像处于二维空间，不便观察信号的变化规律，因此，经常在数字图像空域中水平方向或者垂直方向观察像素灰度的变化规律。例如，对于图 2-8a 中的灰度图像，我们利用一条水平的截线来截取图像，进一步观察水平截线上的图像灰度变化，发现其灰度呈现"黑色、白色、黑色、黑色、白色……"的变化，灰度变化频度较高，从信号变化角度看，其具有高频信号的特征。而对于图 2-8b，我们同样利用一条水平截线来截取图像，观察水平截线上的图像灰度变化，发现图像中白色墙区域的截线上灰度接近白色，并且灰度变化平稳，这样的信号变化具有低频信号的特征。实际上，在空域中，我们可以分别从水平和垂直两个维度来观察数字图像灰度（或强度）变化的信号特征。

a）   b）

图 2-8 数字图像灰度变化实例

结合对比敏感度函数的研究结果，我们知道，对于图 2-8a 的实例，截线部分由于具有较高的频率特征，因此，对人类的视觉感知来说，具有较高的敏感效果，即能引起较为强烈的视觉感知效果；而对于图 2-8b 的实例，由于截线部分的信号对应较低的信号成分，因此，对人类的视觉感知来说，不会产生强烈的感知效果。

不同频率的信息在图像感知结构中有不同的作用。例如，对于某些灰度图像，如果图像的主要成分是低频的平滑信息，人类感知后可以得到图像的平滑区域基本信息，而对于图像边缘形状等结构信息不能产生强烈的敏感效应；而对于中等频度的图像，其频域信息决定了图像的基本结构，形成了图像的主要边缘结构，人类感知后可以得到图像边缘及细节的强烈的敏感效应。

下面通过一些实例来说明数字图像处理算法与视觉感知之间的关系。

【例 2-1】低光照、暗光图像实例。在图 2-9 的实例中，针对低光照、暗光图像，图像主要呈现低频成分，CSF 数值较低，视觉感知效果较差。根据 CSF 的原理，对该图像进行增强，例如通过采用对比度拉伸，使得灰度变化增加，进而使得 CSF 数值增加，改善感知效果。如果采用频域处理方法，即阻止低频成分，增加高频成分，改变图像频率较小的情况，使得 CSF 数值增加，感知效果也不断改进。

【例 2-2】模糊图像实例。在图 2-10 的模糊图像实例中，图像主要呈现低频成分，CSF 数值较低，视觉感知效果较差。图像处理的思路是，增加强度变化，提高频率，提高 CSF 数值，提升人的视觉感知效果。

图 2-9　低光照、暗光图像实例　　　　　　　　图 2-10　模糊图像实例

【例 2-3】噪声图像实例。对于图 2-11 的噪声图像，图像主要呈现噪声对应高频成分过高，使得 CSF 数值降低，视觉感知效果较差。

针对这样的噪声图像，具体的处理方法是：采用空域或者频域滤波，去除噪声对应的高频成分，提高 CSF 数值，改善人的视觉感知效果。

【例 2-4】不同频率的图像成分感知的实例。对于图 2-12 所示的含有非均匀频率成分的图像，图像中不同频率的成分在人的视觉中产生的感知效果是不同的。观察这幅图像会发现，中间的较低频率的图像成分可以产生较强烈的形状特征，观察后可以识别其形状为竖状目标；而周围区域仅有高频成分，在人类视觉感知中不会产生强烈的感知效应，即不会留下形状的印象。

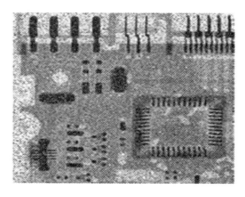

图 2-11　噪声图像实例　　　　　　　　图 2-12　不同频率成分的图像实例

针对这样含有不同频率成分的图像，具体的处理方法是，根据不同区域的频率分布特点对图像的不同区域进行分割，或者利用不同成分的频率信号将不同的目标区域分离。这些图像处理话题较为深入，我们在本书中不展开阐述，有兴趣的读者可以参考其他资料。

2.2 影响数字图像质量的因素

影响数字图像质量的因素很多，除了摄像机性能外，还包括空间分辨率、强度等级分辨率、对比度和清晰度等。

2.2.1 空间分辨率

空间分辨率是指图像中对细微结构可以辨认的最小几何尺度，常说的分辨率就是指空间分辨率。通常用像素描述图像的空间分辨率，如果水平方向上有 M 个像素，垂直方向有 N 个像素，则该图像的分辨率为 $M×N$；也可以用设备中每一英寸⊖内的像素数(Dots Per Inch，DPI)来描述图像的空间分辨率，DPI 数值越大表示图像的空间分辨率越高。

图 2-13 给出了图像的不同空间分辨率的实例。从该实例中可以明显看出，图像的空间分辨率越高，图像越清晰，图像的质量越高；随着图像的空间分辨率降低，图像质量也在下降。当空间分辨率缩小为原来的 1/16 时(如图 2-13e 所示)，图像变得模糊不清。

a）原图像　　　　　　b）分辨率为原来的一半　　　　c）分辨率为原来的1/4

d）分辨率为原来的1/8　　　e）分辨率为原来的1/16　　　f）分辨率为原来的1/32

图 2-13　图像的不同空间分辨率实例

2.2.2 强度等级分辨率

影响图像质量的第二个主要因素是强度等级(也称为灰度等级)分辨率。强度等级分辨率也称为细节层次，是指用来表示图像强度的级别数量，强度等级越多，图像描述得越精细。也可以用位深表示强度等级，位深越大，图像越精细。图 2-14 是具有不同强度等级分辨率的图像实例。

从图 2-14 中可以看出，强度等级越高，图像描述的细节越清晰。例如，256 个强度等级的图像(位深为 8)，图像描述的细节最清晰；强度等级为 16(位深为 4)时，图像细节比较好；强

⊖　1 英寸 = 2.54 厘米。——编辑注

度等级为 2(位深为 1)时，图像描述的细节最差。

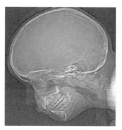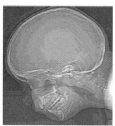

a）256个强度等级，　　　b）16个强度等级，　　　c）2个强度等级，
位深为8　　　　　　　位深为4　　　　　　　位深为1

图 2-14　图像的不同强度等级分辨率实例

　　实际应用中，应根据需要确定图像的强度等级。例如，在目标图像的尺度较大时，可以采用较低级别的位深来表示图像(例如位深为 3)，这样可以节省图像在计算机内部的存储空间，如图 2-15a 所示；在中等目标尺度的情况下，可以采用中等级别的位深来表示图像(例如位深为 5)，这样也能够达到目标识别的目的，如图 2-15b 所示；而对于群体目标或复杂的自然景观，为了能够识别图像中的目标细节，最好采用较高的位深来表示图像(例如位深为 8)，如图 2-15c 所示。

a）低水平级实例　　　　b）中水平级实例　　　　c）高水平级实例

图 2-15　不同强度等级图像的应用实例

2.2.3　对比度

　　图像的对比度一般用图像最亮区域的灰度和最暗区域的灰度的比值表示，比值越大，渐变层次就越多，从而能够表现的细节越丰富。高对比度的图像一般具有较好的清晰度，从而能表现出较好的灰度层次。如果对比度较低，则图像会变得模糊，难以辨别细节。

a）　　　　　　　　b）

　　在图 2-16 所示的图像实例中，图 2-16a 具有较高的对比度，能表现出清晰的细节；而图 2-16b 的对比度较低，看起来模糊不清。

图 2-16　具有不同对比度的图像实例

2.2.4　清晰度

　　清晰度是指图像的清晰程度。如果清晰度高，就能分辨清楚图像的细节内容，并且图像的突变部分过渡分明，而清晰度低的图像则模糊一片。清晰度与图像的亮度和对比度都有关系。

亮度是颜色的相对明暗程度，通常使用百分比来表示，亮度越高，图像清晰度越高。饱和度是指色彩的纯度，用百分比来度量，饱和度越高，图像看起来越清晰，反之则模糊不清。图 2-17 和图 2-18 给出了不同亮度及饱和度的图像实例。从实例中可以看出，随着亮度及饱和度的提高，图像的清晰程度明显提高。

图 2-17　不同亮度的图像实例　　　　　　图 2-18　不同饱和度的图像实例

习题

一、基础知识

1. 图 2-19 所示的两幅图像中，哪个质量较高？为什么？
2. 在图 2-20 所示的两幅图中，图 2-20a 是 256 个灰度级，图 2-20b 是 2 个灰度级，哪一幅图质量较高？为什么？

　　　　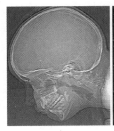

a）512 × 512　　　b）128 × 128　　　　　　a）　　　　　　b）

图 2-19　具有不同分辨率的图像　　　　　图 2-20　具有不同灰度等级的图像

3. 影响数字图像质量的因素有哪些？请举例说明。
4. 人类视觉感知与数字图像处理有什么关系？请举例说明。
5. 什么是 DPI？如果一幅图像的分辨率为 300 DPI，其含义是什么？
6. 视网膜上的感光细胞分为锥状细胞和杆状细胞两类，分别说明它们在视觉感知中的作用。
7. 结合函数 CSF，说明图像的频率与对比度敏感特性之间有什么关系？
8. 什么是图像的空间分辨率？请举例说明。
9. 什么是图像的强度等级分辨率？如果位深为 4，表示什么意义？其表示的灰度等级是多少？
10. 怎样计算一幅灰度图像的对比度？请举例说明。

二、算法实现

1. 阅读如下代码，并说明如何利用 PIL 获取图像的尺度，以及如何实现截取部分图像的功能。

```
from PIL import Image
import matplotlib.pyplot as plt
```

```
img = Image.open("./data/fruits.bmp")
row, col = img.size
box = (0, 0, col//2, row//2)
region = img.crop(box)
plt.imshow(region)
plt.show()
```

2. 阅读如下代码，并说明如何利用 skimage 获取图像的尺度，以及如何改变图像像素的灰度值。

```
import numpy as np
import scipy as sp
import matplotlib.pyplot as plt
from skimage import io
img = io.imread("./data/fruits.bmp")
rows, cols, dims = img.shape

#随机将像素点变为白色
for i in range(10000):
    x = np.random.randint(0, rows)
    y = np.random.randint(0, cols)
    img[x, y,:] = 255

io.imshow(img)
io.show()
```

3. 阅读如下代码，并说明如何利用 skimage 对一幅彩色图像进行灰度化处理。

```
#灰度化处理代码
from skimage import io,data,color,filters
import matplotlib.pyplot as plt
img=io.imread("./data/fruits.bmp")
img_gray = color.rgb2gray(img)    #调用图像灰度化处理函数
plt.subplot(121)
plt.imshow(img_gray,plt.cm.gray)
```

4. 阅读如下代码，并说明如何取出部分图像的内容。

```
import numpy as np
from skimage import io
img = io.imread("./data/fruits.bmp")
row=img.shape[0]
col=img.shape[1]

img1=img[:, (row//3):(row//3* 2), :]
io.imshow(img1)
io.show()
```

三、知识拓展

　　充分利用网络搜索资料，深入理解图像处理与视觉感知之间的关系，并举一个例子加以说明。

第 3 章　图像的基本运算与变形处理

在数字图像的处理过程中，为了达到一定的图像处理效果，有时需要对图像进行运算、缩放以及变换操作。本章主要介绍数字图像的基本运算，包括代数与逻辑运算、几何运算、图像的重采样与插值运算及图像变形。

3.1　图像的基本运算

3.1.1　代数运算

代数运算是指两幅图像之间可以进行加、减、乘、除运算。这些运算是两幅图像对应像素之间的运算，并且这些基本代数运算可以组合使用，组合而成的运算称为复合代数运算。

图像处理的代数运算的四种基本形式如下：

$$C(x, y) = A(x, y) + B(x, y)$$
$$C(x, y) = A(x, y) - B(x, y)$$
$$C(x, y) = A(x, y) \times B(x, y) \tag{3-1}$$
$$C(x, y) = A(x, y) / B(x, y)$$

其中，$A(x, y)$ 和 $B(x, y)$ 分别为两幅输入图像在 (x, y) 处的灰度值或彩色值。代数运算是指像素位置不变，对应像素的灰度（或颜色分量）进行加、减、乘、除的运算。应该注意的是，如果结果大于 255，置为 255；如果结果小于 0，置为 0；如果除数为 0，置为 0。

图 3-1 给出了代数运算的计算实例。在每组示例中，前两个图像是参与运算的图像，第三个是代数运算的结果。

0	0	0	0
0	100	100	0
0	100	100	0
0	0	0	0

100	0	0	0
0	100	0	0
0	0	100	0
0	0	0	100

100	0	0	0
0	200	100	0
0	100	200	0
0	0	0	100

a）加法运算

0	0	0	0
0	100	100	0
0	100	100	0
0	0	0	0

100	0	0	0
0	100	0	0
0	0	100	0
0	0	0	100

0	0	0	0
0	0	100	0
0	100	0	0
0	0	0	0

b）减法运算

图 3-1　代数运算示例

0	0	0	0
0	100	100	0
0	100	100	0
0	0	0	0

100	0	0	0
0	100	0	0
0	0	100	0
0	0	0	100

0	0	0	0
0	255	0	0
0	0	255	0
0	0	0	0

c）乘法运算

0	0	0	0
0	100	100	0
0	100	100	0
0	0	0	0

100	0	0	0
0	100	0	0
0	0	100	0
0	0	0	100

0	0	0	0
0	1	0	0
0	0	1	0
0	0	0	0

d）除法运算

图 3-1　（续）

【例 3-1】代数运算示例。已知两幅灰度图像，分别求它们进行加、减、乘、除运算的结果。

Python 实现

```
import cv2

from PIL import Image
#读取图像
#building
im02 = Image.open("building.bmp")
image1 = cv2.imread('building.bmp')
image2 = cv2.imread('building1.bmp')

#代数运算
added = cv2.add(image1,image2)                 # 将两个图像相加
subtracted = cv2.subtract(image1,image2)       # 将两个图像相减
multiply = cv2.multiply(image1,image2)         # 将两个图像相乘
divide = cv2.divide(image1,image2)             # 将两个图像相除

#显示
cv2.imshow("original_img1",image1)             # 显示原图 1
cv2.imshow("original_img2",image2)             # 显示原图 2
cv2.imshow("added",added)                      # 显示加法运算结果
cv2.imshow("subtracted",subtracted)            # 显示减法运算结果
cv2.imshow("multiply",multiply)                # 显示乘法运算结果
cv2.imshow("divide",divide)                    # 显示除法运算结果
```

Matlab 实现

```
% 加法运算

m =imread('oldhouse.bmp');
n =imread('lena.bmp');
figure(1);imshow(m);
figure(2);imshow(n);
```

```
K=imadd(m,n);
figure(3);imshow(K);
% 减法运算
m =imread('oldhouse.bmp');
n =imread('lena.bmp');
figure(1);imshow(m);
figure(2);imshow(n);
K=imsubtract (m,n);
figure(3);imshow(K);
% 乘法运算
m =imread('oldhouse.bmp');
n =imread('lena.bmp');
figure(1);imshow(m);
figure(2);imshow(n);
K= immultiply (m,n);
figure(3);imshow(K);
% 除法运算
m =imread('oldhouse.bmp');
n =imread('lena.bmp');
figure(1);imshow(m);
figure(2);imshow(n);
K= imdivide (m,n);
figure(3);imshow(K);
```

图 3-2 是两幅图像进行相加运算的实例。

　　a）图像1　　　　　　　　b）图像2　　　　　　　　c）相加结果

图 3-2　图像相加实例

图 3-3 是两幅图像进行相减运算的实例。

　　a）图像1　　　　　　　　b）图像2　　　　　　　　c）相减结果

图 3-3　图像相减实例

图 3-4 是两幅图像进行相乘运算的实例。

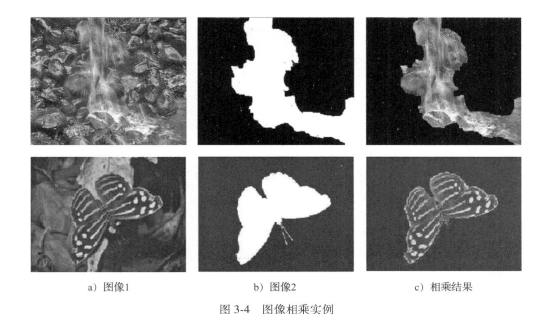

a) 图像1　　　　　　　　b) 图像2　　　　　　　　c) 相乘结果

图 3-4　图像相乘实例

图 3-5 是利用相除运算对遥感图像进行处理的实例。

a) 图像1　　　　　　　　b) 图像2　　　　　　　　c) 相除结果

图 3-5　图像相除实例

　　实际上，图像代数运算具有很重要的应用价值。加法运算可以用于消除图像的随机噪声、进行图像合成等。例如，利用两幅图像叠加可以合成光照场景的 2D 图像，如图 3-6a 所示；在应用中将同一场景的图像相加，可以构建特效结果，如图 3-6b 所示；在计算机图形学中，常采用图像加法运算合成场景的特效，图 3-6c 是利用图像加法运算合成的烟火场景的特效；图 3-6d 是利用图像加法运算并结合计算机图形学中的"布告板技术"合成的空中立体云效果。

　　应用减法运算，可以实现运动目标的检测。图像运动目标的检测就是将运动目标从静止的背景中分离出来，如图 3-6e 所示。

　　乘法运算的作用是抑制图像的某些区域，对于需要保留下来的区域，掩膜值置为 1，否则置为 0。可以结合乘法和减法运算求取前景运动目标。例如，在具有运动目标的图像中，在背景静止不动的情况下，可以利用图像之间的减法运算求得前景目标的二值化掩膜，再利用掩膜与原图像之间的乘法运算获得前景运动目标的结果。

　　除法运算可用于校正非线性畸变的成像设备，常用于处理遥感图像。从图 3-6f 的结果可以清晰地识别出地貌类型。

a）叠加运算合成新的图像　　　　　　　　　　　b）特效合成结果

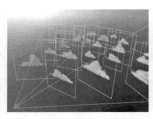

c）合成的烟火场景特效　　　　　　　　　　　d）合成立体云特效

e）图像运动目标的检测

f）除法运算增强图像实例

图 3-6　代数运算应用的实例

3.1.2　逻辑运算

逻辑运算是应用于两幅图像相同位置的对应像素间的运算。逻辑运算包括与（AND）、或（OR）及补运算。要对灰度图像进行逻辑运算，首先要进行二值化处理，再进行逻辑运算。如果是彩色图像，还要经过灰度化，才能进行二值化处理。二值化处理的基本方法是选择一个阈值，然后利用式（3-2）进行处理：

$$s = T(r) = \begin{cases} 255 & A \leqslant r \leqslant B \\ 0 & \text{其他} \end{cases} \tag{3-2}$$

对灰度图像进行二值化处理，可以突出一定范围的信息。A 和 B 的取值不同，二值化结果差异很大。例如，图 3-7b、图 3-7c 是对图 3-7a 采用不同 A 和 B 值进行二值化的结果。

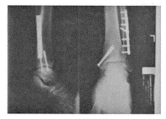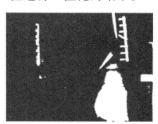

　　a）原图像　　　　　　　　b）二值化图像1　　　　　　　c）二值化图像2

图 3-7　图像的二值化实例

　　逻辑运算中，与运算和或运算是双目运算，从本质上看，逻辑运算的双目运算可以利用两幅图像相同位置的对应像素之间二值化的逻辑运算得到；补运算是单目运算，其结果是通过图像像素二值化结果取补得到的。这些逻辑运算可以组合使用，组合而成的运算称为复合逻辑运算。逻辑运算是像素位置不变，对应像素的灰度（或颜色分量）二值化结果之间进行逻辑的与、或、补的运算。

　　图 3-8 给出了逻辑运算的示例。图 3-8a 是逻辑与运算示例，图 3-8b 是逻辑或运算示例，图 3-8c 是逻辑补运算示例。在逻辑与和或的运算中，前两个是参与运算的图像，第三个是逻辑运算的结果。在逻辑补运算中，第一个是输入图像，第二个是逻辑补的运算结果。

0	0	0	255
0	0	0	255
0	0	0	255
255	255	255	255

255	255	255	255
255	0	0	0
255	0	0	0
255	0	0	0

0	0	0	255
0	0	0	0
0	0	0	0
255	0	0	0

a）与运算

0	0	0	255
0	0	0	255
0	0	0	255
255	255	255	255

255	255	255	255
255	0	0	0
255	0	0	0
255	0	0	0

255	255	255	255
255	0	0	255
255	0	0	255
255	255	255	255

b）或运算

0	0	0	255
0	0	0	255
0	0	0	255
255	255	255	255

255	255	255	0
255	255	255	0
255	255	255	0
0	0	0	0

c）补运算

图 3-8　逻辑运算示例

【例3-2】图像灰度化、二值化处理实例。已知两幅图像，对它们分别进行灰度化、二值化处理，并显示处理后的结果。

Python 实现

```
from skimage import io,data,color,filters
import matplotlib.pyplot as plt
img = io.imread("pen.png")
img1 = io.imread("aeroplane.png")
#图像灰度化处理
img_gray = color.rgb2gray(img)
img_gray1 = color.rgb2gray(img1)

#二值化处理
thresh = filters.threshold_yen(img_gray)
thresh1 = filters.threshold_yen(img_gray1)
dst = (img_gray <= thresh)*1.0
dst1 = (img_gray <= thresh1)*1.0
plt.figure('结果显示')
plt.subplot(221)
plt.imshow(img_gray,plt.cm.gray)
plt.subplot(222)
plt.imshow(dst,plt.cm.gray)
plt.subplot(223)
plt.imshow(img_gray1,plt.cm.gray)
plt.subplot(224)
plt.imshow(dst1,plt.cm.gray)
plt.show()
```

Matlab 实现

```
I =imread('house.bmp');
J =imread(school.bmp');
m =im2bw(I);                    % 转化为二值图像
n =im2bw(J);
% 逻辑与运算
R=m & n;
figure(1);imshow(R);           % 显示结果
```

【例3-3】逻辑运算实例。给定图像，对其进行与、或、补的逻辑运算。

Python 实现

```
import cv2
image1 = cv2.imread("../pic/cornfield.bmp")
image2 = cv2.imread("../pic/fruits.bmp")
#逻辑运算
bitwiseAnd = cv2.bitwise_and(image1, image2)        #与运算
bitwiseOr = cv2.bitwise_or(image1, image2)          #或运算
bitwiseNot1 = cv2.bitwise_not(image1)               #补运算
bitwiseNot2 = cv2.bitwise_not(image2)               #补运算
cv2.imshow("and:",bitwiseAnd)
cv2.imshow("or:",bitwiseOr)
cv2.imshow("not1:",bitwiseNot1)
cv2.imshow("not2:",bitwiseNot2)
cv2.waitKey(0)
cv2.destroyAllWindows()
```

Matlab 实现

```
I =imread('house.bmp');
J =imread(school.bmp');
m=im2bw(I);                % 转化为二值图像
n=im2bw(J);
% 逻辑与运算
R=m & n;
figure(1);imshow(R);      % 显示结果

% 或运算
I =imread('house.bmp');
J =imread('school.bmp');
m=im2bw(I);                % 转化为二值图像
n=im2bw(J);
R=m|n;
figure(1);imshow(R);      % 显示结果

% 补运算
I =imread('house.bmp');  % 读入图像灰度化
m=im2bw(I);                % 转化为二值图像
R=~m;
figure(1);
imshow(R);                % 显示结果
```

图像的逻辑运算具有很高的实用价值。例如，补运算经常用于图像的增强处理。图 3-9 是利用补运算对医学图像进行增强的结果，其中图 3-9a 是原图像，图 3-9b 是补运算的结果，从图中可以看出，补运算对图像起到了增强的作用。

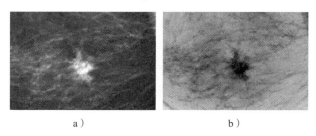

a）   b）

图 3-9　图像补运算的实例

3.1.3　图像的几何运算

图像的几何变换包括图像的平移、旋转、放大、缩小和镜像。通过几何变换可以改变图像的空间位置关系，但不改变图像的色彩特性。图 3-10 给出了实现图像几何变换的几何运算的实例。

   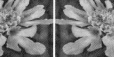

a）原图像　　　　b）平移　　　　　　c）旋转　　　　　　　　d）镜像

图 3-10　几何运算的实例

图像的几何运算的一般定义为：

$$g(x,y)=f(I(u,v))\tag{3-3}$$

其中，$I(u,v)$ 为输入图像，$g(x,y)$ 为输出图像，它从 uv 坐标系变换为 xy 坐标系。

1. 平移变换

平移变换实际上是指变换前后像素的水平及垂直坐标发生了变化。图 3-11 给出了平移变换的坐标变化关系。

其中，(x_0,y_0) 为像素的原坐标，(x_1,y_1) 为变换后的坐标，Δx 表示水平方向的平移量，Δy 表示垂直方向的平移量。以矩阵形式表示平移前后的像素关系为：

$$\begin{bmatrix} x_1 \\ y_1 \\ 1 \end{bmatrix} = \begin{bmatrix} 1 & 0 & \Delta x \\ 0 & 1 & \Delta y \\ 0 & 0 & 1 \end{bmatrix} \begin{bmatrix} x_0 \\ y_0 \\ 1 \end{bmatrix}\tag{3-4}$$

图 3-12 给出了图像平移变换的实例。

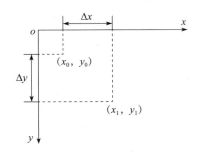

a）原图像

b）平移图像

图 3-11 平移变换时像素的坐标变化　　　　图 3-12 图像平移变换实例

【例 3-4】图像平移变换实例。已知一幅图像，对它进行平移运算，然后显示结果。
Python 实现

```
import cv2
import math
import numpy as np
def move(img):
    height, width, channels = img.shape
    emptyImage2 = img.copy()
    x=20
    y=20
    for i in range(height):
     for j in range(width):
        if i>=x and j>=y:
            emptyImage2[i,j]=img[i-x][j-y]
        else:
            emptyImage2[i,j]=(0,0,0)
    return emptyImage2

img = cv2.imread("lena.bmp")
cv2.namedWindow("Image")
SaltImage=move(img)
cv2.imshow("Image",img)
cv2.imshow("ss",SaltImage)
cv2.waitKey(0)
```

Matlab 实现

```
% 平移
I = imread('lena.bmp');
figure,imshow(I);
I=double(I);
R =zeros(size(I));
H=size(I);
Move_x=50;
Move_y=50;
R (Move_x+1:H(1),Move_y+1:H(2),1:H(3))=I(1:H(1)-Move_x,1:H(2)-Move_y,1:H(3));
imshow(uint8(R));    % 显示结果
```

2. 镜像变换

图像的镜像变换分为水平镜像和垂直镜像。水平镜像是以 y 轴为对称轴，垂直镜像是以 x 轴为对称轴。

水平镜像的变换公式为：

$$\begin{bmatrix} x_1 \\ y_1 \\ 1 \end{bmatrix} = \begin{bmatrix} -1 & 0 & w \\ 0 & 1 & 0 \\ 0 & 0 & 1 \end{bmatrix} \begin{bmatrix} x_0 \\ y_0 \\ 1 \end{bmatrix} \tag{3-5}$$

其中，(x_0, y_0) 为像素在原图像中的坐标，(x_1, y_1) 为变换后的坐标，w 是图像的水平分辨率。图 3-13 给出了图像水平镜像的实例。

垂直镜像的变换公式为：

$$\begin{bmatrix} x_1 \\ y_1 \\ 1 \end{bmatrix} = \begin{bmatrix} 1 & 0 & 0 \\ 0 & -1 & h \\ 0 & 0 & 1 \end{bmatrix} \begin{bmatrix} x_0 \\ y_0 \\ 1 \end{bmatrix} \tag{3-6}$$

其中，h 是图像的垂直分辨率。图 3-14 给出了图像垂直镜像的实例。

a）原图像　　　　　　b）水平镜像

图 3-13　图像水平镜像实例

a）原图像　　　　　　b）垂直镜像

图 3-14　图像垂直镜像实例

【例 3-5】 图像的镜像处理实例。已知一幅图像，对它进行水平镜像和垂直镜像处理，然后显示结果。

Python 实现

```
import cv2 as cv
import matplotlib.pyplot as plt
from skimage import transform,data,io,util

#使用 io 读取一张图像
img = io.imread("fruits.bmp")
xImg = cv.flip(img,1,dst =None) #水平镜像
```

```
plt.subplots_adjust(wspace=0.5)
plt.subplot(1,3,1)
plt.imshow(xImg)
xImg1 = cv.flip(img,0,dst=None) #垂直镜像
plt.subplots_adjust(wspace=0.5)
plt.subplot(1,3,2)
plt.imshow(xImg1)
```

Matlab 实现

```
% 垂直镜像变换
I = imread('house.jpg')
R = I(:,:,1);
G = I(:,:,2);
B = I(:,:,3);
RNew = flipud(R);
GNew = flipud(G);
BNew = flipud(B);
R1(:,:,1) = RNew;
R1(:,:,2) = GNew;
R1(:,:,3) = BNew;
figure;
imshow(R1)
% 水平镜像变换
RNew = fliplr(R);
GNew = fliplr (G);
BNew = fliplr (B);
R2(:,:,1) = RNew;
R2(:,:,2) = GNew;
R2(:,:,3) = BNew;
figure;
imshow(R2)
```

3. 旋转变换

旋转变换是指图像绕其中心以逆时针或顺时针方向旋转一定的角度，常用逆时针方向旋转。图像旋转变换的矩阵可以表示为：

$$\begin{bmatrix} x_1 \\ y_1 \\ 1 \end{bmatrix} = \begin{bmatrix} \cos\theta & -\sin\theta & 0 \\ \sin\theta & \cos\theta & 0 \\ 0 & 0 & 1 \end{bmatrix} \begin{bmatrix} x_0 \\ y_0 \\ 1 \end{bmatrix} \tag{3-7}$$

其中，(x_0, y_0) 为像素在原图像中的坐标，(x_1, y_1) 为变换后的坐标，θ 是图像的旋转角度。应该注意的是，图像旋转之后，可能会出现一些空白点，需要对这些空白点进行灰度级的插值处理，否则会影响旋转后的图像质量。

由于设备坐标系的原点位于图像的左上角，图像旋转是围绕图像中心进行的，因此，为了得到旋转后的新坐标，要经过三个步骤。

1）坐标原点平移到图像中心处（每个像素坐标都进行平移变换），得到的图像称为坐标中心化的图像，如图 3-15 所示。平移过程需要每个像素坐标都做平移变换。

设图像分辨率为 $c_x c_y$，每个像素 (x, y) 平移后的坐标 (x_0, y_0) 为：

$$x_0 = x - c_x/2.0$$
$$y_0 = y - c_y/2.0 \tag{3-8}$$

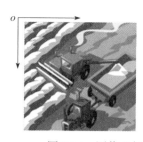

图 3-15 图像坐标原点平移的示例

可以看出，原图像中心像素的位置($c_x/2.0$，$c_y/2.0$)变为新的坐标原点(0，0)。

2）针对新原点对平移后的坐标做旋转。在平移后的坐标系中，针对图像中心进行旋转，旋转后的图像坐标(x_1，y_1)为：

$$x_1 = x_0\cos a + y_0\sin a$$
$$y_1 = -x_0\sin a + y_0\cos a \qquad (3-9)$$

$\sin a$ 和 $\cos a$ 是旋转角度的正弦和余弦。应该注意的是，按顺时针方向旋转时，角度为负值；按逆时针方向旋转时，角度为正值。

3）将坐标原点移回屏幕的左上角，如图 3-16 所示。图 3-16a 是旋转后坐标中心化的图像，将其坐标原点移回屏幕的左上角，应该得到图 3-16b 的结果。

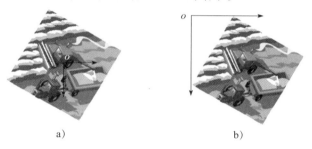

a)   b)

图 3-16 图像坐标原点平移示例

假设每个像素平移后的坐标(x_2，y_2)为：

$$x_2 = x_1 + N_x/2.0$$
$$y_2 = y_1 + N_y/2.0 \qquad (3-10)$$

N_x 和 N_y 为旋转后图像新的宽和高。下面以顺时针方向旋转为例，说明 N_x 和 N_y 的计算方法。如图 3-17 所示，已知 A、B、D、E 点的坐标，按照步骤 1 和步骤 2，计算得到顺时针旋转后的 A'、B'、D' 和 E' 的坐标。

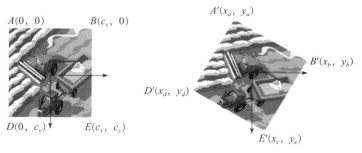

图 3-17 图像角点坐标在旋转前后的对应关系

然后计算 N_x 和 N_y:

$$N_x = |x_b - x_d|$$
$$N_y = |y_a - y_e|$$

(3-11)

逆时针情形下，N_x 和 N_y 的计算方法类似。

【例3-6】 图像旋转变换实例。对已知的两幅图像进行旋转变换，然后显示变换的结果。

Python 实现

```
from skimage import transform,data,io,util
import matplotlib.pyplot as plt
img=io.imread("./data/fruits.bmp")
#图像旋转
img1=transform.rotate(img, 60)              #图像旋转60°,不改变大小
print(img1.shape)
img2=transform.rotate(img, 30,resize=True)  #旋转30°,同时改变大小
print(img2.shape)
plt.figure('resize')
plt.subplot(121)
plt.title('rotate 60')
plt.imshow(img1,plt.cm.gray)
plt.subplot(122)
plt.title('rotate  30')
plt.imshow(img2,plt.cm.gray)
plt.show()
```

Matlab 实现

```
% 旋转变换
I=imread('sag.bmp');
R=imrotate(I,30,'nearest');       % 旋转30°,'nearest'是选项
figure;
imshow(uint8(R));
```

4. 图像缩放

图像缩放指的是通过去掉或增加像素来改变图像的尺寸。当图像缩小时，图像会变得更加清晰；当图像放大时，图像的质量会下降，导致图像不清晰。

图像缩放的变换公式为：

$$\begin{bmatrix} x_1 \\ y_1 \\ 1 \end{bmatrix} = \begin{bmatrix} \alpha & 0 & 0 \\ 0 & \beta & 0 \\ 0 & 0 & 1 \end{bmatrix} \begin{bmatrix} x_0 \\ y_0 \\ 1 \end{bmatrix}$$

(3-12)

$$\begin{cases} x_1 = \alpha x_0 \\ y_1 = \beta y_0 \end{cases}$$

其中，(x_0, y_0) 为像素在原图像中的坐标，(x_1, y_1) 为变换后的坐标。α 和 β 分别表示水平方向和垂直方向的放大倍数，当 $\alpha = \beta$ 时表示水平方向和垂直方向等比缩放；当 α 和 β 均大于1时表示放大；当 α 和 β 均小于1时表示缩小。

对于等比缩小，图像的 x 和 y 轴按照相同比例缩小。例如，当 $\alpha = \beta = 1/2$ 时，图3-18a 缩小为图3-18b。根据目标图像和原始图像像素之间的关系，图像缩小的处理方法有两种：第一种方法是取原图像的偶数行/列组成新图像；另一种方法是取原图像的奇数行/列组成新图像。对于非等比缩小，图像的 x 和 y 轴按照不同比例缩小，会给图像带来畸变，如图3-18d 所示。

a）原图像1   b）等比缩小图像   c）原图像2   d）非等比缩小图像

图 3-18   图像缩小的实例

图像放大也分为等比放大和非等比放大。在式（3-12）中，如果 $\alpha = \beta > 1$，则表示图像等比放大，此时需要进行灰度或者颜色的重采样，以便填补放大后的空白像素的灰度或颜色值。在图 3-19 的实例中，图 3-19b 是等比放大的结果，图 3-19c 是非等比放大的结果。

a）原图像   b）等比放大的结果   c）非等比放大的结果

图 3-19   图像放大实例

图像缩放、旋转等几何变换可以采用前向映射方法和后向映射方法来完成。前向映射方法是指根据当前原图像中的像素位置计算得到该像素在目标图像中的映射位置，如果计算结果为非整数，将该像素的灰度或颜色映射到相应的像素中，如图 3-20 所示。其中，x 和 y 为像素在原图像中的坐标，为整数；x' 和 y' 是计算后得到的坐标结果，可能为非整数。

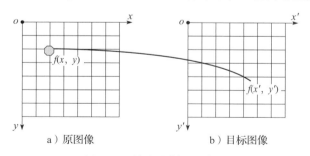

a）原图像   b）目标图像

图 3-20   前向映射法示意图

后向映射方法是指通过目标图像中的像素位置，计算它在原图像中的位置。如果计算结果为非整数，则利用最近邻插值法和双线性插值方法可以得到目标图像中的像素颜色或灰度值。如图 3-21 所示，x' 和 y' 是目标图像中像素的坐标，为整数；x 和 y 为计算得到的原图像中像素的坐标值，如果为非整数，可以利用最近邻插值法和双线性内插方法从原图像中的对应像素计算得到 (x', y') 的灰度值。

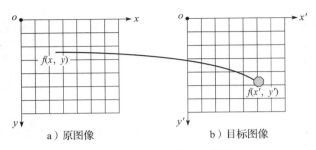

图 3-21 后向映射法示意图

两种映射方法的比较如下:

- 采用前向映射方法(向后送颜色),对于输出图像的每个像素的灰度或颜色值,可能需要进行多次运算。
- 采用后向映射方法(向前取颜色),对于输出图像的每个像素的灰度或颜色值,只要进行一次运算即可。

在前向映射中,目标图像经常会出现空白点,如图 3-22 所示。对于空白像素,可以简单地采用行插值或列插值方法进行处理。所谓行插值是指任何一个空白像素的灰度值或颜色分量取它的左右相邻的非空白像素的灰度或颜色分量的平均值;列插值是指任何一个空白像素的灰度值或颜色分量取它的上下相邻的非空白像素的灰度或颜色分量的平均值。必要时需用几次行插值或列插值进行处理。

a)原图像

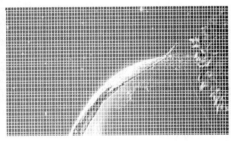

b)目标图像出现空白像素

图 3-22 图像放大后出现空白像素

【例 3-7】图像缩放的实例。对已知的图像进行缩小,然后显示变换的结果。

Python 实现

```
% PIL 方法
from PIL import Image
im= Image.open(r"b.png")
w, h = im.size                        #获得图片宽高
im1 = im.resize((w // 2, h // 2))
im1.show()
im1.save('b_resize.jpg', 'jpeg')

import cv2 as cv
src1 = cv.imread('test.jpg')
cv.imshow('image', src1)              #显示原图像
height,width=src1.shape[:2]
```

```
#将图像在水平和垂直方向各缩小一半
src1=cv.resize(src1,(width//2,height//2),interpolation=cv.INTER_CUBIC)
cv.imshow('imageresult', src1)    #显示缩小后的图像
```

Matlab 实现

```
% 缩放功能
I=imread('sag.bmp');
R=imresize(I,2);                 % 放大为原来的两倍
figure,imshow(R);
R=imresize(I,0.5);               % 缩小为原来的一半
figure,imshow(R);
```

3.2　图像的重采样与插值运算

对图像做缩放、旋转等几何变换时，需要对图像原有的灰度或者颜色进行重采样处理和插值处理。

灰度重采样是指图像进行几何变换时，对输入图像的像素点的灰度或者颜色进行重采样、插值处理等之后，将结果赋予相应的输出像素。假设(u_0, v_0)是变换的目标像素位置，需要利用其周围像素点(u, v)、$(u+1, v)$、$(u, v+1)$和$(u+1, v+1)$的灰度或者颜色，图像重采样就是根据最近邻插值法或双线性插值的策略，由这些周围像素计算得到(u_0, v_0)点处的灰度或者颜色信息。图 3-23 给出了灰度重采样的示意图。

最近邻插值法是指在灰度(或者颜色)重采样中，输出图像的灰度等于离它位置最近的像素的灰度值。在图 3-23 所示的灰度重采样中，(u_0, v_0)点的灰度值取四个周围像素中最近像素点(u, v)的灰度值。

所谓双线性插值是指利用当前像素的四个相邻像素灰度值(或者颜色)，通过双线性插值方法计算得到目标像素的灰度值(或者颜色)，如图 3-24 所示。已知(x, y)的四个相邻像素(a, b)、$(a+1, b)$、$(a, b+1)$和$(a+1, b+1)$的灰度值分别为$I(a, b)$、$I(a+1, b)$、$I(a, b+1)$和$I(a+1, b+1)$，利用双线性插值可以求得当前像素的灰度值$I(x, y)$。

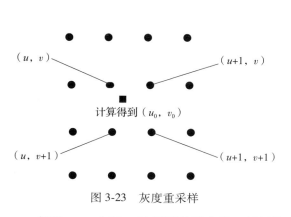

图 3-23　灰度重采样

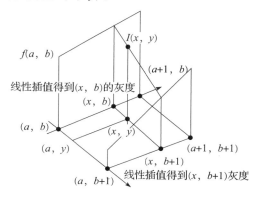

图 3-24　双线性插值

假设u、v为$[0, 1)$区间的浮点数，目标像素$(i+u, j+v)$的灰度的双线性插值为：
$$I(i+u, j+v) = (1-u)(1-v)I(i, j) + (1-u)vI(i, j+1) +$$
$$u(1-v)I(i+1, j) + uvI(i+1, j+1)$$

$$(3-13)$$

其中，i、j均为非负整数。

图 3-25 给出了后向映射法中双线性插值的示意图。

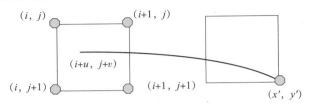

图 3-25 双线性插值中相邻像素的示意图

图 3-26 为利用双线性插值将图像的行和列均放大 1.5 倍的结果。

a）原图像　　　　　　　　　　b）双线性插值方法的结果

图 3-26 双线性插值放大的结果

【例 3-8】在利用后向映射方法将图像放大 3 倍时，采用双线性插值的方法进行处理，目标图像上的一个像素坐标为（20，40），对应原图像的四个相邻像素的颜色值分别为：

A 像素：$C(6，13) = (120，100，80)$

B 像素：$C(7，13) = (100，10，30)$

C 像素：$C(6，14) = (20，100，40)$

D 像素：$C(7，14) = (50，90，10)$

请计算目标图像上该像素的颜色。

解答提示：利用双线性插值可以求得当前像素（20，40）的颜色值。

```
u = 20% 3/3.0 = 0.666667;
v = 40% 3/3.0 = 0.333333;
i = 20/3 = 6;
j = 40/3 = 13;
```

利用式（3-13）计算时，对于 RGB 三个通道的计算结果为：

$R(20，40) = R(i+u，j+v)$

$\qquad = (1-u)(1-v)R(6，13) + (1-u)vR(6，14) + u(1-v)R(7，13) + uvR(7，14)$

$\qquad R = 84.444467 \approx 84$

$G(20，40) = G(i+u，j+v)$

$\qquad = (1-u)(1-v)G(6，13) + (1-u)vG(6，14) + u(1-v)G(7，13) + uvG(7，14)$

$\qquad G = 57.777739 \approx 58$

$B(20，40) = B(i+u，j+v)$

$\qquad = (1-u)(1-v)B(6，13) + (1-u)vB(6，14) + u(1-v)B(7，13) + uvB(7，14)$

$\qquad B = 37.777772 \approx 38$

3.3　图像的变形处理

图像的变形处理可应用传统的变形技术和智能的基于深度学习的变形策略。图像的变形技术目前已广泛应用于动画生成、图像融合、全景图像的拼合等方面。

图像的常见几何变换主要有三类：刚性变换、仿射变换和透视变换，如图 3-27 所示。

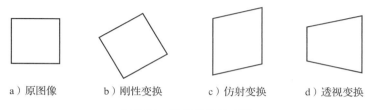

a）原图像　　　b）刚性变换　　　c）仿射变换　　　d）透视变换

图 3-27　图像的常见变换

图像的变形处理是利用仿射变换来实现的。仿射变换代表的是两幅图之间的映射关系，图像二维仿射变换矩阵为 2×3 的矩阵，图像之间的变形是建立在仿射变换矩阵的基础上的。要实现图像的变形，需要建立图像之间的仿射变换矩阵，这是通过计算图像之间的控制点来实现的。

所谓的图像控制点变换是指根据输入和输出图像的控制点的位置信息，对图像进行变换。图像的变形处理就是利用图像控制点变换进行图像变形，以达到某种特殊效果。两幅图像之间的对应点是指同一个三维空间点在两幅图像中的成像点，图 3-28 展示出了一对对应点。

对应点

图 3-28　对应点

两幅图像之间的变换可以利用控制点得到，因此，首先需要测定两幅图像之间的若干特定控制点，例如对应点，然后通过控制点计算两幅图像之间的变换方程系数。这些对应点通常选取变换区域的对应角点。根据所变换区域的不同，分为三角形区域变换和四边形区域变换。

3.3.1　基于三角形区域变换的图像变形

若已知输入图像和输出图像之间的三对对应点，则可以利用这三对对应点来求解对应点构成的三角形区域之间的变换。图 3-29 给出了三角形区域变换的示意图。

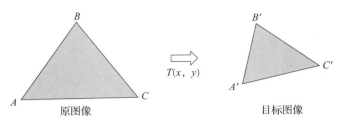

图 3-29 三角形区域变换的示意图

图中，A、B、C 和 A'、B'、C' 是给定的三角形区域变换的三对对应点。$\triangle A'B'C'$ 中的任意像素点的坐标为 $(x'，y')$，$\triangle ABC$ 中的任意像素点的坐标为 $T(x，y)$，则 $\triangle ABC$ 和 $\triangle A'B'C'$ 之间的齐次坐标的仿射变换为：

$$\begin{bmatrix} x' \\ y' \\ 1 \end{bmatrix} = \begin{bmatrix} a & b & c \\ d & e & f \\ 0 & 0 & 1 \end{bmatrix} \begin{bmatrix} x \\ y \\ 1 \end{bmatrix} \tag{3-14}$$

$\triangle ABC$ 和 $\triangle A'B'C'$ 之间的变换也可以写成如下形式：

$$\begin{cases} x' = ax + by + c \\ y' = dx + ey + f \end{cases} \tag{3-15}$$

假设 $\triangle ABC$ 和 $\triangle A'B'C'$ 的三对对应点的坐标为 $(x_A，y_A)$、$(x_B，y_B)$、$(x_C，y_C)$、$(x'_A，y'_A)$、$(x'_B，y'_B)$ 和 $(x'_C，y'_C)$。

为了求 $\triangle ABC$ 和 $\triangle A'B'C'$ 之间的变形，需要通过三对对应点计算两个三角形之间的仿射变换矩阵，计算的步骤如下。

1）将三对对应点的坐标代入式（3-15），构成 6 个线性方程，从而求得变换的参数 a、b、c、d、e 和 f：

$$\begin{cases} D = x_A y_B + x_B y_C + x_C y_A - x_A y_C - x_B y_A - x_C y_B \\ D_1 = x'_A y_B + x'_B y_C + x'_C y_A - x'_A y_C - x'_B y_A - x'_C y_B \\ D_2 = x_A x'_B + x_B x'_C + x_C x'_A - x_A x'_C - x_B x'_A - x_C x'_B \\ D_3 = x_A y_B x'_C + x_B y_C x'_A + x_C y_A x'_B - x_A y_C x'_B - x_B y_A x'_C - x_C y_B x'_A \\ D_4 = y'_A y_B + y'_B y_C + y'_C y_A - y'_A y_C - y_A y'_B - y_B y'_C \\ D_5 = x_A y'_B + x_B y'_C + x_C y'_A - x_A y'_C - x_B y'_A - x_C y'_B \\ D_6 = x_A y_B y'_C + x_B y_C y'_A + x_C y'_B y_A - x_A y_C y'_B - x_B y_A y'_C - y'_A y_B x_C \end{cases} \qquad \begin{cases} a = \dfrac{D_1}{D} \\[4pt] b = \dfrac{D_2}{D} \\[4pt] c = \dfrac{D_3}{D} \\[4pt] d = \dfrac{D_4}{D} \\[4pt] e = \dfrac{D_5}{D} \\[4pt] f = \dfrac{D_6}{D} \end{cases} \tag{3-16}$$

2）对于 $\triangle ABC$ 内的任意一个像素点 $P(x_{PA}，y_{PA})$，利用式（3-16）计算出其在 $\triangle A'B'C'$ 中的变换坐标 $P'(x'_{PA}，y'_{PA})$，并进行灰度重采样，得到像素 $P'(x'_{PA}，y'_{PA})$ 的灰度值。

3）如果变换后 $\triangle A'B'C'$ 内存在空白点，则采用行插值或列插值进行处理。

三角形区域变换方法经常用于人的面部表情的生成及合成，如图 3-30 所示。在该实例中，通过给定的三对对应点的坐标，将整幅图像分成了几个三角形区域，然后分别按照三角形区域变换方法对每个三角形区域进行变形处理，最终得到变形后的结果。

a）原图像　　　　b）变形后的三角形分布

图 3-30　人的面部表情变形的实例

【例 3-9】利用三角形区域变换对图像变形处理。以图 3-31 为例，利用三角形区域变换来实现图像变形包括以下步骤。

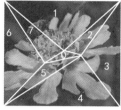

a）原图像　　　b）变形后的三角形分布

图 3-31　图像的三角形划分

1）将图像划分为若干个三角形，并编号，如图 3-31 所示。通过对每个三角形进行变形处理，达到对整幅图像进行变形处理的目的。对于所划分的任意一对三角形，例如图 3-31 中的 0 号三角形，利用下面的步骤可以求得源图像和目标图像的三角形之间的仿射变换矩阵。

2）在原图像和目标图像上确定对应的控制点 (x_A, y_A)、(x_B, y_B)、(x_C, y_C)、(x'_A, y'_A)、(x'_B, y'_B) 和 (x'_C, y'_C)，可以采用鼠标交互选取方法。

3）利用确定的控制点，通过式（3-16）计算仿射变换矩阵。

4）对于原图像的 0 号三角形内部的任意一个点，利用式（3-16）计算出变换后的新坐标。按照这种方法，即可实现 0 号三角形的变形处理。

5）按照上述步骤对于每个三角形都进行变形处理，从而实现原图像到目标图像的变换过程。

3.3.2　基于四边形区域变换的图像变形

若已知输入图像和输出图像之间的四对对应点，则可以利用这四对对应点，求取两个四边形之间的变换矩阵，从而得到它们之间的变换关系。图 3-32 给出了四边形区域变换的示意图。

a）原图像　　　　　　　　　b）四边形区域变换后的图像

图 3-32　四边形区域变换

图中的圆点是给定的四边形区域变换的四对对应点。四边形区域变换的公式如下：

$$\begin{cases} x' = ax + by + cxy + d \\ y' = ex + fy + gxy + h \end{cases} \qquad (3\text{-}17)$$

四边形区域变换的步骤如下。

1）将四对对应点的坐标代入式（3-17），构成 8 个线性方程，可以求得变换的参数 a、b、c、d、e、f、g 和 h。

2）对于四边形内的任意一个像素点 $P(x_{PA}, y_{PA})$，利用式（3-17）计算出其变换后的坐标 $P'(x'_{PA}, y'_{PA})$，并进行灰度重采样，得到像素 $P'(x'_{PA}, y'_{PA})$ 的灰度值。

3）如果变换后的四边形内部存在空白点，就采用行插值或列插值对其处理。

四边形区域变换也经常用于目标的生成及合成。具体方法是：先将整幅图像分成若干个区域，如图 3-33 所示，然后选取控制点，每四个控制点可以确定一个四边形区域的变换；控制点先按照一定规律变换，然后可以采用四边形区域变换方法求得每个区域的变换结果。

图 3-34 给出了动物的面部图像变形的

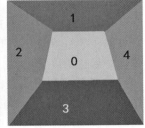

图 3-33　图像变形中基于四边形分割的示意图

实例。在该实例中，先将整幅图像分成若干个相同的正方形的区域，然后选取控制点，每四个控制点可以确定一个四边形区域的变换。同样地，控制点先按照一定规律变换，然后采用四边形区域变换方法即可求得每个区域的变换结果。

a）原图像　　　　b）控制点选取　　　　c）控制点变形　　　d）四边形区域变换

图 3-34　四边形区域变换应用实例

需要注意的是，在三角形区域变换和四边形区域仿射变换的基础上，可以进一步实现动画效果，即将每一帧的图像采用这些图像变形方法进行处理，连续完成每帧的变形处理，就可以实现动画的效果了。

习题

一、基础知识

1. 图像代数运算、逻辑运算、几何运算分别包含哪些具体运算？各举出一个例子，说明其运算方法及实际用途。

2. 如何对灰度图像进行二值化处理？二值化处理的结果与阈值有关吗？为什么？

3. 简单说明彩色图像如何进行二值化处理。

4. 在图像平移变换中，如果一幅图像中的像素坐标为（20，30），原图像的原点平移到（5，12），如何计算该像素在新坐标系中的坐标？新坐标是什么？

5. 如果原图像的分辨率是 50×120 像素，其中一个像素的坐标为（20，60），将该图像旋转 30°，计算该像素在旋转后图像中的坐标，并写出计算过程。

6. 如果原图像的分辨率是 50×120 像素，对该图像进行水平镜像处理，其中一个像素的坐标为（30，70），镜像后该像素的坐标是什么？怎样计算？按照这种方法，怎样将一幅图像进行水平镜像？

7. 简单说明利用前向映射方法和后向映射方法对图像进行放大处理的主要思想。

8. 我们对图像进行放大处理时，经常采用前向映射方法还是后向映射方法，为什么？

9. 在利用后向映射方法对图像进行放大处理时，采用双线性插值的方法，如果放大倍数为 4，目标图像上的一个像素坐标为（23，45），对应原图像的四个相邻像素的颜色值分别为：

A 像素：$C(5，11)=(80，100，10)$

B 像素：$C(6，11)=(30，10，20)$

C 像素：$C(6，12)=(10，200，40)$

D 像素：$C(5，12)=(10，30，20)$

请计算目标图像上该像素的颜色值是多少。

根据这一思想，请简单说明利用后向映射方法对图像进行放大处理的主要步骤。

10. 简单说明三角形区域变换处理的主要步骤。

二、算法实现

1. 阅读如下代码，并说明代码中如何利用 skimage 实现图像的旋转处理功能。

```
from skimage import io,transform
import matplotlib.pyplot as plt

img=io.imread("./se.bmp")
image2=io.imread("./br.bmp")
img1=transform.rotate(img, 60)              #图像旋转 60°,不改变大小
print(img1.shape)
img2=transform.rotate(img, 30,resize=True)  #图像旋转 30°,同时改变大小
print(img2.shape)
plt.figure('resize')
plt.subplot(121)
plt.title('rotate 60')
plt.imshow(img1,plt.cm.gray)
plt.subplot(122)
plt.title('rotate  30')
plt.imshow(img2,plt.cm.gray)
plt.show()
```

2. 阅读如下代码，并说明代码的具体功能。

```
import numpy as np
import cv2
img = cv2.imread("./data/fruits.bmp")
cv2.imshow("sourceImg", img)
img1 = cv2.flip(img,1)  #镜像
img_info=img.shape
```

```
height=img_info[0]
width=img_info[1]

mat_translation=np.float32([[1,0,20],[0,1,50]])
dst=cv2.warpAffine(img,mat_translation,(width+20,height+50))
cv2.imshow('dst',img1)
cv2.imshow('dst2',dst)
cv2.waitKey(0)
```

3. 阅读如下代码，并说明如何利用 OpenCV 实现对图像的放大和缩小处理功能。

```
import cv2
import os
img = cv2.imread("./data/fruits.bmp")
height, width = img.shape[:2]
size = (int(width *0.3), int(height *0.5))
shrink = cv2.resize(img, size, interpolation=cv2.INTER_AREA)          # 缩小图像
fx = 1.6
fy = 1.2
enlarge = cv2.resize(img, (0, 0), fx=fx, fy=fy, interpolation=cv2.INTER_CUBIC) # 放大图像

# 显示
cv2.imshow("src", img)
cv2.imshow("shrink", shrink)
cv2.imshow("enlarge", enlarge)
cv2.waitKey(0)
```

4. 阅读如下代码，并说明其功能。

```
import cv2
#读入图像,进行灰度化和二值化,获得掩膜 mask
img0 = cv2.imread(r"data/flower.bmp")
img = cv2.resize(img0,(80,100))
img1 = cv2.cvtColor(img, cv2.COLOR_BGR2GRAY)
ret, mask = cv2.threshold(img1, 100, 255, cv2.THRESH_BINARY)
mask2=cv2.bitwise_not(mask)
#读入背景图像
img22 = cv2.imread("C:/Users/10195/Desktop/data/cornfield.bmp")
img2 = img22[100:200, 50:130]
img1_fg = cv2.bitwise_and(img,img,mask=mask)          #前景提取
img2_bg = cv2.bitwise_and(img2,img2,mask=mask2)        #背景提取
dst=cv2.add(img2_bg,img1_fg)
for i in range(50,130):
    for j in range(100,200):
        img22[j,i]=dst[j-100,i-50]
cv2.imshow("res",img22)
cv2.waitKey(0)
cv2.destroyAllWindows()
```

三、知识拓展

查阅资料，了解图像变形技术的实际应用，并举一个例子加以说明。

第4章 图像增强处理

数字图像在采集、传输过程中会受到各种因素的干扰，导致产生低质量的图像。而数字图像增强处理的目的是提升图像的质量，改善图像的视觉感知效果。图 4-1 给出了图像受到干扰后产生的一些低质量图像的实例。可见，这些图像由于质量降低，已影响到人类的视觉感知，使人眼难以看清场景中的目标。

a）暗光图像

b）雾霾图像

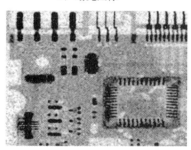
c）噪声图像

d）模糊图像

图 4-1 低质量图像实例

图像增强处理是指对较低质量的图像，利用特征提取等手段对图像的信息（有时是某些感兴趣的特征）进行增强，从而改善图像质量，进一步突出图像中的有用信息。从处理手段来看，常用的方法有图像平滑、锐化以及对比度增强等。从处理的域来看，主要包括空域增强方法和频域增强方法。

目前，图像增强处理技术被广泛应用于遥感图像的增强处理、医学影像的增强处理等领域。例如，图 4-2 是对 X

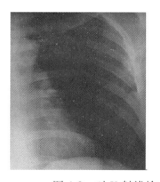
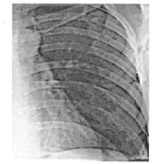

图 4-2 对 X 射线检查图像进行增强处理

射线检查图像进行增强处理的结果，从图中明显可以看出，增强处理后，图像的清晰度提升，可识别信息量增加，便于对病情进行准确诊断。

4.1 空域处理技术

数字图像的空域处理技术是指在图像二维空间上的处理，即在图像及其邻域中的处理，主要涉及对图像像素的强度及色彩进行处理。空域处理技术包括：

- 全局运算：在整个图像的二维空间上进行处理。
- 局部运算：在像素的邻域或相关的局部空间中进行处理。
- 点运算：对图像中每个像素的灰度或色彩进行运算，以改变其灰度或图像的对比度。

图像的空域增强处理方法主要分为点处理和模板处理两类。点处理作用于单个像素，包括图像灰度变换、直方图处理、伪彩色处理等。灰度变换是通过点运算或直方图处理对图像中每个像素的灰度值进行变换。目前，图像的点处理技术被广泛应用于对比度增强、图像恢复等方面。伪彩色处理是指利用一定的处理方法将灰度图像变为彩色图像，以便人们对图像的细节进行辨析，达到增强图像的目的。伪彩色处理技术可以应用于遥感图像的增强、医学图像的增强等方面。

4.1.1 点运算

点运算是对图像中每个像素的灰度值进行计算，即输出图像每个像素点的灰度值仅由对应的输入像素点的值决定。根据点运算的作用，可以分为对比度增强、对比度拉伸及灰度变换等。

点运算是输入与输出图像之间的灰度映射过程：

$$S = T(r) \tag{4-1}$$

值得注意的是，对于点运算来说，每个像素的位置不变，只是灰度发生变化。

更一般的情况下，点运算在空域增强中使用，可以表示为：

$$S(x, y) = T[R(x, y)] \tag{4-2}$$

其中，$R(x, y)$ 为输入图像，$S(x, y)$ 为输出图像，T 为定义在 (x, y) 邻域上的操作。像素 (x, y) 的邻域为像素及周围像素组成的小区域如图 4-3 所示。

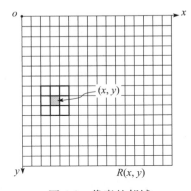

图 4-3 像素的邻域

点运算旨在通过对图像中每个像素点的灰度值进行计算，达到改善图像显示效果的目的。图 4-4 给出了运用点运算增强图像的实例。

a）原图像　　　　　　　　　　　b）增强图像

图 4-4 利用点运算使图像增强

根据运算的性质，可以将图像的点运算分为线性点运算和非线性点运算。

1. 线性点运算

线性点运算的灰度变换函数可以采用线性方程描述，即

$$s = kr + b \qquad (4\text{-}3)$$

其中，r 为输入点的灰度值，s 为相应输出点的灰度值。

在利用式(4-3)进行图像的点运算时，图像中的背景及噪声部分也会随之增强。为了避免这一情况，人们常采用分段线性方程描述图像的点运算，即

$$S(x, y) = \begin{cases} q & R(x, y) > n \\ \dfrac{q-p}{n-m}\big[R(x, y) - m\big] + p & m \leqslant R(x, y) \leqslant n \\ p & R(x, y) < m \end{cases} \qquad (4\text{-}4)$$

图 4-5a 给出了线性点运算中像素灰度的变化规律。图 4-5b 给出了分段线性函数点运算中灰度的变化情况。设输入图像 $R(x, y)$ 的灰度范围为 $[m, n]$，输出图像 $S(x, y)$ 的灰度范围为 $[p, q]$。由于 $m-n$ 远小于 $q-p$，因此输出图像 $S(x, y)$ 的灰度差变大，从而使图像得到增强。

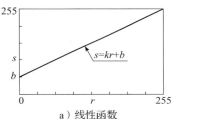

a）线性函数　　　　　b）分段线性函数点运算

图 4-5　线性点运算

【**例 4-1**】运用线性点运算对图像进行增强处理，然后显示结果。

Python 实现

```
import cv2
import numpy as np
def grey_linear_compute(image, p, l):
    img_gray = cv2.cvtColor(image, cv2.COLOR_RGB2GRAY)
    rows, cols = img_gray.shape
    dist = np.zeros_like(img_gray)
    for y in range(rows):
        for x in range(cols):
            pixel = img_gray[y, x]
            new_pixel = wise_element(p *pixel + l)
            dist[y, x] = new_pixel
    return dist
def rgb_linear_compute(image, p, l):
    # img_gray = cv2.cvtColor(image,cv2.COLOR_RGB2GRAY)
    image_rgb = cv2.cvtColor(image, cv2.COLOR_BGR2RGB)
    rows, cols, _ = image.shape
    dist = np.zeros_like(image)
    for y in range(rows):
        for x in range(cols):
            pixel = image_rgb[y, x]
            r = wise_element(p *pixel[0] + l)
```

```
            g = wise_element(p *pixel[1] + 1)
            b = wise_element(p *pixel[2] + 1)
            dist[y, x] = (b, g, r)
    return dist
def wise_element(value):
    dist = value
    if dist > 255:
        dist = 255
    if dist < 0:
        dist = 0
    return dist
src = cv2.imread('1.png')
gray = grey_linear_compute(src, 5.714, -510)
rgb = rgb_linear_compute(src, 5.7142, -510)
cv2.imwrite('gray1.bmp',gray)
cv2.imwrite('rgb.bmp', rgb)
cv2.waitKey()
cv2.destroyAllWindows()
```

Matlab 实现

```
I=imread('sag.bmp');          % 读取图像
I=255-I;                      % 线性点运算 s=255-r
figure(1);                    % 建立窗口
imshow(I);                    % 显示运算的结果
```

图 4-6b 给出了对图 4-6a 进行线性点运算后的结果，从结果可以看出，增强效果非常明显。

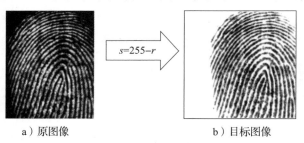

a）原图像   b）目标图像

图 4-6　利用线性点运算进行图像增强

在图 4-7 的实例中，运用分段线性点运算对原图像进行增强处理，在不同区域部分中进行分别处理（如图 4-7b 所示），图 4-7c 是增强后的结果。

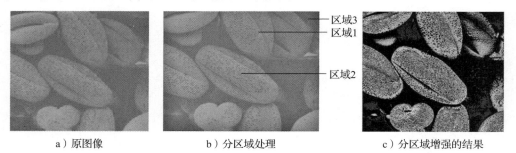

a）原图像   b）分区域处理   c）分区域增强的结果

图 4-7　利用分段线性点运算进行图像增强

2. 非线性点运算

非线性点运算是指对于像素的灰度值采用非线性变换处理的方法，典型的方法包括对数变换和幂变换。

对数变换的一般表达式为：

$$s = k\log(1+r) \tag{4-5}$$

其中，k 为常数，r 为图像灰度。

对数变换的作用是扩展低灰度区，压缩高灰度区。

幂变换的一般形式为：

$$s = kr^{\gamma} \tag{4-6}$$

其中，k 和 γ 是参数，不同的取值直接影响变换结果。

图 4-8 给出了 $k=1$，γ 取不同参数时，得到的结果的差异。

从图中可以看出，幂变换的作用是扩展高灰度区，压缩低灰度区。

图 4-9a 给出了一幅航拍图像实例，利用幂变换对其进行增强，图 4-9c 给出了处理后的结果。

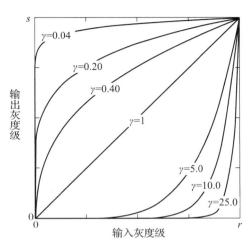

图 4-8　γ 取不同参数时的结果比较

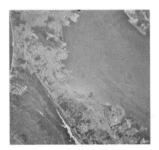 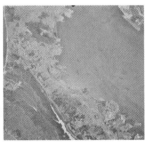 

a）航拍图像　　　　　　b）灰度化结果　　　　　　c）增强结果

图 4-9　幂变换

【例 4-2】利用非线性变换对图像进行增强。

Python 实现

```
from skimage import data, exposure, img_as_float
import matplotlib.pyplot as plt
image = img_as_float(data.moon())
gam1 = exposure.adjust_gamma(image, 2)    #调暗
gam2 = exposure.adjust_gamma(image, 0.5)   #调亮
plt.figure('adjust_gamma',figsize=(8,8))
plt.subplot(131)
plt.title('origin image')
plt.imshow(image,plt.cm.gray)
plt.axis('off')
plt.subplot(132)
plt.title('gamma=2')
plt.imshow(gam1,plt.cm.gray)
```

```
plt.axis('off')
plt.subplot(133)
plt.title('gamma=0.5')
plt.imshow(gam2,plt.cm.gray)
plt.axis('off')
plt.show()
```

Matlab 实现

```
% 非线性点运算
I=imread('sag.bmp');        % 读取图像
R= 2.5 *log(I+l);           % 非线性变换,对数变换 s = c log(1 + r)
figure(1);
imshow(I);
% 非线性变换,幂变换
R= 1.0*I.^4.5;
figure(2);
imshow(R);
```

4.1.2 直方图处理

灰度直方图是一种统计方法,即统计图像中各灰度级出现的频数,绘制出各个灰度级对应的统计数目。其中,横坐标表示灰度级,纵坐标表示频数。

灰度直方图可表示为:

$$h(k)= \text{num}_k \tag{4-7}$$

其中,k 表示图像的灰度值,num_k 表示灰度值为 k 的像素个数。

实际应用中,常使用灰度直方图的归一化形式:

$$p(k)= \frac{\text{num}_k}{\text{num}} \tag{4-8}$$

其中,$p(k)$ 表示灰度级为 k 的像素的统计概率,num 表示图像中像素的总数。

图 4-10 给出了一个直方图的实例。从图中可以看出不同灰度值出现的次数或频率。

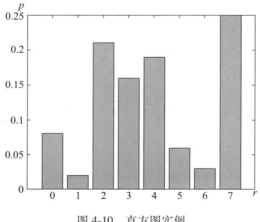

图 4-10 直方图实例

图 4-11a 所示图像的灰度直方图如图 4-11b 所示。对比原图像及直方图可以看出,由于图像较暗且不清晰,其直方图表现为统计结果集中在灰度值比较低的区域,多数像素的灰度值

差异不大。因此，要增加图像的清晰度，可以通过增加像素之间的灰度差来实现。常采用直方图均衡化方法来对图像进行增强处理。

a）原图像

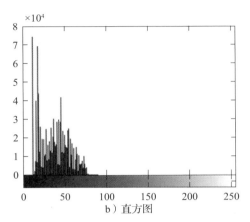

b）直方图

图 4-11　灰度直方图

1. 直方图均衡化

直方图均衡化是指通过调整像素在各灰度级上的概率分布，使图像的所有像素均匀地分布到各个灰度区间中，以达到增加像素之间灰度差的目的。

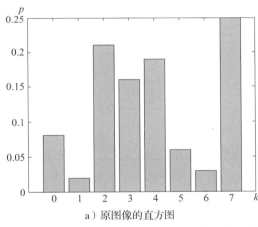

a）原图像的直方图

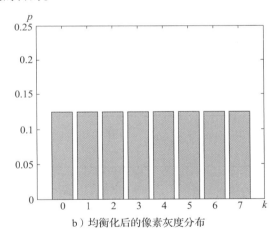

b）均衡化后的像素灰度分布

图 4-12　直方图均衡化的目标

图 4-12 显示了直方图均衡化的目标。直方图均衡化就是要找到一种变换 $S = T(r)$，使像素灰度分布更加均匀，并且保证灰度变换范围与原来一致，保持图像原有的强度特征，避免整体变亮或变暗。

【例 4-3】假设图像有 $64 \times 64 = 4096$ 个像素，8 个灰度级，灰度累计分布如表 4-1 所示，对其进行直方图均衡化。

对该图像进行直方图均衡化的步骤如下。

1）统计原图像中各灰度级的像素个数 num_k 及直方图 $p(k) = \dfrac{\mathrm{num}_k}{\mathrm{num}}$，其中 $\mathrm{num} = 4096$。计算累计分布曲线 $\mathrm{sum}_k = \displaystyle\sum_{j=0}^{k} p(j)$，结果见表 4-1。

表 4-1 累计分布的结果

r_k	num_k	$p(k)=\dfrac{num_k}{num}$	sum_k
$r_0=0$	132	0.03	0.03
$r_1=1/7$	207	0.05	0.08
$r_2=2/7$	878	0.21	0.29
$r_3=3/7$	936	0.23	0.52
$r_4=4/7$	357	0.09	0.61
$r_5=5/7$	200	0.05	0.66
$r_6=6/7$	387	0.10	0.76
$r_7=1$	999	0.24	1.00

2) 由于 $\dfrac{1}{7}\approx0.14$，$\dfrac{2}{7}\approx0.29$，$\dfrac{3}{7}\approx0.43$，$\dfrac{4}{7}\approx0.57$，$\dfrac{5}{7}\approx0.71$，$\dfrac{6}{7}\approx0.86$，把计算出的 sum_k 就近安排到 8 个灰度级中，结果见表 4-2。

表 4-2 累计分布的舍入结果

r_k	num_k	$p(k)=\dfrac{num_k}{num}$	sum_k	sum_k 舍入
$r_0=0$	132	0.03	0.03	0/7
$r_1=1/7$	207	0.05	0.08	0/7
$r_2=2/7$	878	0.21	0.29	2/7
$r_3=3/7$	936	0.23	0.52	4/7
$r_4=4/7$	357	0.09	0.61	4/7
$r_5=5/7$	200	0.05	0.66	5/7
$r_6=6/7$	387	0.10	0.76	5/7
$r_7=1$	999	0.24	1.00	1

3) 重新命名 sum_k，归并相同灰度级像素数，如表 4-3 所示。

表 4-3 累计分布的重命名结果

r_k	num_k	$p(k)=\dfrac{num_k}{num}$	sum_k	sum_k 舍入	sum_k	num_{sk}	$p(sum_k)$
$r_0=0$	132	0.03	0.03	0/7	s_0	339	0.08
$r_1=1/7$	207	0.05	0.08	0/7			
$r_2=2/7$	878	0.21	0.29	2/7	s_1	878	0.21
$r_3=3/7$	936	0.23	0.52	4/7	s_2	1293	0.32
$r_4=4/7$	357	0.09	0.61	4/7			
$r_5=5/7$	200	0.05	0.66	5/7	s_3	587	0.15
$r_6=6/7$	387	0.10	0.76	5/7			
$r_7=1$	999	0.24	1.00	1	s_4	999	0.24

4) 按照新的直方图修改原来图像中像素的灰度值即可。

总之，直方图均衡化的具体实现步骤如下。

1) 计算各灰度级像素个数 num_k，进一步统计直方图：

$$p(k)=\frac{num_k}{num}\tag{4-9}$$

2）计算直方图累计分布曲线：

$$\text{sum}_k = \sum_{j=0}^{k} p(j) = \sum_{j=0}^{k} \frac{\text{num}_j}{\text{num}} \tag{4-10}$$

3）对于图像中任意像素，如果灰度为 g，那么它调整后的灰度 g' 为 $g' = 255\text{sum}_g$，sum_g 是直方图对灰度为 g 的累计结果。

4）对于图像中每个像素，都按照步骤 3 进行变换。

直方图均衡化通过增加图像中的最大灰度与最小灰度之间的差，使图像变得更加清晰。

图 4-13 和图 4-14 是两个直方图均衡化的结果实例。从图像及直方图的对比可以看出：经过直方图均衡化处理后，图像清晰度得到较大提高；比较两个直方图可以发现，原来直方图的部分统计值为 0，均衡化以后，直方图分布水平拉伸，使得统计直方图分布更加均匀。

  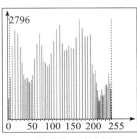

a）原图像　　　　　b）源图像直方图　　　　　c）均衡化图像　　　　　d）均衡化直方图

图 4-13　直方图均衡化的实例 1

 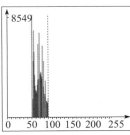  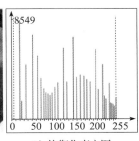

a）原图像　　　　　b）源图像直方图　　　　　c）均衡化图像　　　　　d）均衡化直方图

图 4-14　直方图均衡化的实例 2

需要说明的是：

- 在处理图像时，若图像细节比较重要，则需采用局部区域直方图均衡。
- 对于彩色图像的直方图，一般采用 RGB 三个通道分别进行分析，并分别进行均衡化处理。图 4-15 给出了彩色图像的三个通道的直方图。

 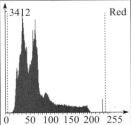 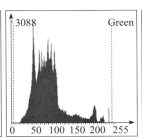 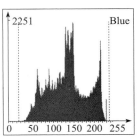

图 4-15　彩色图像的直方图

直方图均衡化的优点是增加了整个图像的对比度，但由于它的变换函数采用的是累积分布函数，因此只能产生近似均匀的直方图。

2. 直方图规定化

所谓直方图规定化，就是利用灰度映像函数，将原灰度直方图 $p_s(r)$ 按照规定的目标直方图 $p_t(z)$ 进行变换，从而修订原图像的直方图。

主要思路是，对原图像直方图 $p_s(r)$ 进行均衡化处理，得到 $t = T_1(r)$，计算其累计分布函数 Z_t；对目标图像直方图进行均衡化处理，得到均衡化结果 $k = T_2(z)$，计算其累计分布函数 Z_k，然后利用 Z_t 和 Z_k 之间的对应关系，对原图像的直方图进行修正。图 4-16 说明了直方图规定化处理的主要思路。

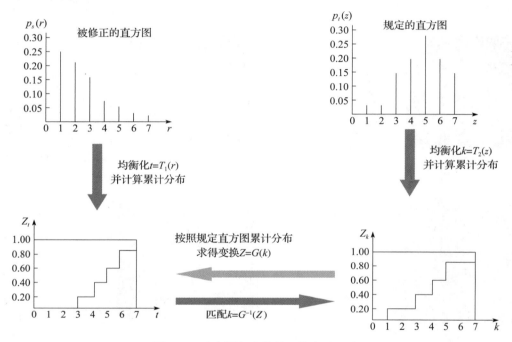

图 4-16　直方图规定化处理的主要思路

直方图规定化处理的步骤如下。

1）将原始图像进行直方图均衡化：

$$t = T_1(r) \tag{4-11}$$

进一步求得累计分布 Z_t。

2）对规定的直方图进行直方图均衡化：

$$k = T_2(z) \tag{4-12}$$

进一步求得累计分布 Z_k。

3）在将 Z_t 与 Z_k 进行匹配的过程中，求得从 t 到 k 的变换。具体地，由任意的 t 对应 Z_t，求得与 Z_t 匹配的 Z_k，确定 t 调整后的灰度 k，即求 $Z = G(k)$ 的反变换函数 $k = G^{-1}(Z)$，即将灰度级 k 作为 t 的变换结果。

【例 4-4】直方图规定化的实例。假设图像有 $64 \times 64 = 4096$ 个像素，8 个灰度级，原图像和规定直方图的灰度分布分别如表 4-1、表 4-4 所示，表 4-4 给出了原图像均衡化的结果。为了叙述方便，我们将其列于下面。

表 4-4　原图像的直方图均衡化结果

r	num_r	$p_s(r)=\dfrac{\text{num}_k}{\text{num}}$	sum_r	sum_r 舍入	sum_r	num_{sr}	$p_s(\text{sum}_k)$
$r_0=0$	132	0.03	0.03	0/7			
$r_1=1$	207	0.05	0.08	0/7	s_0	339	0.08
$r_2=2$	878	0.21	0.29	2/7	s_1	878	0.21
$r_3=3$	936	0.23	0.52	4/7			
$r_4=4$	357	0.09	0.61	4/7	s_2	1293	0.32
$r_5=5$	200	0.05	0.66	5/7			
$r_6=6$	387	0.10	0.76	5/7	s_3	587	0.15
$r_7=7$	999	0.24	1.00	1	s_4	999	0.24

要进行规定化的直方图统计分布如表 4-5 所示。

表 4-5　规定直方图

z	$p_t(z)$	Z_k
$z_0=0$	0.00	0.00
$z_1=1$	0.10	0.10
$z_2=2$	0.17	0.27
$z_3=3$	0.30	0.57
$z_4=4$	0.21	0.78
$z_5=5$	0.22	1.00
$z_6=6$	0.00	1.00
$z_7=7$	0.00	1.00

从表 4-4 可以看出，$p_s(\text{sum}_k)$ 为 0.08 时，与表 4-5 的 0.10 接近，因此有：

$$S_0=\frac{0}{7}\rightarrow Z_1=\frac{1}{7}$$

以此类推，还可以有：

$$S_1=\frac{2}{7}\rightarrow Z_2=\frac{2}{7}\quad S_2=\frac{4}{7}\rightarrow Z_3=\frac{3}{7}$$

$$S_3=\frac{5}{7}\rightarrow Z_4=\frac{4}{7}\quad S_4=1\rightarrow Z_5=1$$

根据这些映射，按照下面关系重新分配像素灰度级，并用 $n=4096$ 对统计结果进行归一化处理，可得到对原始图像直方图规定化增强的最终结果：

$$r_0=\frac{0}{7}\rightarrow Z_1=\frac{1}{7}\quad r_1=\frac{0}{7}\rightarrow Z_1=\frac{1}{7}\quad r_2=\frac{2}{7}\rightarrow Z_2=\frac{2}{7}$$

$$r_3=\frac{3}{7}\rightarrow Z_3=\frac{3}{7}\quad r_4=\frac{4}{7}\rightarrow Z_3=\frac{3}{7}\quad r_5=\frac{5}{7}\rightarrow Z_4=\frac{4}{7}$$

$$r_6=\frac{6}{7}\rightarrow Z_4=\frac{4}{7}\quad r_7=1\rightarrow Z_5=1$$

【例 4-5】直方图处理的实现方法。

Python 实现

```
from skimage import io,util,exposure
import matplotlib.pyplot as plt
```

```
#直方图均值化
img=io.imread("fruits.bmp")
plt.figure("hist",figsize=(8,8))
arr=img.flatten()
plt.subplot(221)
plt.imshow(img,plt.cm.gray)                          #原始图像
plt.subplot(222)
plt.hist(arr, bins=256, normed=1,edgecolor='None',facecolor='red') #原始图像直方图
img1=exposure.equalize_hist(img)        #进行直方图均衡化
arr1=img1.flatten()                     #返回数组折叠成一维的副本
plt.subplot(223)
plt.imshow(img1,plt.cm.gray)            #均衡化图像
plt.subplot(224)
plt.hist(arr1, bins=256, normed=1,edgecolor='None',facecolor='red') #均衡化直方图
plt.show()
```

Matlab 实现

```
%  直方图均衡化
I=imread('house.bmp');                  % 读取图像
figure;
imshow(I);
title('原图像');
figure;
imhist(I);                              % 显示直方图
title('直方图');
R = histeq(I);
figure;
imshow(R);
title('直方图均衡化结果');
```

4.1.3 伪彩色处理

伪彩色处理是指将灰度值映射到彩色空间中，使灰度图像变为彩色图像。伪彩色处理可以在空域中进行，也可以在频域中进行。目前，常用的方法有强度分层法和灰度级到彩色变换法两种。

1. 强度分层法

强度分层法是将图像的灰度值用 L 个不同的高度进行截取，从而可以使灰度分布到 $L+1$ 个间隔中，即 K_1，K_2，$\cdots$，K_{L+1}，如图 4-17 所示。

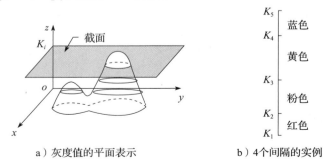

a）灰度值的平面表示   b）4个间隔的实例

图 4-17 不同灰度值的平面

灰度级伪彩色处理的公式如下：

$$d(x, y) = c_k (1 \leqslant k \leqslant L+1) \tag{4-13}$$

其中，$d(x, y)$ 是图像在 (x, y) 处的像素级别，c_k 是 V_k 间隔的颜色。

灰度图像的强度分层的结果如图 4-18 所示，其中 L 取 25。

　　　a）灰度图像　　　　　　　　b）伪彩色图像

图 4-18　强度分层的伪彩色处理结果

2. 灰度级到彩色变换法

　　利用变换方法可以实现灰度图像的位彩色化。具体来说，就是将灰度图像中某像素的灰度值作为红、绿、蓝各分量的初值，然后分别对这三个分量进行不同的变换，将变换结果分别作为该像素红、绿、蓝的新结果，如图 4-19 所示。这样灰度图像就变成了位彩色图像。

　　图 4-20 给出了一组彩色化传递函数的实例，其中 L 为灰度级。

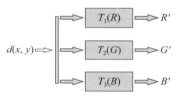

图 4-19　灰度级到彩色变换法

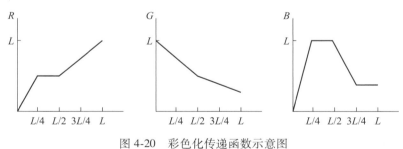

图 4-20　彩色化传递函数示意图

图 4-21 是利用变换方法得到的伪彩色化处理的结果，图 4-21b 所做的变换为：

```
R' = (int)((R *2+80)/1+180);
G' = (int)((G *4+120)/3+201);
B' = (int)((B +40)/2+90);
```

图 4-21c 所做的变换为：

```
R' = (int)((R *2+80)/1+200);
G' = (int)((G *4+120)/3+20);
B' = (int)((B +40)/2+10);
```

其中，R'、G' 和 B' 分别为变换后像素颜色的三个分量。

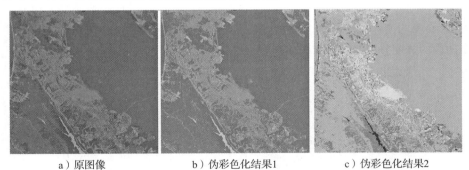

a）原图像   b）伪彩色化结果1   c）伪彩色化结果2

图 4-21 采用变换方法的伪彩色化实例

【例 4-6】利用强度分层法，编程实现图像的伪彩色化处理实例。

Python 实现

```python
import cv2
img = cv2.imread('flower.bmp')
img_gray = cv2.cvtColor(img, cv2.COLOR_BGR2GRAY)
row, col = img_gray.shape[:]
print(row, col)
b = np.zeros((row, col))
print('b', b, b.shape[:])
g = np.zeros((row, col))
r = np.zeros((row, col))
for i in range(row):
    for j in range(col):
        if(img_gray[i, j]<255//4):
            b[i, j] = 255
            g[i, j] = 4 * img_gray[i, j]
            while (g[i, j]>255):
                g[i, j] -= 255
            r[i, j] = 0
        elif(img_gray[i, j]<255//2):
            b[i, j] = -4 * img_gray[i, j]
            while (b[i, j]<0):
                b[i, j]+=255
            g[i, j] = 255
            r[i, j] = 0
        elif(img_gray[i, j]<3*255//4):
            b[i, j] = 0
            g[i, j] = 255
            r[i, j] = 4*img_gray[i, j]-255*2
            while (r[i, j]>255):
                r[i, j]-=255
        else:
            b[i, j] = 0
            g[i, j] = -4*img_gray[i, j]+0*255
            while (g[i, j]<0):
                g[i, j] += 255
            r[i, j] = 255
img_color = cv2.merge([b, g, r])
```

```
cv2.imshow('color2', img_color)
cv2.imwrite("COLOR.bmp", img_color1)
```

Matlab 实现

```
% 伪彩色化处理,分层法
I=imread('lena.bmp');
I=double(I);
[DIM1,DIM2]=size(I);
L=256;
for i=1: DIM1;
    for j=1: DIM2;
        if I(i,j)<L/4;
            R(i,j)=0;
            G(i,j)=4*I(i,j);
            B(i,j)=L;
        else if I(i,j)<=L/2;
            R(i,j)=0;
            G(i,j)=L;
            B(i,j)=-4*I(i,j)+2*L;
        else if I(i,j)<=3*L/4;
            R(i,j)=4*I(i,j)-2*L;
            G(i,j)=L;
            B(i,j)=0;
            else
            R(i,j)=L;
            G(i,j)=-4*I(i,j)+4*L;
            B(i,j)=0;
            end
            end
        end
    end
end
for i=1: DIM1;
    for j=1: DIM2;
        Result(i,j,1)=R(i,j);
        Result(i,j,2)=G(i,j);
        Result(i,j,3)=B(i,j);
    end
end
Result = Result /256;
figure;
imshow(Result);
```

【例 4-7】 利用灰度级到彩色变换的伪彩色化处理算法,编程实现图像的伪彩色化处理。

Python 实现

```
import cv2 as cv
import numpy as np
def set_color_r(gray):
    if(gray < 127).any():
        return 0
    elif(gray > 191).any():
        return 255
    else:
```

```python
            return 4 *gray - 510
def set_color_g(gray):
    if(gray <= 63).any():
        return 254 - 4 *gray
    elif(gray >= 64).any() and (gray <= 127).any():
        return (gray - 191) *4 - 254
    elif(gray >= 128).any() and (gray <= 191).any():
        return 255
    else:
        return 1022 - 4 *gray
def set_color_b(gray):
    if(gray >= 0).any() and (gray <= 63).any():
        return 255
    elif(gray >= 64).any() and (gray <= 127).any():
        return 510 - 4 *gray
    else:
        return 0
def trans_color(image):
    rows = image.shape[0]
    cols = image.shape[1]
    res = np.zeros((rows, cols, 3), np.uint8)
    for i in range(rows):
        for j in range(cols):
            r = set_color_r(image[i, j])
            g = set_color_g(image[i, j])
            b = set_color_b(image[i, j])
            res[i, j, 0] = r
            res[i, j, 1] = g
            res[i, j, 2] = b
    return res

img = cv.imread('nut.png', 0)
cv.imshow('img', img)
res_color = trans_color(img)
cv.imshow('rescolor', res_color)
cv.waitKey(0)
cv.destroyAllWindows()
```

Matlab 实现

```matlab
%  伪彩色化处理,变换法
I = imread('lena.bmp');
% 把灰度图像 I 分成 8 层
I=double(I);
Temp=floor(I/32);
% 对图像数组进行等分层处理
J1=floor(Temp/4);
J2=rem(floor(Temp/2),2);
J3=rem(Temp,2);
% 灰度与彩色变换关系
Result(:,:,1)=J1;
Result(:,:,2)=J2;
Result(:,:,3)=J3;
figure;imshow(Result)
```

4.2　滤波器

数字图像在传输过程中会由于传输信道、采样系统质量较差，或受到各种干扰而造成图像质量下降，此时需对图像进行增强处理。在处理时，可以采用空域或者频域滤波的手段。那么，什么是图像的滤波呢？

我们知道，如果把图像 Y 看作一个二维灰度（或亮度）函数 $f(x, y)$，有

$$Y = \{g \mid g = f(x, y)\} \tag{4-14}$$

滤波就是利用图像的邻域或者图像的频率成分实现对图像的处理。例如，在空域滤波处理时，对于目标图像中某像素的灰度或颜色，可利用其周围邻域像素的灰度或颜色经过滤波得到结果。例如，对于均值滤波器，窗口内灰度取均值，公式如下：

$$G[i, j] = \frac{1}{(2k+1)^2} \sum_{u=-k}^{k} \sum_{v=-k}^{k} F[i+u, j+v] \tag{4-15}$$

例如，$k=2$ 是 5×5 的窗口，即目标图像中某像素的灰度或颜色可以利用其周围 5×5 的窗口中邻域像素的灰度或颜色经过均值滤波得到。

基于滤波的概念，我们进一步给出滤波器的概念。

在图像滤波过程中，邻域像素组合时使用的权重函数 H 称为滤波器。

$$G[i, j] = \sum_{u=-k}^{k} \sum_{v=-k}^{k} H[u, v] F[i+u, j+v] \tag{4-16}$$

其中，F 为原图像，H 为滤波器，也称为核函数或者掩膜。图像 F 与核函数 H 进行相关运算，记为 $G = H \otimes F$。

图 4-22 是利用 3×3 邻域进行滤波时，掩膜 w 及图像邻域 f 取值的示意图。

$w(-1,-1)$	$w(0,-1)$	$w(1,-1)$
$w(-1,0)$	$w(0,0)$	$w(1,0)$
$w(-1,1)$	$w(0,1)$	$w(1,1)$

掩膜取值

$f(x-1,y-1)$	$f(x,y-1)$	$f(x+1,y-1)$
$f(x-1,y)$	$f(x,y)$	$f(x+1,y)$
$f(x-1,y+1)$	$f(x,y+1)$	$f(x+1,y+1)$

像素取值

图 4-22　掩膜及图像邻域取值示意图

常见的空域滤波器有均值平滑滤波器、中值滤波器、空域锐化滤波器等。而频域滤波器包括低通滤波器和高通滤波器，常见的低通滤波器有理想低通滤波器、巴特沃斯低通滤波器、高斯低通滤波器等，常见的高通滤波器有理想高通滤波器、巴特沃斯高通滤波器、高斯高通滤波器等。

滤波器在数字图像处理中已被广泛应用。例如，利用图像中现有部分像素进行组合或者变换，对损失的像素灰度进行计算，以达到修补（去噪）的目的，如图 4-23 所示。

利用滤波器可以对图像进行去噪（如图 4-24 所示）或者进行超分辨率复原处理（如图 4-25所示）。

图 4-23　利用滤波器对图像进行修补的实例

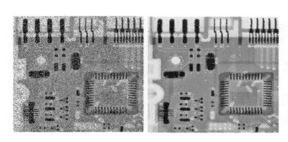

图 4-24　利用滤波器对图像进行去噪的实例　　图 4-25　利用滤波器对图像进行超分辨率复原的实例[一]

4.3　空域滤波处理

　　图像的空域平滑与锐化是直接在空域上对图像进行滤波平滑处理，常用的方法有均值滤波法、中值滤波法等。这类方法的特点是简单、便于实现，平滑及锐化的效率高，结果通常令人满意。

4.3.1　空域平滑技术

　　图像的空域平滑是利用空域滤波器对图像中每个像素的邻域信息进行滤波，从而产生滤波的图像。经常采用 3×3 的 8 邻域进行滤波，如图 4-26 所示。

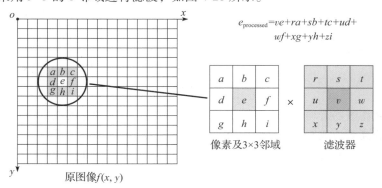

图 4-26　像素的邻域滤波

㊀　资料来源：Photo-Realistic Single Image Super-Resolution Using a Generative Adversarial Network，作者 Christian Ledig 等，2017 年。

图中利用像素 e 及邻像素进行滤波操作，得到的结果 $e_{\text{processed}}$ 作为像素 e 的新灰度值。依此类推，对于原图像中每个像素进行其他滤波操作处理，如图 4-27 所示，使用的 3×3 滤波器为 $\begin{bmatrix} 1 & 2 & 1 \\ 2 & 3 & 2 \\ 1 & 2 & 1 \end{bmatrix}$。

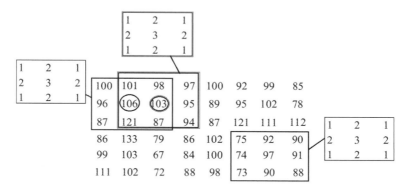

图 4-27　图像的空域滤波处理示意图

1. 均值滤波法

均值滤波器取邻域内像素的平均值作为当前像素的像素值，它分为邻域均值滤波器和加权平均滤波器两类。

常用的 4 邻域和 8 邻域加权均值滤波器分别为：

$$\boldsymbol{W} = \frac{1}{4}\begin{bmatrix} 0 & 1 & 0 \\ 1 & 0 & 1 \\ 0 & 1 & 0 \end{bmatrix} \qquad \boldsymbol{W} = \frac{1}{8}\begin{bmatrix} 1 & 1 & 1 \\ 1 & 0 & 1 \\ 1 & 1 & 1 \end{bmatrix} \tag{4-17}$$

对于均值滤波，也可以写成：

$$\bar{n}(x,\ y) = \frac{1}{M}\sum_{(i,\ j)\in S} f(i,\ j) \tag{4-18}$$

其中，$\bar{n}(x,\ y)$ 为均值滤波的结果，$f(i,\ j)$ 为邻域 S 内的像素的灰度值。

均值滤波器的作用是抑制噪声。但是，它会使图像模糊，特别是会使边缘轮廓不清晰。为了使均值滤波器更有效，可以对邻域内不同的像素采用不同的权值，从而体现出离中心像素较近的像素的重要性，这种方法称为加权平均。常见的加权均值滤波器如图 4-28 所示。

$$\frac{1}{10}\begin{bmatrix} 1 & 1 & 1 \\ 1 & 2 & 1 \\ 1 & 1 & 1 \end{bmatrix} \qquad \frac{1}{9}\begin{bmatrix} 1 & 1 & 1 \\ 1 & 1 & 1 \\ 1 & 1 & 1 \end{bmatrix} \qquad \frac{1}{5}\begin{bmatrix} 0 & 1 & 0 \\ 1 & 1 & 1 \\ 0 & 1 & 0 \end{bmatrix}$$

图 4-28　加权均值滤波器

对原图像中的每个像素，利用掩膜进行滤波，得到平滑图像的过程如图 4-29 所示。

对于图 4-29 中灰度值为 106 的中心像素，将其 3×3 邻域像素与滤波器掩膜进行计算，得到结果 e 如下：

$e = 1/9 \times 106 + 1/9 \times 104 + 1/9 \times 100 + 1/9 \times 108 + 1/9 \times 99 + 1/9 \times 98 + 1/9 \times 95 + 1/9 \times 90 + 1/9 \times 85$

$= 98.3333$

在实际应用中，可以设计具有不同权重和形状的平滑模板，如图 4-30 所示。

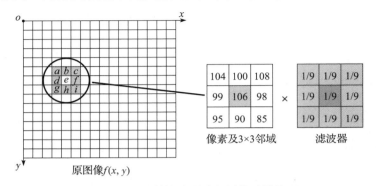

图 4-29　用均值滤波器进行图像平滑处理

$$W = \frac{1}{16}\begin{bmatrix} 1 & 2 & 1 \\ 2 & 4 & 2 \\ 1 & 2 & 1 \end{bmatrix} \qquad W = \frac{1}{25}\begin{bmatrix} 0 & 1 & 1 & 1 & 0 \\ 1 & 1 & 1 & 1 & 1 \\ 1 & 1 & 1 & 1 & 1 \\ 1 & 1 & 1 & 1 & 1 \\ 0 & 1 & 1 & 1 & 0 \end{bmatrix}$$

图 4-30　不同权重和形状的平滑模板

利用均值滤波器去噪的实例如图 4-31 所示。

a）含噪声的图像　　　　b）利用均值滤波器去噪的结果

图 4-31　均值滤波器去噪实例

卷积模板的邻域选择对去噪的结果影响很大，如果选择的邻域规模比较小，例如 3×3，则去除噪声的效果不明显；如果选择的邻域规模比较大，例如 7×7，则可以加大滤波程度，但会导致图像细节丢失，使图像模糊不清。因此，要选择合适的卷积模板对图像进行去噪处理。图 4-32 给出了不同规模的卷积模板去噪的结果。

a）原图像　　　b）加椒盐噪声的图像　　　c）3×3邻域平滑的结果　　　d）5×5邻域平滑的结果

图 4-32　利用不同卷积模板对图像去噪的实例

2. 中值滤波法

中值滤波法是将当前像素点的灰度值取为邻域窗口内的所有像素点灰度值的中值，属于非线性平滑方法。

图 4-33 给出了图像在 3×3 的局部区域进行中值滤波的示意图。中心像素原来的灰度值为 202，中值滤波后的灰度值变为 204，其滤波的过程是，将邻域内所有像素灰度值从小到大排序：

207	200	198
206	202	204
208	201	212

a）原图像

207	200	198
206	204	204
208	201	212

b）中值滤波的结果

图 4-33　中值滤波平滑实例

198　200　201　202　204　206　207　208　212

取中间值 204，即得到结果。

利用中值滤波可以去除噪声。例如，对于以下灰度值序列：

…　70　80　240　110　120　…

其中，灰度为 240 的像素是一个噪声点，利用中值滤波后，240 被去除：

…　70　80　110　110　120　…

中值滤波在抑制图像随机噪声方面很有效，其算法运行速度快，便于利用硬件实现。

图 4-34 给出了利用中值滤波平滑去噪的实例。从图中可以看出，中值滤波平滑去噪方法对于去除椒盐噪声很有效，不过去噪的效果与邻域的尺度关系很大，该例中 3×3 邻域的平滑效果较好。

 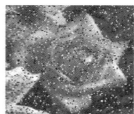  

a）原图像　　　　b）加椒盐噪声的图像　　　　c）3×3邻域平滑　　　　d）5×5邻域平滑

图 4-34　利用中值滤波平滑去噪的实例

均值滤波与中值滤波的去噪效果比较如图 4-35 所示。从图中可以看出，中值滤波比均值滤波去除椒盐噪声的效果要好。

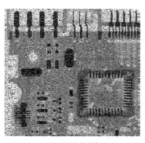 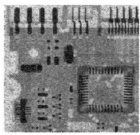 

a）噪声图像　　　　b）均值滤波的结果　　　　c）中值滤波的结果

图 4-35　均值滤波与中值滤波的去噪效果比较

3. 超限像素平滑法

均值滤波在对图像去噪的同时，也会损失图像中的细节信息，为了克服这个问题，人们研究出了一种超限像素平滑法。

　　超限像素平滑法的原理是利用像素当前的灰度值与其邻域的均值差，如果差值较大，说明该像素可能是噪声点，就将均值作为该像素的新的灰度值，否则保留该像素原来的灰度值。当前像素灰度值用 $f(x, y)$ 表示，邻域的均值用 $\overline{g}(x, y)$ 表示，当前像素新的灰度值表示为 $g'(x, y)$，于是超限像素平滑法可以表示如下：

$$g'(x, y) = \begin{cases} \overline{g}(x, y) & |f(x, y) - \overline{g}(x, y)| > T \\ f(x, y) & |f(x, y) - \overline{g}(x, y)| \leq T \end{cases} \tag{4-19}$$

其中，T 为阈值。T 的大小对于超限像素平滑去噪效果的影响很大，需要根据具体情况确定。图 4-36 是利用超限像素平滑法去噪的实例，从图中可以看出，超限像素平滑法对抑制椒盐噪声比较有效，能够保留图像的细节及纹理。

　　a）原图像　　　　　b）加椒盐噪声的图像　　　c）3×3邻域平滑结果　　　d）5×5邻域平滑结果

图 4-36　超限像素平滑法去除噪声实例

4. 空域滤波的边缘问题

　　在运用邻域对图像进行平滑时，图像边缘处的像素不能构成邻域，如图 4-37 所示。

　　对于图像的边缘像素，一般选择以下措施进行处理：

- 忽略对边缘的处理，仅仅对图像区域内部像素进行处理。
- 补充边缘像素的邻域。一种方法是采用全白或全黑的补充方法进行处理；另一种方法是采用复制边缘处的像素作为其邻域像素的灰度值或彩色值。
- 允许边界像素循环使用。具体方法为：第一列像素的邻域像素用最后一列的对应像素补充；最后一列像素的邻域像素用第一列的对应像素补充；第一行像素的邻域像素用最后一行的对应像素补充；最后一行像素

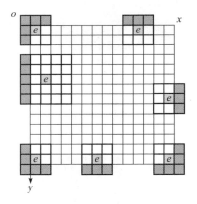

图 4-37　图像边缘的邻域

的邻域像素用第一行的对应像素补充。注意，使用该措施处理时，容易产生假的边界。

【例 4-8】空域平滑滤波实例。已知给定图像，给出空域平滑滤波的实现方法。

Python 实现

```
from PIL import ImageFilter
from PIL import Image
import matplotlib.pyplot as plt

img = Image.open("test.png")
img_median = img.filter(ImageFilter.MedianFilter(5))     #中值滤波,核大小为 5×5
```

```
titles = ['Source Image', 'MedianFilter']
images = [img, img_median]
for i in range(2):
    plt.subplot(1, 2, i + 1), plt.imshow(images[i], 'gray')
    plt.title(titles[i])
    plt.xticks([]), plt.yticks([])
plt.show()
```

```
% OpenCV
import cv2
img = cv2.imread('./data/1_2.png')                         # 读取图片
result = cv2.medianBlur(img, 3)                            # 中值滤波, 核大小为 3×3
cv2.imshow("source img", img)                             # 显示图像
cv2.imshow("medianBlur", result)
cv2.waitKey(0)
cv2.destroyAllWindows()
```

Matlab 实现

```
% 均值滤波
I = imread('lena.bmp');
J = imnoise(I,'salt & pepper',0.02);
subplot(2,3,1);imshow(I);title('原图像');
subplot(2,3,2);imshow(J);title('添加椒盐噪声图像');
R1 = filter2(fspecial('average',3),J);                    % 3×3 模板, 均值滤波
R2 = filter2(fspecial('average',5),J);                    % 5×5 模板, 均值滤波
R3 = filter2(fspecial('average',7),J);                    % 7×7 模板, 均值滤波
R4 = filter2(fspecial('average',9),J);                    % 9×9 模板, 均值滤波
subplot(2,3,3);imshow(uint8(R1)),title('3×3 模板平滑滤波');
subplot(2,3,4);imshow(uint8(R2)),title('5×5 模板平滑滤波');
subplot(2,3,5);imshow(uint8(R3)),title('7×7 模板平滑滤波');
subplot(2,3,6);imshow(uint8(R4)),title('9×9');


% 中值滤波
figure(2);
subplot(2,3,1);imshow(I);title('原图像');
subplot(2,3,2);imshow(J);title('添加椒盐噪声图像');
R1 = medfilt2(J);                                          % 3×3 模板, 中值滤波
R2 = medfilt2(J,[5 5]);                                    % 5×5 模板, 中值滤波
R3 = medfilt2(J,[7 7]);                                    % 7×7 模板, 中值滤波
R4 = medfilt2(J,[9 9]);                                    % 9×9 模板, 中值滤波
subplot(2,3,3);imshow(R1),title('3×3 模板中值滤波');
subplot(2,3,4);imshow(R2),title('5×5 模板中值滤波');
subplot(2,3,5);imshow(R3),title('7×7 模板中值滤波');
subplot(2,3,6);imshow(R4),title('9×9 模板中值滤波');
```

4.3.2　空域锐化技术

图像锐化的目的是加强图像轮廓, 使图像看起来更加清晰。我们可以将模糊图像的结果看作平滑或积分运算作用的结果, 因此可以对其进行逆运算(如微分运算), 使图像变得清晰。空间锐化滤波器通常是基于空间差分的计算, 得到图像中的细节及边缘成分, 去除模糊的成分, 达到图像锐化的目的。

1. 空间差分

空间差分用于衡量函数的变化率。下面以图 4-38 所示灰度图像中 AB 扫描线上的灰度变化情况为例，说明一维函数的差分。

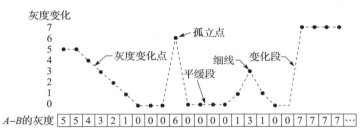

图 4-38 AB 扫描线上的灰度变化示意图

用一维函数 $f(x)$ 表示像素的灰度值，那么 $\dfrac{\partial f}{\partial x}$ 表示灰度函数的一阶导数，即

$$\frac{\partial f}{\partial x}=f(x+1)-f(x) \tag{4-20}$$

可见，一阶导数 $\dfrac{\partial f}{\partial x}$ 用于表示函数的变化量。由于数字图像是离散化的，因此数字图像中用一阶差分表示，如图 4-39 所示。

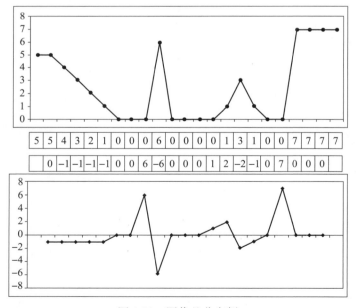

图 4-39 图像差分实例

二阶导数的数学描述形式为：

$$\frac{\partial^2 f}{\partial^2 x} = \left[f(x+1) - f(x) \right] - \left[f(x) - f(x-1) \right] = f(x+1) + f(x-1) - 2f(x) \tag{4-21}$$

二阶导数用于表示函数的变化量的变化。图 4-40 给出了图 4-38 的二阶差分结果。

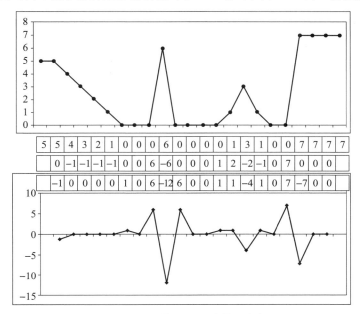

图 4-40　图像二阶差分结果实例

对于数字图像来说，边缘处往往表现出一阶导数及二阶导数的值较大。图 4-41 给出了边缘示例图像的一阶导数及二阶导数的可视结果。

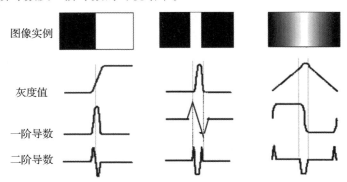

图 4-41　边缘示例图像的一阶导数及二阶导数的可视结果

2. 微分滤波器

空域锐化滤波器中，常用的微分方法是梯度法。图像 $f(x, y)$ 的梯度是一个向量，定义如下：

$$\boldsymbol{G}[f(x, y)] = \begin{bmatrix} \dfrac{\partial f}{\partial x} \\[2mm] \dfrac{\partial f}{\partial y} \end{bmatrix} \tag{4-22}$$

其中，$\dfrac{\partial f}{\partial x}$ 表示图像在 (x,y) 处沿 x 轴方向的变换量，如图 4-42 所示。一阶导数用 $\dfrac{\partial f}{\partial x}=f(x+1,y)-f(x,y)$ 表示称为前向差分，用 $\dfrac{\partial f}{\partial x}=f(x,y)-f(x-1,y)$ 表示称为后向差分。

$f(x-1,y)$	$f(x,y)$	$f(x+1,y)$

图 4-42　水平相邻像素

同理，$\dfrac{\partial f}{\partial y}$ 表示图像在 (x,y) 处沿 y 轴方向的灰度变化量。

二阶导数 $\dfrac{\partial^2 f}{\partial^2 x}$ 表示沿 x 轴方向变化量的变化，即 $\dfrac{\partial^2 f}{\partial^2 x}=f(x+1,y)+f(x-1,y)-2f(x,y)$；而 $\dfrac{\partial^2 f}{\partial^2 y}$ 表示沿 y 轴方向变化量的变化，即 $\dfrac{\partial^2 f}{\partial^2 y}=f(x,y+1)+f(x,y-1)-2f(x,y)$。

梯度的属性包括梯度大小和梯度的方向。

● 梯度大小：

$$|\boldsymbol{G}[f(x,y)]|=\sqrt{\left(\frac{\partial f}{\partial x}\right)^2+\left(\frac{\partial f}{\partial y}\right)^2} \tag{4-23}$$

● 梯度的方向：

$$\theta=\tan^{-1}\left(\frac{\partial f}{\partial y}\bigg/\frac{\partial f}{\partial x}\right) \tag{4-24}$$

图 4-43 给出了一幅灰度图像及其梯度图像，像素的梯度值是该像素与相邻像素的灰度差值。从图像中可以明显看出：在图像的轮廓上，像素灰度有陡然变化，梯度值很大；而在图像灰度变化平缓的区域，梯度值很小；在图像的等灰度区域，梯度值为零。

设 $f(x,y)$ 为原图像，$\boldsymbol{G}[f(x,y)]$ 为其梯度，$g(x,y)$ 为输出图像。利用梯度法对图像进行锐化处理的措施如下。

a）灰度图像　　　b）梯度图像

图 4-43　灰度图像及其梯度图像实例

1）利用 $g(x,y)=\boldsymbol{G}[f(x,y)]$ 进行锐化，该方法适用于轮廓比较突出、灰度变化平缓的情况。

2）如果要保留锐化的背景，采用的方法为：

$$g(x,y)=\begin{cases}\boldsymbol{G}[f(x,y)] & \boldsymbol{G}[f(x,y)]\geqslant T\\ f(x,y) & \boldsymbol{G}[f(x,y)]<T\end{cases} \tag{4-25}$$

其中，T 为非负阈值（门限值）。如果 T 值选择合适，就能达到既突出轮廓，又不破坏背景的目的。

3）如果要保留背景，轮廓取单一灰度值，则采用的方法为：

$$g(x,y)=\begin{cases}L_{\mathrm{G}} & \boldsymbol{G}[f(x,y)]\geqslant T\\ f(x,y) & \boldsymbol{G}[f(x,y)]<T\end{cases} \tag{4-26}$$

L_{G} 为指定的轮廓灰度值，结果如图 4-44b 所示。

4）如果要保留轮廓，背景取单一灰度值，则采用的方法为：

$$g(x, y) = \begin{cases} \boldsymbol{G}[f(x, y)] & \boldsymbol{G}[f(x, y)] \geq T \\ L_{\mathrm{B}} & \boldsymbol{G}[f(x, y)] < T \end{cases} \quad (4\text{-}27)$$

L_{B} 为指定的背景灰度值。

5）轮廓、背景分别取不同的单一灰度值，即二值化。采用的方法为：

$$g(x, y) = \begin{cases} L_{\mathrm{G}} & \boldsymbol{G}[f(x, y)] \geq T \\ L_{\mathrm{B}} & \boldsymbol{G}[f(x, y)] < T \end{cases} \quad (4\text{-}28)$$

L_{G} 为指定的轮廓灰度值，L_{B} 为指定的背景灰度值。二值化结果如图 4-44c 所示。

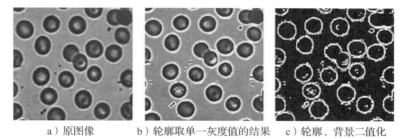

　　a）原图像　　　b）轮廓取单一灰度值的结果　　c）轮廓、背景二值化

图 4-44　用梯度法对图像进行锐化处理的实例

3. 常用的边缘增强算子

常用的边缘增强算子包括一阶微分算子和二阶微分算子。一阶微分算子有以下几种。

● Roberts 算子

1	0
0	-1

0	1
-1	0

● Prewitt 算子

-1	-1	-1
0	0	0
1	1	1

-1	0	1
-1	0	1
-1	0	1

● Sobel 算子

-1	-2	-1
0	0	0
1	2	1

-1	0	1
-2	0	2
-1	0	1

采用不同的算子，边缘增强的效果是有差异的。图 4-45 给出了利用 Roberts 算子进行边缘增强的结果。可以看出，阈值的大小直接影响着边缘增强的效果。

图 4-46 给出了利用 Prewitt 算子进行边缘增强的结果。可以看出，Prewitt 算子增强的边缘具有方向性。

图 4-47 给出了利用 Sobel 算子进行边缘增强的结果。可见，采用不同邻域对边缘增强的结果影响很大。

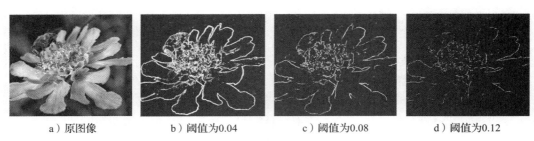

a）原图像　　　　b）阈值为0.04　　　　c）阈值为0.08　　　　d）阈值为0.12

图 4-45　利用 Roberts 算子进行边缘增强的结果

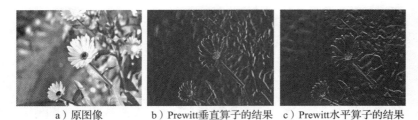

a）原图像　　　b）Prewitt垂直算子的结果　　c）Prewitt水平算子的结果

图 4-46　利用 Prewitt 算子进行边缘增强的结果

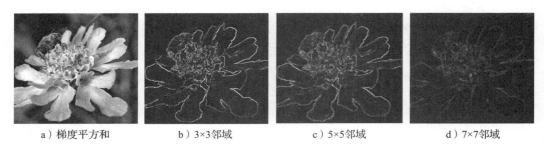

a）梯度平方和　　　　b）3×3邻域　　　　c）5×5邻域　　　　d）7×7邻域

图 4-47　利用 Sobel 算子进行边缘增强的结果

图 4-48 给出了利用不同算子对图像进行边缘增强的结果比较。

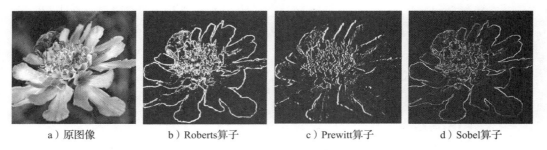

a）原图像　　　　b）Roberts算子　　　　c）Prewitt算子　　　　d）Sobel算子

图 4-48　利用不同算子对图像进行边缘增强的结果比较

拉普拉斯（Laplacian）算子是不依赖边缘方向的二阶微分算子，它是一个标量，具有旋转不变性（即各向同性的性质）。由于一阶导数的局部最大值对应着二阶导数的零交叉点，因此通过求图像的二阶导数的零交叉点就能找到精确边缘点。拉普拉斯算子先对图像进行高斯滤波以去除噪声，然后求二阶导数，二阶导数为零的像素就是图像的边缘。因此，通常用高斯拉普拉斯算子（Laplacian of Gaussian，LOG）对边缘进行检测。

3×3 邻域拉普拉斯算子的掩膜如图 4-49 所示。

0	1	0
1	−4	1
0	1	0

0	−1	0
−1	4	−1
0	−1	0

1	1	1
1	−8	1
1	1	1

−1	−1	−1
−1	8	1
−1	−1	−1

1	−2	1
−2	4	−2
1	−2	1

图 4-49　3×3 邻域拉普拉斯算子的掩膜

取 5×5 邻域时，高斯拉普拉斯算子的掩膜如图 4-50 所示。

$$\begin{vmatrix} 0 & 0 & -1 & 0 & 0 \\ 0 & -1 & -2 & -1 & 0 \\ -1 & -2 & 16 & -2 & -1 \\ 0 & -1 & -2 & -1 & 0 \\ 0 & 0 & -1 & 0 & 0 \end{vmatrix}$$

图 4-50　5×5 邻域的高斯拉普拉斯算子的掩膜

图 4-51 是利用拉普拉斯算子检测边缘的结果，其中图 4-51a 是原图像，图 4-51b 和图 4-51c 分别是高斯滤波系数 delta＝4 和 delta＝8 时的检测结果。

a）原图像　　　　　b）delta=4时的检测结果　　　　　c）delta=8时的检测结果

图 4-51　拉普拉斯算子检测的边缘结果

图 4-52 给出了利用不同方法进行边缘检测的结果。

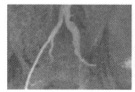 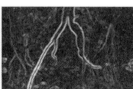  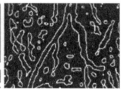

a）原图像　　　b）Sobel算子　　　c）采用阈值的LOG　　　d）过零点检测

图 4-52　利用不同方法进行边缘检测的结果

【例 4-9】空域锐化滤波实例。已知给定图像，给出空域锐化滤波的实现方法。

Python 实现

```
from skimage import data,filters,color,feature,io
import matplotlib.pyplot as plt
from skimage.morphology import disk
import skimage

img = io.imread("fruits.bmp")
```

```
edges1 = feature.canny(img)                    #sigma=1
edges2 = feature.canny(img,sigma=3)            #sigma=3
edges3 = filters.sobel(img)                    #Sobel 算子,用来检测边缘
edges4 = filters.prewitt_h(img)                # 水平算子
edges5 = filters.prewitt_v(img)                # 垂直算子
edges6 = filters.prewitt(img)                  # 用 Prewitt 算子检测边缘
edges7 = filters.laplace(img)                  # 用拉普拉斯算子检测边缘

plt.imshow(img,plt.cm.gray)                    # 显示原图
plt.show()
plt.imshow(edges1,plt.cm.gray)
plt.show()
plt.imshow(edges2,plt.cm.gray)
plt.show()
plt.imshow(edges3,plt.cm.gray)
plt.show()
plt.imshow(edges4,plt.cm.gray)
plt.show()
plt.imshow(edges5,plt.cm.gray)
plt.show()
plt.imshow(edges6,plt.cm.gray)
plt.show()
plt.imshow(edges7,plt.cm.gray)
plt.show()
```

Matlab 实现

```
% 空域锐化的结果 R
I=imread('lena.bmp');
figure;
subplot(1,3,1);imshow(I);
H=fspecial('Sobel');
H=H';                                  % Sobel 垂直模板
R=filter2(H,I);
subplot(1,3,2);imshow(R,[]);
H=H';                                  % Sobel 水平模板
R=filter2(H,I);
subplot(1,3,3);imshow(R,[]);

% 用 LOG 算子检测边缘
I=imread('lena.bmp');
figure(2);
subplot(1,2,1);
imshow(I);
title('原图像');
[R,t]=edge(I,'log');
subplot(1,2,2);
imshow(R);
title('LOG 算子边缘检测结果');

% 用 Sobel 算子检测边缘
I=imread('lena.bmp');
R=edge(I,'sobel');
figure;imshow(R);
```

```
% 用 Prewitt 算子检测边缘
I =imread('lena.bmp');
R =edge(I,'Prewitt');
figure;imshow(R);

% 用 Roberts 算子检测边缘
I =imread('lena.bmp');
R =edge(I,'roberts');%
figure;imshow(R);
```

4.3.3　空域平滑与锐化相结合的滤波实例

对于灰度变化较复杂的灰度图像，采用单一的增强技术往往不能取得理想的结果。图 4-53a 是一幅骨骼的 CT 图像，为了得到较理想的增强结果，可以采用多种方法结合的策略，处理过程如图 4-53 所示。

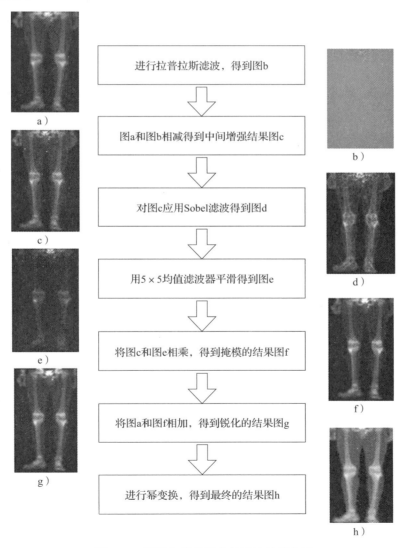

a)

进行拉普拉斯滤波，得到图b

b)

图a和图b相减得到中间增强结果图c

对图c应用Sobel滤波得到图d

c)

d)

用5×5均值滤波器平滑得到图e

e)

将图c和图e相乘，得到掩模的结果图f

f)

将图a和图f相加，得到锐化的结果图g

g)

进行幂变换，得到最终的结果图h

h)

图 4-53　平滑与锐化结合的滤波处理实例

4.4　频域滤波处理

　　图像的频域处理是指将图像变换到频域中，然后采用频域处理策略对图像进行处理，这种方法的特点是运算速度快。进行频域处理时，首先将图像由时域（空间域）变换到频域，然后采用频域滤波处理（即频域的滤波器），根据图像频谱进行不同的滤波处理，从而达到图像平滑或锐化的目的。

4.4.1　图像频域处理基础

1. 时域与频域变换

　　信号不仅随时间变化，还与频率、相位等信息有关，这就需要进一步分析信号的频率结构，并在频域中对信号进行描述。在介绍频域变换前，我们先介绍一下时域与频域的概念。

- 时域。时域也称为时间域，用于表征信号随时间变化的规律，用信号在不同时刻的取值进行描述。函数的自变量是时间，即横轴是时间，纵轴是信号的变化。
- 频域。频域也称为频率域，用于描述信号的频率结构与信号幅度的关系。自变量是频率，即横轴是频率，纵轴是对应频率的信号幅度。

　　频域变换的基础是利用正弦波的叠加来表示任意波形。图 4-54 给出了两个正弦波在时域上的叠加形式。

　　为了采用频域的方法进行研究，可以将时域的两个波形表示为频率和幅值的形式，即在频域中表达出来，图 4-55 给出了振幅与频率的关系。利用频域中振幅和相位的关系表示图像的方法，就是频域表示法。为了同时反映振幅和相位的关系，通常采用复数表示方法。

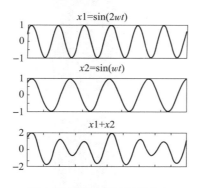
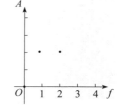

图 4-54　正弦波的时域叠加　　　　　　　　图 4-55　上述实例中正弦波形的幅频表示结果

2. 连续傅里叶变换

　　傅里叶变换（Fourier Transform，FT）起源于傅里叶级数的研究。1807 年，法国学者约瑟夫·傅里叶提出了傅里叶级数的概念，即任一周期信号可分解为复正弦信号的叠加。经过深入研究，傅里叶于 1822 年又提出了傅里叶变换的理论。傅里叶变换是一种正交变换，在数字图像应用领域中起着非常重要的作用，可用于图像分析、图像增强及图像压缩等工作。

　　下面给出傅里叶变换在数学中的定义。

　　如果函数 $f(x)$ 满足具有有限个间断点、具有有限个极值点且绝对可积，那么 $f(x)$ 的傅里叶变换定义为：

$$F(u) = \int_{-\infty}^{+\infty} f(x) e^{-j^2 \pi ux} dx \qquad (4\text{-}29)$$

其中，$j^2 = -1$，u 是表示频率的变量。

利用欧拉公式将复数、指数函数与三角函数联系起来，如下所示：

$$e^{j\theta} = \cos\theta + j\sin\theta \qquad (4\text{-}30)$$

因此式（4-29）可以写成：

$$F(u) = \int_{-\infty}^{+\infty} f(x) \left[\cos(2\pi ux) - j\sin(2\pi ux) \right] dx$$

将 $F(u)$ 用复数形式表示为：

$$F(u) = R(u) + jI(u) \qquad (4\text{-}31)$$

其中，实部 $R(u)$ 和虚部 $I(u)$ 分别表示为：

$$R(u) = \int_{-\infty}^{+\infty} f(t) \cos(2\pi ut) dt \qquad (4\text{-}32)$$

$$I(u) = -\int_{-\infty}^{+\infty} f(t) \sin(2\pi ut) dt \qquad (4\text{-}33)$$

幅值 $F(u)$、相位 $\phi(u)$ 和能量 $E(u)$ 分别为：

$$F(u) = \left[R^2(u) + I^2(u) \right]^{\frac{1}{2}} \qquad (4\text{-}34)$$

$$\phi(u) = \arctan\left[I(u)/R(u) \right] \qquad (4\text{-}35)$$

$$E(u) = R^2(u) + I^2(u) \qquad (4\text{-}36)$$

一维傅里叶反变换的定义为：

$$f(x) = \int_{-\infty}^{+\infty} F(u) e^{j^2 \pi ux} du \qquad (4\text{-}37)$$

函数 $f(x)$ 和 $F(u)$ 称作一个傅里叶变换对。对于任一函数 $f(x)$，其傅里叶变换 $F(u)$ 具有唯一性，反之亦然。

根据傅里叶变换的定义，很容易得到二维傅里叶变换。如果函数 $f(x, y)$ 连续可积，那么二维傅里叶变换及反变换定义如下：

傅里叶变换：
$$F\{f(x, y)\} = F(u, v) = \iint f(x, y) e^{-j^2 \pi(ux+vy)} dxdy \qquad (4\text{-}38)$$

傅里叶反变换：
$$F^{-1}\{F(u, v)\} = f(x, y) = \iint F(u, v) e^{j^2 \pi(ux+vy)} dudv \qquad (4\text{-}39)$$

式中，u、v 是表示频率的变量，与一维定义中的意义类似。

3. 离散傅里叶变换

函数 $f(x)$ 的一维离散傅里叶变换定义如下：

$$F(u) = \frac{1}{N} \sum_{x=0}^{N-1} f(x) e^{-j^2 \pi ux/N} \qquad (4\text{-}40)$$

其中，$u = 0, 1, 2, \cdots, N-1$。

$F(u)$ 的一维离散傅里叶反变换为：

$$f(x) = \frac{1}{N} \sum_{u=0}^{N-1} F(u) e^{j^2 \pi ux/N} \qquad (4\text{-}41)$$

这里 $f(x)$ 是实函数，它的傅里叶变换 $F(u)$ 是复函数：

$$F(u) = R(u) + jI(u) \qquad (4\text{-}42)$$

$R(u)$ 为 $F(u)$ 的实部，$I(u)$ 为其虚部。

$$|F(u)| = [R^2(u) + I^2(u)]^{\frac{1}{2}} \tag{4-43}$$

$$\phi(u) = \arctan[I(u)/R(u)] \tag{4-44}$$

$$E(u) = R^2(u) + I^2(u) \tag{4-45}$$

离散函数的傅里叶变换也可推广到二维的情形，二维离散傅里叶变换的定义为：

$$F(u, v) = \frac{1}{N} \sum_{x=0}^{N-1} \sum_{y=0}^{N-1} f(x, y) e^{-j2\pi(ux+vy)/N} \tag{4-46}$$

其中，$u = 0, 1, 2, \cdots, N-1$；$v = 0, 1, 2, \cdots, N-1$。

二维离散傅里叶反变换的定义为：

$$f(x, y) = \frac{1}{N} \sum_{u=0}^{N-1} \sum_{v=0}^{N-1} F(u, v) e^{j2\pi(ux+vn)/N} \tag{4-47}$$

其中，$x = 0, 1, 2, \cdots, N-1$；$y = 0, 1, 2, \cdots, N-1$。u、v 是频率变量。

二维函数离散傅里叶的频谱、能量和相位分别定义为：

$$|F(u, v)| = \sqrt{R^2(u, v) + I^2(u, v)} \tag{4-48}$$

$$E(u, v) = R^2(u, v) + I^2(u, v) \tag{4-49}$$

$$\phi(u, v) = \arctan \frac{I(u, v)}{R(u, v)} \tag{4-50}$$

由二维离散傅里叶变换可以得到图像的傅里叶中心谱。图 4-56a 中显示了在 256×256 像素的白色背景上叠加一个黑色方块。图像在进行傅里叶变换之前被乘以-1，可以使频率谱中心移到图像中心，如图 4-56b 所示，否则频率谱中心在图像的左上角。图 4-56c 是其傅里叶反变换的结果，可以明显看出，反变换的结果与原图像基本一致。

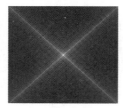

a）原图像　　　　　　b）傅里叶中心谱　　　　　　c）傅里叶反变换

图 4-56　离散傅里叶变换实例

【例 4-10】求图像的二维离散傅里叶变换的频谱，并求反变换。

Python 实现

```python
import matplotlib.pyplot as plt
from skimage import io
import numpy as np
import math
fig = plt.figure()
img = io.imread(".fruits.bmp", as_gray=True)
ax1 = fig.add_subplot(221)
ax1.imshow(img, cmap='gray')
f = np.fft.fft2(img)                    #傅里叶变换
fshift = np.fft.fftshift(f)             #中心化处理
s1 = np.log(np.abs(fshift))             #取绝对值,将数据变化到 0~255
ax3 = fig.add_subplot(223)
ax3.imshow(s1, cmap='gray')
```

```
x = int((fshift.shape[1] + 1) / 2)
y = int((fshift.shape[0] + 1) / 2)
r = 100                                 # 截止半径

G = []
for i in range(fshift.shape[0]):
    for j in range(fshift.shape[1]):
        G = math.exp(-float(pow(i-x, 2) + pow(j-y, 2)) / float(2 * r *r))
        fshift = fshift*G

s2 = np.log(np.abs(fshift))             # 取绝对值,为了将数据变化到 0~255
ax4 = fig.add_subplot(224)
ax4.imshow(s2, cmap = 'gray')
i_f = np.fft.ifftshift(fshift)
img = np.fft.ifft2(i_f)
img * = 255
img = img.astype(np.uint8)
ax2 = fig.add_subplot(222)
ax2.imshow(img, cmap = 'gray')
plt.show()
```

Matlab 实现

```
% 读入原始图像
I = imread('pepper.bmp');
imshow(I)
% 求离散傅里叶频谱
J = fftshift(fft2(I));
% 对原始图像进行二维傅里叶变换,并将其坐标原点移到频谱图中央位置
figure(2);
imshow(log(abs(J)),[8,10])
```

其结果如图 4-57 所示。

a）原图像   b）离散傅里叶频谱

图 4-57 二维离散傅里叶变换的频谱

4. 二维离散傅里叶变换的性质

（1）变换的一维化

二维离散傅里叶变换利用两次一维的离散傅里叶变换，即行变换和列变换来实现。

$$f(m, n) \xrightarrow{\text{一维列变换}} F(m, v) \xrightarrow{\text{一维行变换}} F(u, v) \tag{4-51}$$

或

$$f(m, n) \xrightarrow{\text{一维行变换}} F(u, n) \xrightarrow{\text{一维列变换}} F(u, v) \tag{4-52}$$

可见，实现二维离散傅里叶变换时，行变换和列变换的先后顺序是无关的。

（2）变换的平移特性

● 空间平移特性：

$$f(m-m_0, n-n_0) \longleftrightarrow F(u, v)W_K^{(m_0u+n_0v)} \tag{4-53}$$

● 频域平移特性：

$$f(m, n)W_K^{(mu_0+nv_0)} \longleftrightarrow F(u-u_0, v-v_0) \tag{4-54}$$

● 幅值不变特性，即移位后幅值不变：

$$|f(m-m_0, n-n_0)| \longleftrightarrow F(u, v) \tag{4-55}$$

$$|f(m, n)| \longleftrightarrow |F(u-u_0, v-v_0)| \tag{4-56}$$

● 频谱移到中心：

$$(-1)^{m+n}f(m, n) \longleftrightarrow \left| F\left(u-\frac{K}{2}, v-\frac{K}{2}\right) \right| \tag{4-57}$$

$f(m, n)$ 频谱从原点移到 $\left(\dfrac{K}{2}, \dfrac{K}{2}\right)$ 处。

由傅里叶变换的平移特性可知，$f(m, n)$ 平移后对幅值没有影响，对能量也不会产生影响，因此，可以将频谱中心由图像的左上角移到图像的中心处，这样便于分析和观察频谱特性。图 4-58 是频谱中心移动的实例。

a）原图像　　　　　　　b）频谱图　　　　　　c）移动后的频谱图

图 4-58　频谱中心移动的实例

（3）傅里叶变换的周期性

傅里叶变换具有周期性，即

$$F(u, v) = F(u+K, v+K) \tag{4-58}$$

从式（4-58）可知，由于傅里叶变换具有周期性，因此根据任一周期里的变换值，就可以得到其他周期的变换结果。

（4）旋转不变性

利用极坐标变换：

$$x = \rho\cos\alpha, \quad y = \rho\sin\alpha, \quad u = \lambda\cos\beta, \quad v = \lambda\sin\beta \tag{4-59}$$

可以将 $f(x, y)$ 和 $F(u, v)$ 转换为 $f(\rho, \alpha)$ 和 $F(\lambda, \beta)$。

假设

$$f(\rho, \alpha) \Leftrightarrow F(\lambda, \beta) \tag{4-60}$$

那么可以得到：

$$f(\rho, \alpha+\alpha_0) \Leftrightarrow F(\lambda, \beta+\beta_0) \tag{4-61}$$

从图 4-59 可以看出，傅里叶变换具有旋转不变性，即如果将原图像旋转一个角度，其傅里叶变换也旋转相同的角度。

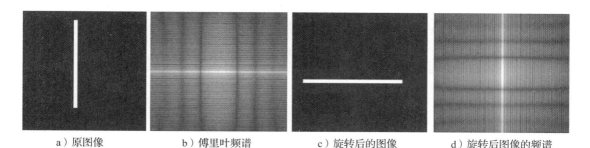

|　a）原图像　|　b）傅里叶频谱　|　c）旋转后的图像　|　d）旋转后图像的频谱　|

图 4-59　旋转不变性实例

（5）分配率

傅里叶变换和反变换对加运算具有分配律，即

$$F\{f_1(x,y)+f_2(x,y)\}=F\{f_1(x,y)\}+F\{f_2(x,y)\} \tag{4-62}$$

（6）尺度反比特性

信号缩放的倍数，即尺度，反比于频带缩放的倍数，即时域中的压缩（扩展）对应频域中的扩展（压缩）。

$$f(ax,ay)\Leftrightarrow\frac{1}{ab}F\left(\frac{u}{a},\frac{v}{b}\right) \tag{4-63}$$

（7）卷积定理

一维傅里叶变换：

$$f(x)*g(x)=\int_{-\infty}^{+\infty}f(z)g(x-z)\mathrm{d}z\Leftrightarrow F(u)G(u) \tag{4-64}$$

二维傅里叶变换：

$$f(x,y)*g(x,y)\Leftrightarrow F(u,v)G(u,v) \tag{4-65}$$

这表明，在时域中的卷积相当于在频域中的乘积，即时域中的卷积可以利用频域中的乘法来实现。

5. 离散余弦变换

设一维离散序列 $d(x)$ 的离散余弦变换定义如下：

$$D(0)=\frac{1}{M}\sum_{x=0}^{M-1}d(x) \tag{4-66}$$

$$D(u)=\sqrt{\frac{2}{M}}\sum_{x=0}^{M-1}d(x)\cos\frac{(2x+1)u\pi}{2M} \tag{4-67}$$

二维离散余弦变换形式如下：

$$D(0,0)=\frac{1}{M}\sum_{x=0}^{M-1}\sum_{y=0}^{M-1}d(x,y) \tag{4-68}$$

$$D(u,v)=\frac{2}{M}\sum_{x=0}^{M-1}\sum_{y=0}^{M-1}d(x,y)\cos\frac{(2x+1)u\pi}{2M}\cos\frac{(2y+1)v\pi}{2M} \tag{4-69}$$

图 4-60 给出了离散余弦变换及反变换的实例。

a）原图像   b）余弦变换   c）反余弦变换

图 4-60 离散余弦变换及反变换

4.4.2 利用傅里叶变换进行图像处理

图像处理可以在频域中进行，处理前先对图像进行傅里叶变换，然后在频域进行处理，再进行反变换。利用傅里叶变换对图像进行处理的一般步骤如下。

1）计算图像的傅里叶变换 $F(u, v)$。

2）在频域中进行处理，具体地，$F(u, v)$ 乘以滤波器函数 $H(u, v)$，得到频域的处理结果。

3）对频域处理结果进行傅里叶反变换。

以图像增强为例，在频域中对图像进行增强的过程如图 4-61 所示。

下面利用傅里叶变换对图像进行处理，并分析傅里叶变换后的结果及特性。

图 4-62 是对一幅图像做傅里叶变换得到的频谱，然后利用平移性质将频谱中心移到图像中心，即进行中心化处理。

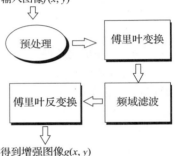

图 4-61 利用频域对图像
进行处理的过程

a）原图像   b）频谱图   c）频谱图的中心化

图 4-62 二维图像离散傅里叶变换频谱

从傅里叶变换的频谱图中可以看出，中心平移后，靠近坐标原点（图像中心）的是低频成分，远离原点（图像中心）的是高频成分。

图 4-63 是在图像变暗前后进行傅里叶变换，并比较它们中心平移的频谱图。从傅里叶变换的频谱图可以看出，由于图片亮度降低，导致傅里叶变换得到的低频成分增多，频谱图靠近中央的低频成分发生了变化。

图 4-64 是对粒子噪声图像进行傅里叶变换的结果。图 4-64a 是原图像及傅里叶变换的结果，图 4-64b 是加入盐噪声 0.1、椒噪声 0.2 的噪声图像及其傅里叶变换的结果，图 4-64c 是加入盐噪声 0.2、椒噪声 0.3 的噪声图像及其傅里叶变换的结果。从傅里叶变换得到的频谱可以

分析出，随着图像中噪声成分的增加，傅里叶变换后的图像颜色变浅，频谱中出现较多的高频成分，并且频谱中心的亮度降低，这表明图像的低频成分相对降低了。

a）原图像 b）频谱图

图 4-63 图像亮度对频谱的影响

a）原图像及傅里叶变换结果

b）少量噪声图像及傅里叶变换结果

c）较多噪声图像及傅里叶变换结果

图 4-64 噪声图像的傅里叶变换

中心平移后，数字图像的傅里叶变换频谱的主要能量信息在频谱中心处（低频区）反映出来，而在频谱远离中心的边缘处可以反映出图像的线条细节、边缘等信息，即频谱中的高频部分。也就是说，数字图像与频谱的对应关系如下：图像中的平滑区域的特性是通过频谱空间靠中心处的低频成分来反映的，图像灰度剧烈变化的特征可以通过频谱的高频成分来反映。

比较图 4-65b 和图 4-66b 所示的傅里叶频谱可以发现，原图像中的灰度变化不强烈，主要包含低频成分，因而在远离图像中心处的高频成分较少。在图 4-65a 所示的图像中，由于图像的灰度细节变化较为明显，因此在频谱中距离中心较远的区域出现了较多的高频成分。

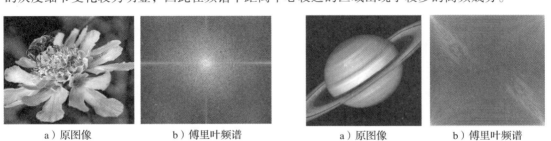

a）原图像 b）傅里叶频谱

图 4-65 Lena 图像的傅里叶变换

a）原图像 b）傅里叶频谱

图 4-66 图像的傅里叶变换实例

根据傅里叶变换的性质，图像的傅里叶变换的步骤如下。

1）初始化。将每个像素的灰度值作为当前像素的实部，设置虚部为零，构造一个虚数。

2）按照行的方向进行 FFT 变换，将每行的变换结果作为对应行的虚部。

3）用相同的办法在列方向上进行 FFT 变换。

4）如果图像的分辨率为 $M \times M$，经过 FFT 变换后，可以得到 $M \times M$ 的频谱。

在傅里叶频谱中，四个角的谱表示图像中的低频成分，而中心区域的谱表示图像的高频成分；中心平移到图像中心后，中心区域的谱表示图像中的低频成分，而四个角的谱表示图像的高频成分。

4.4.3 频域的平滑滤波

由于图像中灰度均匀的平滑区域对应傅里叶变换中的低频成分，灰度变化频繁的边缘和细节对应傅里叶变换中的高频成分，因此根据这一特点，合理构造滤波器将图像中变换域中的高频或低频成分过滤掉，便可以得到图像的平滑或锐化结果。

滤波器的种类很多，按其特性的不同，可以分为低通滤波器、高通滤波器、带通滤波器和带阻滤波器等。

- 低通滤波器。低通滤波器是允许低频信号通过，但是减弱（或减少）高频信号通过的滤波器。同时，可设定一个频率，这个频率称为截止频率，当信号频率高于截止频率时不能通过；当信号频率高于截止频率时，则全部赋值为 0，目的是让低频信号全部通过，所以称为低通滤波。

- 高通滤波器。高通滤波器是允许高频信号通过，但是减弱（或减少）低频信号通过的滤波器。当信号频率低于截止频率时，则全部赋值为 0，目的是让高频信号全部通过，所以称为高通滤波。

- 带通滤波器。带通滤波器是指允许某一频率范围内的频率分量通过，但是将其他范围的频率分量衰减到极低水平的滤波器。带通滤波器用于带通滤波，它与带阻滤波器的概念相对。

- 带阻滤波器。带阻滤波器是指允许大多数频率分量通过，但是将某些范围的频率分量衰减到极低水平的滤波器。它与带通滤波器的概念相对，通常阻带范围极小。

由于频谱中的低频成分对应图像的平滑区域，因此利用低通滤波器可以对图像去噪，实现图像的平滑处理。

1. 理想低通滤波器

理想低通滤波器的滤波函数为：

$$H(u, v) = \begin{cases} 1 & R(u, v) \leqslant R_0 \\ 0 & R(u, v) > R_0 \end{cases} \tag{4-70}$$

其中，R_0 为截止频率，$R(u, v)$ 为频率平面中点 (u, v) 到原点的距离：

$$R(u, v) = \sqrt{u^2 + v^2} \tag{4-71}$$

在低通滤波器中，指定 R_0，就可去除高于 R_0 的所有高频成分。理想低通滤波函数的图像如图 4-67 所示。

通过改变 R_0 的值，就可以改变滤波器的特性。如果 R_0 取值太大，则低通性能不好，几乎所有频率的成分都能通过，平滑效果欠佳，达不到平滑的目的；如果 R_0 取值太小，则几乎所有频率的成分都不能通过，信号都被阻止，过于平滑，损坏了图像的细节信息。图 4-68 的实例体现了不同的截止频率对图像平滑结果的影响。

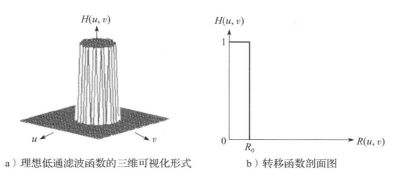

a）理想低通滤波函数的三维可视化形式　　b）转移函数剖面图

图 4-67　理想低通滤波函数

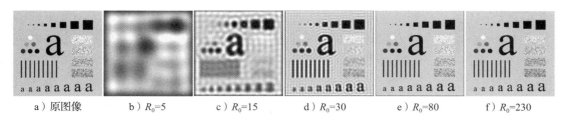

a）原图像　　b）$R_0=5$　　c）$R_0=15$　　d）$R_0=30$　　e）$R_0=80$　　f）$R_0=230$

图 4-68　不同的截止频率对平滑结果的影响

利用理想低通滤波器进行平滑时，如果参数 R_0 选择不当，就会导致图像模糊，如图 4-69c 所示。

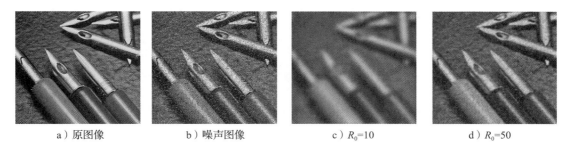

a）原图像　　b）噪声图像　　c）$R_0=10$　　d）$R_0=50$

图 4-69　理想低通滤波器产生的模糊现象

2. 巴特沃斯低通滤波器

巴特沃斯低通滤波器的特点是在保持频率响应曲线最大限度平坦的情况下，逐渐下降为零，从某一边界角频率开始，振幅随着角频率的增加而逐步减少，趋向负无穷大。

巴特沃斯低通滤波器的滤波函数为：

$$H(u,\ v)=\frac{1}{1+(\sqrt{2}-1)\left[R(u,\ v)/R_0\right]^{2n}}\approx\frac{1}{1+0.414\left[R(u,\ v)/R_0\right]^{2n}} \tag{4-72}$$

其中，R_0 为截止频率。当 $R(u,\ v)$ 为 R_0 时，$H(u,\ v)$ 降为最大值的 $\frac{1}{\sqrt{2}}$，n 为阶数。

巴特沃斯低通滤波函数的图像如图 4-70 所示。

在图 4-71 的实例中，可以看出 n 为 2 时不同的 R_0 对图像平滑结果的影响。

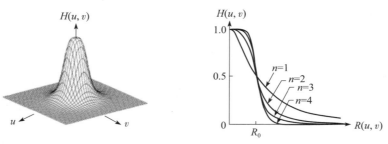

a）巴特沃斯低通滤波函数的三维可视化形式　　b）转移函数剖面图

图 4-70　巴特沃斯低通滤波函数

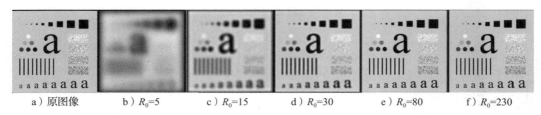

a）原图像　　b）$R_0=5$　　c）$R_0=15$　　d）$R_0=30$　　e）$R_0=80$　　f）$R_0=230$

图 4-71　巴特沃斯滤波器对图像平滑效果的影响

3. 高斯低通滤波器

由于高斯函数的傅里叶变换仍是高斯函数，因此高斯函数能构成一个在频域具有平滑性能的低通滤波器。可以通过在频域做乘积来实现高斯滤波。高斯低通滤波器的转换函数定义如下：

$$H(u, v) = e^{-R^2(u,v)/2R_0^2} \tag{4-73}$$

其中，R_0 为截止频率。$R(u, v)$ 为频率平面中的点 (u, v) 到原点的距离。高斯低通滤波函数的图像如图 4-72 所示。

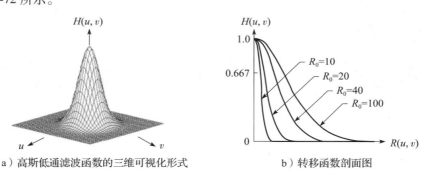

a）高斯低通滤波函数的三维可视化形式　　b）转移函数剖面图

图 4-72　高斯低通滤波函数

R_0 的取值不同，对图像平滑结果的影响也不同，如图 4-73 所示。

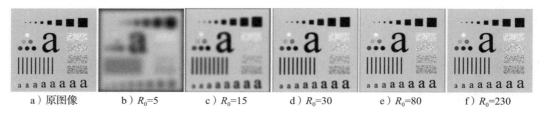

a）原图像　　b）$R_0=5$　　c）$R_0=15$　　d）$R_0=30$　　e）$R_0=80$　　f）$R_0=230$

图 4-73　高斯低通滤波器对平滑结果的影响

高斯低通滤波器可以用来连接断裂文本（如图 4-74 所示）和处理噪声图像（如图 4-75 所示）。

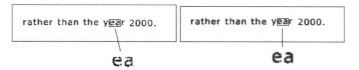

图 4-74　高斯低通滤波器用于连接断裂文本

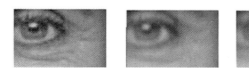

图 4-75　高斯低通滤波器用于处理噪声图像

4. 指数低通滤波器

指数低通滤波器的滤波函数为：

$$H(u, \ v) = \mathrm{e}^{\left\{\left[\ln(1/\sqrt{2})\right]\left[R(u,v)/R_0\right]^n\right\}} \approx \mathrm{e}^{\left\{-0.347\left[R(u,v)/R_0\right]^n\right\}} \tag{4-74}$$

当 $R(u, \ v) = R_0$ 时，$H(u, \ v)$ 降为最大值的 $\dfrac{1}{\sqrt{2}}$，n 为阶数。

一阶及三阶指数低通滤波器的转移函数如图 4-76 所示。

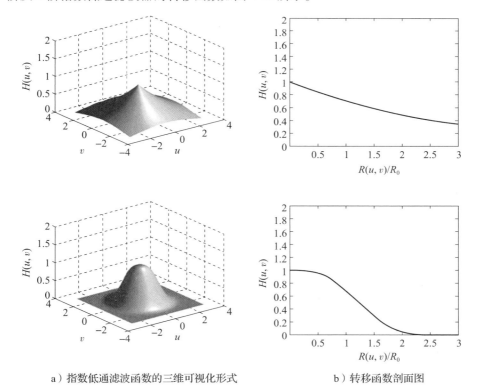

a）指数低通滤波函数的三维可视化形式　　　　　b）转移函数剖面图

图 4-76　指数低通滤波器的转移函数

5. 梯形低通滤波器

梯形低通滤波器的滤波函数为：

$$H(u,\ v)=\begin{cases}1 & R(u,\ v)\leqslant R_0 \\ [R(u,\ v)-R_1]/(R_0-R_1) & R_0<R(u,\ v)\leqslant R_1 \\ 0 & R(u,\ v)>R_1\end{cases} \tag{4-75}$$

其中，R_0 和 R_1 分别是梯形的上底和下底。

梯形低通滤波器的转移函数如图 4-77 所示。

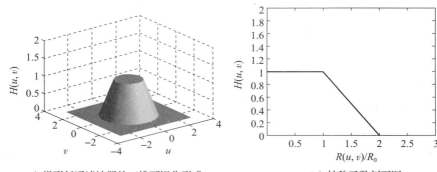

a）梯形低通滤波器的三维可视化形式　　　　　　b）转移函数剖面图

图 4-77　梯形低通滤波器的转移函数

【例 4-11】图像低通滤波处理实例。已知给定图像，采用低通滤波器进行处理，并写出处理后的结果。

Python 实现

```python
import numpy as np
import matplotlib.pyplot as plt
import cv2
def GaussianLowFilter(image,d):
    f = np.fft.fft2(image)
    fshift = np.fft.fftshift(f)
    def make_transform_matrix(d):
        transfor_matrix = np.zeros(image.shape)
        center_point = tuple(map(lambda x:(x-1)/2,s1.shape))
        for i in range(transfor_matrix.shape[0]):
            for j in range(transfor_matrix.shape[1]):
                def cal_distance(pa,pb):
                    from math import sqrt
                    dis = sqrt((pa[0]-pb[0])**2+(pa[1]-pb[1])**2)
                    return dis
                dis = cal_distance(center_point,(i,j))
                transfor_matrix[i,j] = np.exp(-(dis**2)/(2*(d**2)))
        return transfor_matrix
    d_matrix = make_transform_matrix(d)
    new_img = np.abs(np.fft.ifft2(np.fft.ifftshift(fshift*d_matrix)))
    return new_img

#img = cv2.imread('test.png',0)        #读灰度图像
img = cv2.imread('./data/6_2_2.png',0)
plt.imshow(img,cmap="gray")
```

```
plt.axis("off")
plt.show()
f = np.fft.fft2(img)
fshift = np.fft.fftshift(f)

s1 = np.log(np.abs(fshift))
plt.subplot(121),plt.imshow(s1,'gray')
plt.title('Frequency Domain')
plt.show()

img_d1 = GaussianLowFilter(img,10)
img_d2 = GaussianLowFilter(img,40)
img_d3 = GaussianLowFilter(img,60)
img_d4 = GaussianLowFilter(img,80)
plt.subplot(141)
plt.axis("off")
plt.imshow(img_d1,cmap="gray")
plt.title('D_1 10')
plt.subplot(142)
plt.axis("off")
plt.title('D_2 40')
plt.imshow(img_d2,cmap="gray")
plt.subplot(143)
plt.axis("off")
plt.title("D_3 60")
plt.imshow(img_d3,cmap="gray")
plt.subplot(144)
plt.axis("off")
plt.title("D_4 80")
plt.imshow(img_d4,cmap="gray")
plt.show()
```

Matlab 实现

利用 Matlab 实现低通滤波器时，要定义一个二维图像的低通滤波器的通用函数 lpfilter。完整实现如下：

```
% 低通滤波器,type--滤波器的种类,n--滤波器的阶数,image--待滤波的原图像
function H=lpfilter(filtertype, D0, n, image)
im=imread(image);
[DIM1,DIM2,K]=size(im);                          % 原始图像的大小
if K==3
    im1=rgb2hsv(im);
    im2=double(im1(:,:,3));
else
    im2=double(im);
end
u=0:(DIM1-1);
v=0:(DIM2-1);
idx=find(u>DIM1/2);
u(idx)=u(idx)-DIM1;
idy=find(v>DIM2/2);
v(idy)=v(idy)-DIM2;
[V,U]=meshgrid(v,u);
D=sqrt(U.^2+V.^2);                               % 生成频域的标量刻度(计算坐标到频域中心点的距离)
```

```
switch   filtertype
    case 'ideal'
        H=double(D<=D0);                              % 生成理想低通滤波器
    case 'butterworth'
        H=1./(1+(D./D0).^(2*n));                      % 生成巴特沃斯低通滤波器
    case 'gaussian'
        H=exp(-(D.^2)./(2*(D0^2)));                   % 生成高斯低通滤波器
    case 'exponent'
        H=exp(-D./(2*D0)./(2*D0));                    % 生成指数低通滤波器
    case 'trapezoid'
        if D <= D0
            H = 1.0;
        else if D > 100
                H = 0.0;
            else
                H =(D-100)./(D0-100);                 % 生成梯形低通滤波器
            end
        end
    otherwise
        error('Unkown filter type.');
end
F= (fft2(im2));                                        % 原始图像的傅里叶变换
G=H.*F;                                                % 滤波处理
g=real( (ifft2(G)));                                   % 将滤波后的图像还原
figure;
subplot(1,2,1);
imshow(im2,[]);
title('Original Image');                               % 显示原始图像的灰度部分
subplot(1,2,2);
imshow(g,[]);
title('Lowpass Filtered Image');                       % 显示低通滤波后的图像
低通滤波器设计为：
H=lpfilter('ideal', 14, 1, 'lena.bmp');               % 理想低通滤波器
H=lpfilter('butterworth', 50, 1, 'lena.bmp');         % 巴特沃斯低通滤波器
H=lpfilter('gaussian', 50, 1, 'lena.bmp');            % 高斯低通滤波器
H=lpfilter('exponent', 50, 1, 'lena.bmp');            % 指数低通滤波器
H=lpfilter('trapezoid', 50, 1, 'lena.bmp');           % 梯形低通滤波器
```

4.4.4　高通滤波锐化处理

由于高通滤波器是允许高频信号通过，但是减弱（或减少）低频率信号通过的滤波器，而频谱中的高频成分对应着图像灰度陡然变化的锐利边缘，因此利用高通滤波器把高频分量分离出来，可使轮廓清晰，实现对图像的锐化处理。高通滤波器使高频分量相对突出，而低频分量受到抑制。

1. 理想高通滤波器

理想高通滤波器的滤波函数为：

$$H(u, v)=\begin{cases}0 & R(u, v)\leqslant R_0 \\ 1 & R(u, v)>R_0\end{cases} \tag{4-76}$$

其中，R_0 为截止频率，$R(u, v)$ 为频率平面点 (u, v) 到原点的距离：

$$R(u, v)=\sqrt{u^2+v^2} \tag{4-77}$$

在高通滤波器中，指定 R_0，就可去掉低频成分。理想高通滤波函数的图像如图 4-78 所示。

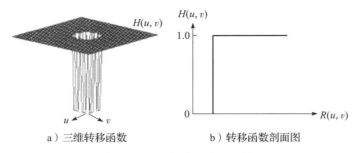

a）三维转移函数　　　　　　　b）转移函数剖面图

图 4-78　理想高通滤波函数

通过改变 R_0 的取值，就可以改变滤波器的特性。如果 R_0 取值太小，则高通性能不好，几乎所有频率的成分都能通过，锐化效果欠佳；如果 R_0 取值太大，则几乎所有频率的成分都不能通过，信号都被阻止。在图 4-79 的实例中，可以看出不同截止频率对图像锐化结果的影响。

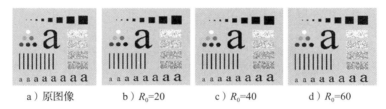

a）原图像　　　　　b）$R_0=20$　　　　　c）$R_0=40$　　　　　d）$R_0=60$

图 4-79　截止频率对图像锐化结果的影响

从利用理想高通滤波器进行锐化的实例中可以看出，如果参数 R_0 选择不当，就会产生图像细节丢失的现象。如图 4-79d 所示，由于 R_0 太大，因此结果细节丢失。

2. 巴特沃斯高通滤波器

巴特沃斯高通滤波器的特点是在保持频率响应曲线最大限度平坦、没有起伏的情况下逐渐上升。

巴特沃斯高通滤波器的滤波函数为：

$$H(u,v)=\frac{1}{1+(\sqrt{2}-1)\left[R_0/R(u,v)\right]^{2n}}=\frac{1}{1+0.414\left[R_0/R(u,v)\right]^{2n}} \tag{4-78}$$

其中，R_0 为截止频率。当 $R(u,v)$ 为 R_0 时，$H(u,v)$ 为最大值的 $\frac{1}{\sqrt{2}}$，n 为阶数。

巴特沃斯高通滤波函数的图像如图 4-80 所示。

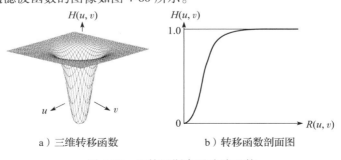

a）三维转移函数　　　　　　b）转移函数剖面图

图 4-80　巴特沃斯高通滤波函数

图 4-81 的实例中给出了 n 为 2 时，R_0 对图像锐化结果的影响。

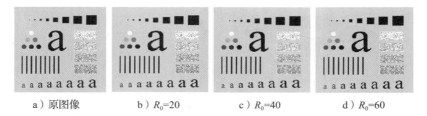

a）原图像 b）$R_0=20$ c）$R_0=40$ d）$R_0=60$

图 4-81 截止频率对图像锐化结果的影响

3. 高斯高通滤波器

高斯高通滤波器的滤波函数为：

$$H(u, v) = 1 - e^{-R^2(u,v)/(2R_0^2)} \qquad (4-79)$$

其中，R_0 为截止频率，$R(u, v)$ 为频率平面中点 (u, v) 到原点的距离。

高斯高通滤波函数的图像如图 4-82 所示。

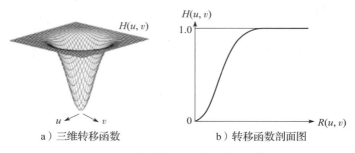

a）三维转移函数 b）转移函数剖面图

图 4-82 高斯高通滤波函数的图像

R_0 的取值不同，对图像锐化结果的影响也不同，如图 4-83 所示。

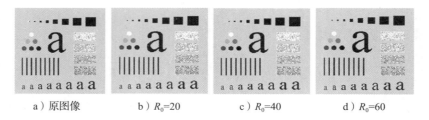

a）原图像 b）$R_0=20$ c）$R_0=40$ d）$R_0=60$

图 4-83 截止频率对图像锐化结果的影响

4. 指数高通滤波器

指数高通滤波器的滤波函数为：

$$H(u, v) = e^{\left|\left[\ln(1/\sqrt{2})\right]\left[R_0/R(u,v)\right]^n\right|} \approx e^{\left|-0.347\left[R_0/R(u,v)\right]^n\right|} \qquad (4-80)$$

其中，n 为阶数。

三阶指数高通滤波器的转移函数如图 4-84 所示。

5. 梯形高通滤波器

梯形高通滤波器的滤波函数为：

$$H(u, v) = \begin{cases} 0 & R(u, v) \leqslant R_1 \\ [R(u, v) - R_1]/(R_0 - R_1) & R_1 < R(u, v) \leqslant R_0 \\ 1 & R(u, v) > R_0 \end{cases} \qquad (4\text{-}81)$$

其中，R_0 和 R_1 是阶段截止频率。

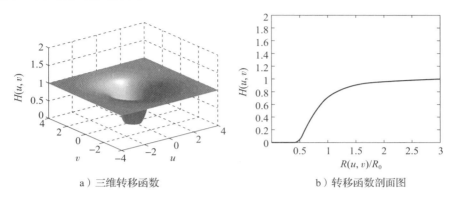

a）三维转移函数 　　　　　　　b）转移函数剖面图

图 4-84　三阶指数高通滤波器转移函数

梯形高通滤波器的转移函数剖面图如图 4-85 所示。

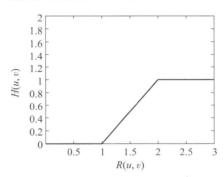

图 4-85　梯形高通滤波器的转移函数剖面图

不同的高通滤波器的锐化结果有所不同，图 4-86 给出了不同高通滤波器的锐化结果的对比，其中 $R_0 = 15$，阶数取 2。

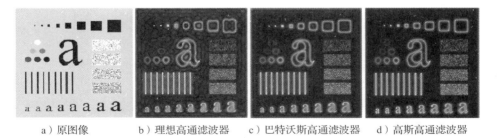

a）原图像　　　b）理想高通滤波器　　　c）巴特沃斯高通滤波器　　　d）高斯高通滤波器

图 4-86　不同高通滤波器的锐化结果

【例 4-12】图像高通滤波处理实例。已知给定图像，采用高通滤波器对它进行处理，并写出处理后的结果。

Python 实现

```
import cv2
import numpy as np
import imutils
img = cv2.imread('test.png',0) #直接读为灰度图像
f = np.fft.fft2(img)
fshift = np.fft.fftshift(f)
s1 = np.log(np.abs(fshift))

def GaussianFilter(image,d):
    f = np.fft.fft2(image)
    fshift = np.fft.fftshift(f)
    def make_transform_matrix(d):
        transfor_matrix = np.zeros(image.shape)
        center_point = tuple(map(lambda x:(x-1)/2,s1.shape))
        for i in range(transfor_matrix.shape[0]):
            for j in range(transfor_matrix.shape[1]):
                def cal_distance(pa,pb):
                    from math import sqrt
                    dis = sqrt((pa[0]-pb[0])**2+(pa[1]-pb[1])**2)
                    return dis
                dis = cal_distance(center_point,(i,j))
                transfor_matrix[i, j] = 1 - np.exp(-(dis **2) / (2 *(d **2)))
        return transfor_matrix
    d_matrix = make_transform_matrix(d)
    new_img = np.abs(np.fft.ifft2(np.fft.ifftshift(fshift*d_matrix)))
    return new_img
result1 = GaussianFilter(img,5)
result2 = GaussianFilter(img,15)
result3 = GaussianFilter(img,30)
result4 = GaussianFilter(img,80)
result5 = GaussianFilter(img,230)
cv2.imshow('origin',imutils.resize(img, 400))
cv2.imshow('result-5',imutils.resize(result1, 400))
cv2.imshow('result-15',imutils.resize(result2, 400))
cv2.imshow('result-30',imutils.resize(result3, 400))
cv2.imshow('result-80',imutils.resize(result4, 400))
cv2.imshow('result-230',imutils.resize(result5, 400))
if cv2.waitKey(0) == 27:
    cv2.destroyAllWindows()
```

Matlab 实现

```
% 高通滤波器, filtertype --滤波器的种类,n--滤波器的阶数,image--待滤波的原图像
function H=hpfilter(filtertype, D0, n, image)
im=imread(image);
[DIM1,DIM2,K]=size(im);                              % 原始图像的大小
if K==3
    im1=rgb2hsv(im);
    im2=double(im1(:,:,3));
else
    im2=double(im);
end
u=0:(DIM1-1);v=0:(DIM2-1);
```

```
idx=find(u>DIM1/2);u(idx)=u(idx)-DIM1;idy=find(v>DIM2/2);v(idy)=v(idy)-DIM2;
[V,U]=meshgrid(v,u);
D=sqrt(U.^2+V.^2);
switch filtertype
    case 'ideal'
        Hlp=double(D<=D0);
    case 'butterworth'
        if nargin==4
            n=1;
        end
        Hlp=1./(1+(D./D0).^(2*n));
    case 'gaussian'
        Hlp=exp(-(D.^2)./(2*(D0^2)));
    otherwise
        error('Unkown filter filtertype.');
end

H=1-Hlp;                                          % 由低通滤波器转换出高通滤波器
F=fft2(im2);
G=H.*F;g=real(ifft2(G));
figure;
subplot(1,2,1);imshow(im2,[]);title('Original Image');
subplot(1,2,2);imshow(g,[]);title('Highpass Filtered Image');
```

高通滤波器设计为：

```
H=hpfilter ('ideal', 14, 1, 'lena.bmp');          % 理想高通滤波器
H=hpfilter('butterworth', 100, 4, 'lena.bmp');    % 巴特沃斯高通滤波器
H=hpfilter ('gaussian', 50, 1, 'lena.bmp');       % 高斯高通滤波器
H=hpfilter ('exponent', 50, 1, 'lena.bmp');       % 指数高通滤波器
H= hpfilter ('trapezoid', 50, 1, 'lena.bmp');     % 梯形高通滤波器
```

习题

一、基础知识

1. 什么是图像增强？在图像增强技术中，常用的图像增强方法有哪些？

2. 什么是点处理？在图像增强技术中，有哪几种常见的点处理方法？

3. 直方图有哪两种表示方法？请举例说明。

4. 在图像伪彩色处理时，常使用强度分层法和灰度级变换法，请分别简述这两种方法的主要思想。

5. 请分别简述均值滤波和中值滤波的主要思想。

6. 进行空域图像平滑处理时，若邻域的尺度选取太大，结果会怎么样？试一试，如果邻域为7×7，结果会怎么样？

7. 空域图像锐化处理哪些常见方法？简单总结怎样使用它们进行锐化处理。使用 Prewitt 算子或 Sobel 算子进行边缘检测时，算子具有方向性，有的算子是水平方向的，有的算子是垂直方向的，怎样结合水平方向算子和垂直方向算子得到完整的图像边缘？

8. 常见的低通滤波器和高通滤波器有哪些？它们的主要作用是什么？

9. 一幅图像在频域内进行滤波的主要步骤是什么？请加以说明。

10. 分别说明在低通滤波和高通滤波中，截止频率对结果有怎样的影响？选择截止频率应该注意哪些事项？

二、算法实现

1. 阅读如下代码，并说明代码实例中是如何进行图像增强的。

```
from skimage import io
import numpy as np
import matplotlib.pyplot as plt

path = r"data\11.jpg"
img = io.imread(path)           #读取
img2 = 2.0 * img                #线性点运算
img2[img2>255] = 255            #进行数据截断,大于 255 的赋值为 255
# 数据类型转换
img2 = np.around(img2)
img2 = img2.astype(np.uint8)
#显示
plt.subplot(1, 2, 1)
io.imshow(img)
plt.subplot(1, 2, 2)
io.imshow(img2)
plt.show()
```

2. 阅读如下代码，并说明代码实例中是如何进行图像增强的。

```
from skimage import io, exposure
import matplotlib.pyplot as plt

# 幂转换运算之 gamma 运算
image = io.imread(r"data\cat.bmp")
gam2 = exposure.adjust_gamma(image, 9)
plt.figure('adjust_gamma',figsize=(8,8))
plt.subplot(121)
plt.title('origin image')
plt.imshow(image,plt.cm.gray)
plt.axis('off')
plt.subplot(122)
plt.title('gamma=9')
plt.imshow(gam2,plt.cm.gray)
plt.axis('off')
plt.show()
```

3. 阅读如下代码，并说明代码实例中是如何进行图像空域增强的。

```
import cv2
import numpy as np
image = cv2.imread('../images/test.jpg') #加载图像
#自定义卷积核
kernel_sharpen_1 = np.array([
        [-1,-1,-1],
        [-1,9,-1],
        [-1,-1,-1]])
kernel_sharpen_2 = np.array([
        [1,1,1],
        [1,-7,1],
```

```
        [1,1,1]])
kernel_sharpen_3 = np.array([
        [-1,-1,-1,-1,-1],
        [-1,2,2,2,-1],
        [-1,2,8,2,-1],
        [-1,2,2,2,-1],
        [-1,-1,-1,-1,-1]])/8.0

#卷积
output_1 = cv2.filter2D(image,-1,kernel_sharpen_1)
output_2 = cv2.filter2D(image,-1,kernel_sharpen_2)
output_3 = cv2.filter2D(image,-1,kernel_sharpen_3)

#显示锐化效果
cv2.imshow('Original Image',image)
cv2.waitKey(0)
cv2.destroyAllWindows()

cv2.imshow('sharpen_1 Image',output_1)
cv2.waitKey(0)
cv2.destroyAllWindows()

cv2.imshow('sharpen_2 Image',output_2)
cv2.waitKey(0)
cv2.destroyAllWindows()

cv2.imshow('sharpen_3 Image',output_3)
cv2.waitKey(0)
cv2.destroyAllWindows()
```

4. 阅读如下代码，并说明代码实例中是如何进行图像频域增强的。

```
# 高斯低通滤波
from skimage import data,filters
import matplotlib.pyplot as plt
img = data.astronaut()
edges1 = filters.gaussian(img,sigma=0.4) #sigma=0.4
edges2 = filters.gaussian(img,sigma=5) #sigma=5
plt.figure('gaussian',figsize=(8,8))
plt.subplot(121)
plt.imshow(edges1,plt.cm.gray)
plt.subplot(122)
plt.imshow(edges2,plt.cm.gray)
plt.show()
```

三、知识拓展

查阅资料，了解图像滤波处理的双边滤波器的原理及滤波处理的一般步骤，再举一个例子说明使用双边滤波器进行滤波的具体方法。

第 5 章　图像复原技术

图像在成像、记录及传输过程中，由于采样方法不当或成像设备使用不正确等原因，会出现图像质量下降的情况，包括图像模糊、失真和噪声等。图像复原就是指对这些受损的图像进行处理，以恢复图像的原有质量。本章将从图像的降质模型出发，分析图像降质的原因，从而找到图像恢复的方法。本章主要内容包括典型的图像复原方法，如退化函数估计、逆滤波复原、维纳滤波复原和空域中去噪的图像复原方法。

5.1　图像复原基础

数字图像复原也称为图像恢复，是指根据图像质量下降的原因，去除或减轻在获取数字图像过程中发生的图像质量下降的因素，使图像尽可能地恢复原有质量。图像复原广泛应用于天文、航空、公安、医学、安防等领域的残损图像复原、离焦衍射模糊图像、湍流退化图像复原、图像及视频编码等工作。

图像复原及图像增强的目的都是改善图像的质量，提高图像的视觉效果。但两者的本质区别是：图像复原是找到图像降质的根本原因，然后沿着降质的逆过程尽可能地重现原始图像；而图像增强的目的是改善图像的视觉效果，增加图像的信息量，但增强后的图像颜色、灰度及直方图的成分可以与原图像不同，只要图像的可读性更好即可。

为了实现图像的复原，要分析图像退化的原因。图像退化的主要原因包括：光学系统的像差、成像设备与被摄物体间的相对运动、采样过程中的噪声、大气的湍流效应和传感器特性的非线性等，如图 5-1 所示。

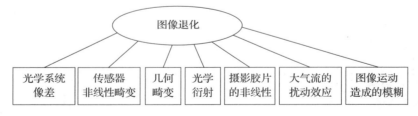

图 5-1　图像退化的原因

图像复原的方法是根据一定的先验知识，建立退化模型，然后用退化的逆运算来恢复原始景物图像。图像复原可以被看作降质过程的反向操作过程，关键步骤是求取反向的数学模型，而图像复原的质量与描述图像退化的数学模型直接相关。

5.2　图像退化与数学模型

图像复原处理的关键问题在于建立退化模型，通常将图像退化的原因作为线性系统的一个因素，从而建立系统退化模型。假设输入图像 $f(x, y)$ 经过退化后输出图像 $g(x, y)$，通常把噪声对图像的影响作为加性噪声考虑，如图 5-2 所示。其中，$H(x, y)$ 是一个退化算子，响应

函数为 $h(x, y)$，在图像形成的光学过程中一般为冲激响应函数。

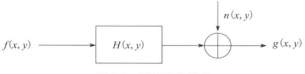

图 5-2　图像退化模型

如果仅考虑加性噪声的影响，则图像退化模型可以表达为：
$$g(x,\ y) = H[f(x,\ y)] + n(x,\ y) \tag{5-1}$$
由于图像退化是多种因素造成的，为了能够用数学工具进行处理，人们常常忽略次要因素，仅考虑主要的降质原因，即假定图像退化性质与图像的位置无关，这种系统称为线性位移不变系统。在图像退化程度不太严重时，利用线性位移不变系统可以得到较满意的结果。

在线性位移不变系统模型的假设下，退化模型可以表示为以下几种形式：
- 不考虑加性噪声时，图像退化可以表达为：
$$g(x,\ y) = f(x,\ y) * h(x,\ y) \tag{5-2}$$
- 考虑加性噪声时，图像退化可以表达为：
$$g(x,\ y) = f(x,\ y) * h(x,\ y) + n(x,\ y) \tag{5-3}$$
其中，$f(x,\ y)$ 与 $h(x,\ y)$ 在时域内的卷积等同于在频域内的乘积，即：
$$G(u,\ v) = F(u,\ v)H(u,\ v) + N(u,\ v) \tag{5-4}$$
使用线性位移不变系统进行图像复原的优点是：
- 可以运用许多数学工具求解图像复原问题，简化问题处理的复杂度。
- 使计算大为简化，能够快速恢复图像。

5.3　典型的图像复原方法

图像复原可以在空间域中进行，也可以在频率域中进行。常用方法有两类：
- 在对图像缺乏先验知识的情况下，可对退化过程（模糊和噪声）建立模型进行描述，进而寻找一种去除或削弱其影响的过程。这是一种估计的方法。
- 在对图像有足够的先验知识的情况下，可以对原始图像建立数学模型，然后对退化图像进行拟合，从而取得更好的复原效果。

经典的图像复原方法有逆滤波法、维纳滤波法、最大熵恢复法、卡尔曼滤波法和传播波方程恢复法等。
- 逆滤波法。逆滤波法在没有噪声的情况下，可精确地复原图像。但是，在有噪声的情况下，会对复原图像产生严重的影响。
- 维纳滤波法。维纳滤波法基于复原后的图像与原始图像之间的均方误差最小化，通过选择变换函数，同时使用图像和噪声的统计信息实现的。但是，维纳滤波法需要较多的图像先验知识，在实际应用中具有较大难度。
- 最大熵恢复法。最大熵恢复法是利用优化方法复原图像，其按照准则函数在最大熵的情况下得到图像复原的最优解。这种算法不需要对图像的先验知识做更多假设，但是作为一种非线性算法，在数值求解上比较困难，通常只能用极为耗时的迭代算法，计算量巨大。

- 卡尔曼滤波法。卡尔曼滤波法是一种基于最小方差估计的递推式滤波方法,根据前一个估计值和最近一个观测数据来估计信号的当前值,是状态空间模型的状态矢量估计的一种有效方法。但在实际应用中,由于计算量过大,限制了应用的效果。
- 传播波方程恢复法。传播波方程恢复法是一种基于数学物理方程的方法,利用一维传播波方程来描述匀速水平运动形成的模糊图像,从而实现对匀速直线运动模糊图像的有效恢复。这种方法的优点是可以利用物理学方面的知识进行复原,更符合实际,但是存在着对于运动方向敏感的问题。

5.4 退化函数估计方法

退化函数估计方法是指利用估计方法,对于退化过程(模糊和噪声)建立模型并进行描述。主要的退化函数估计方法包括图像观察估计法、试验估计法和模型估计法。

5.4.1 图像观察估计法

图像观察估计法是在没有退化函数 $H(x, y)$ 的先验知识的情况下,通过收集图像自身的信息来估计退化函数的方法,主要是通过寻找简单结构的子图像或者受噪声影响小的子图像来估计函数 $H(x, y)$。

首先要构造一个和观察图像 $g_s(x, y)$ 具有相同大小和特性的估计图像 $\hat{f}_s(x, y)$,它们对应的傅里叶变换分别为 $G_s(u, v)$ 和 $\hat{F}_s(u, v)$。利用下面的公式计算 $H_s(u, v)$:

$$H_s(u, v) = \frac{G_s(u, v)}{\hat{F}_s(u, v)} \tag{5-5}$$

由 $H_s(u, v)$ 可以推导出完全函数 $H(u, v)$,再经傅里叶反变换得到 $H(x, y)$。

5.4.2 试验估计法

试验估计法是构造一个和退化图像成像相似的装置,通过对一个冲激(小亮点)成像进行退化处理,进一步分析得到退化的冲激响应函数,再实现较准确的退化估计。冲激响应为:

$$H(u, v) = \frac{G(u, v)}{A} \tag{5-6}$$

其中,$G(u, v)$ 是退化图像的傅里叶变换,A 是一个描述冲激强度的傅里叶变换(常量)。图 5-3 所示为一个亮点冲激及退化后的冲激。

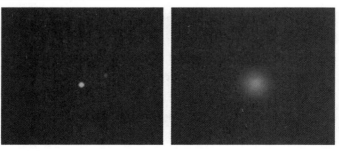

图 5-3 亮点冲激及退化后的冲激

5.4.3　模型估计法

模型估计法是指考虑引起退化的环境因素，建立系统的退化模型。例如，如果考虑大气湍流的物理特性，可以建立如下模型：

$$H(u, v) = e^{-k(u^2+v^2)^{\frac{5}{6}}}$$

(5-7)

其中，k 为常数，与湍流特性相关。

模型估计的另一种方法是根据基本原理推导数学模型。例如，考虑基于物理的运动模型，可以建立基于匀速直线运动规律的退化函数，然后利用退化后的图像估计直线运动的规律，从而确定系统的 $H(u, v)$ 函数。

5.5　逆滤波复原及其实现方法

5.5.1　逆滤波复原基础

逆滤波复原是最早使用的一种无约束复原方法，根据退化系统的冲激响应函数 $h(x, y)$ 和噪声函数的分析，在误差最小的情况下，利用它们的傅里叶变换 $H(u, v)$ 和 $n(u, v)$ 进行估计，如式(5-8)所示。

$$\hat{F}(u, v) = \frac{G(u, v)}{H(u, v)} = F(u, v) + \frac{n(u, v)}{H(u, v)}$$

(5-8)

其中，$G(u, v)$ 为退化图像的傅里叶变换，$n(u, v)$ 表示噪声，可以用随机函数产生，$\hat{F}(u, v)$ 为原始图像的傅里叶变换的估计。

在计算得到 $\hat{F}(u, v)$ 后，再求 $\hat{F}(u, v)$ 反变换，即可得到复原的图像。图 5-4b 是利用逆滤波对图 5-4a 进行复原的结果。

 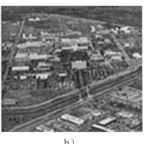

a)　　　　　　　　　　　　b)

图 5-4　逆滤波的复原结果

逆滤波复原的步骤如下。

1）对于退化图像 $g(x, y)$，求二维傅里叶变换 $G(u, v)$。

2）计算系统冲激响应函数 $h(x, y)$ 的二维傅里叶变换 $H(u, v)$。

3）用 $n(u, v)$ 产生随机噪声。

4）用式(5-8)计算 $\hat{F}(u, v)$。

5）对 $\hat{F}(u, v)$ 计算傅里叶反变换，即得到复原后的图像。

逆滤波复原的优点是形式简单，适用于极高信噪比条件下的图像复原；缺点是求解的计算量很大，需要根据需要进行简化。逆滤波复原对于没有被噪声污染的图像很有效。但是在实际应用中，当噪声较大时，该算法对噪声有放大作用，因此需要人为进行修正，以降低不稳定性。

5.5.2 逆滤波复原的实现方法

【例 5-1】逆滤波复原算法。

Python 实现

```python
import matplotlib.pyplot as graph
import numpy as np
from numpy import fft
import math
import cv2

# 仿真运动模糊
def motion_process(image_size, motion_angle):
    PSF = np.zeros(image_size)
    print(image_size)
    center_position = (image_size[0] - 1) / 2
    print(center_position)

    slope_tan = math.tan(motion_angle * math.pi / 180)
    slope_cot = 1 / slope_tan
    if slope_tan <= 1:
        for i in range(15):
            offset = round(i * slope_tan)   # ((center_position-i) * slope_tan)
            PSF[int(center_position + offset), int(center_position - offset)] = 1
        return PSF / PSF.sum()
    else:
        for i in range(15):
            offset = round(i * slope_cot)
            PSF[int(center_position - offset), int(center_position + offset)] = 1
        return PSF / PSF.sum()
# 对图片进行运动模糊
def make_blurred(input, PSF, eps):
    input_fft = fft.fft2(input)                          # 进行二维数组的傅里叶变换
    PSF_fft = fft.fft2(PSF) + eps
    blurred = fft.ifft2(input_fft * PSF_fft)
    blurred = np.abs(fft.fftshift(blurred))
    return blurred


def inverse(input, PSF, eps):                           # 逆滤波
    input_fft = fft.fft2(input)
    PSF_fft = fft.fft2(PSF) + eps                        # 噪声功率,这是已知的,考虑 Epsilon
    result = fft.ifft2(input_fft / PSF_fft)             # 计算 F(u,v) 的傅里叶反变换
    result = np.abs(fft.fftshift(result))
    return result
image = cv2.imread('lenna.png')
image = cv2.cvtColor(image, cv2.COLOR_BGR2GRAY)
img_h = image.shape[0]
img_w = image.shape[1]
graph.figure(1)
graph.xlabel("Original Image")
graph.gray()
graph.imshow(image)                                     # 显示原图像
```

```
graph.figure(2)
graph.gray()
# 进行运动模糊处理
PSF = motion_process((img_h, img_w), 60)
blurred = np.abs(make_blurred(image, PSF, 1e-3))

graph.subplot(221)
graph.xlabel("Motion blurred")
graph.imshow(blurred)

result = inverse(blurred, PSF, 1e-3)                    # 逆滤波
graph.subplot(222)
graph.xlabel("inverse deblurred")
graph.imshow(result)

blurred_noisy = blurred + 0.1 *blurred.std() *
np.random.standard_normal(blurred.shape)
# 添加噪声,standard_normal 产生随机的函数

graph.subplot(223)
graph.xlabel("motion & noisy blurred")
graph.imshow(blurred_noisy)                             # 显示添加噪声且运动模糊的图像
result = inverse(blurred_noisy, PSF, 0.1 + 1e-3)       # 对添加噪声的图像进行逆滤波
graph.subplot(224)
graph.xlabel("inverse deblurred")
graph.imshow(result)
graph.show()
```

Matlab 实现

```
% 逆滤波复原
I = imread('house.bmp');
L = 10;
T = 10;
PSF = fspecial('motion',L,T);
Blurred = imfilter(I,PSF,'circular','conv');
subplot(2,2,1),imshow(I)
subplot(2,2,2),imshow(Blurred);
R = deconvwnr(Blurred,PSF);
subplot(2,2,3),imshow(R);
```

5.6　维纳滤波复原及其实现方法

5.6.1　维纳滤波复原基础

维纳滤波复原是假定图像信号可近似看作平稳随机过程，综合考虑退化函数和噪声统计特征两个因素来设计滤波器，使复原后的图像与原始图像之间的均方误差最小，即

$$E\{[\hat{f}(x, y) - f(x, y)]^2\} = \min \tag{5-9}$$

其中，$f(x, y)$ 为原图像(退化图像)，$\hat{f}(x, y)$ 为复原后的图像。

在频域中，图像的维纳滤波复原公式如下：

$$\hat{F}(u,v)=\left[\frac{1}{H(u,v)}\times\frac{|H(u,v)|^2}{|H(u,v)|^2+\dfrac{S_n(u,v)}{S_f(u,v)}}\right]G(u,v) \qquad (5\text{-}10)$$

其中，$G(u,v)$是退化图像的傅里叶变换，$H(u,v)$是冲激响应函数的傅里叶变换，$S_n(u,v)=|N(u,v)|^2$为噪声的功率谱，$S_f(u,v)=|F(u,v)|^2$为退化图像的功率谱。

图 5-5 是利用维纳滤波进行复原的结果，从图中可以看出，该方法可以得到满意的复原结果。

图 5-5　维纳滤波复原的结果

维纳滤波复原的步骤如下。

1）对退化图像 $g(x,y)$ 求二维傅里叶变换 $G(u,v)$。

2）计算系统冲激响应 $h(x,y)$ 的二维傅里叶变换 $H(u,v)$。

3）计算噪声图像的功率谱 $S_n(u,v)$ 和退化图像的功率谱 $S_f(u,v)$。

4）利用式(5-10)计算 $\hat{F}(u,v)$。

5）对 $\hat{F}(u,v)$ 进行傅里叶反变换，即得到复原图像。

维纳滤波复原法有下列特点：

● 当 $H(u,v)\rightarrow0$ 或幅值很小时，分母不为零，不会造成严重的运算误差。

● 在信噪比高的区域，即 $S_f(u,v)\gg S_n(u,v)$ 时，$\hat{F}(u,v)=\dfrac{1}{H(u,v)}G(u,v)$。

● 在信噪比很小的区域，即 $S_f(u,v)/S_n(u,v)=|H(u,v)|$ 时，$\hat{F}(u,v)=0$。

维纳滤波复原方法由于对所有误差采取相同权处理的原则，没有体现出不同区域的误差敏感性，也不能处理非平稳信号和噪声的问题。

5.6.2　维纳滤波复原的实现方法

【例 5-2】维纳滤波复原算法。

Python 实现

```
import math
import cv2 as cv
import matplotlib.pyplot as plt
import numpy as np

# 模糊核生成
```

```python
def get_motion_dsf(image_size, motion_dis, motion_angle):
    PSF = np.zeros(image_size)  # 点扩散函数
    x_center = (image_size[0] - 1) / 2
    y_center = (image_size[1] - 1) / 2

    sin_val = math.sin(motion_angle * math.pi / 180)
    cos_val = math.cos(motion_angle * math.pi / 180)

    # 将对应角度上 motion_dis 个点置为 1
    for i in range(motion_dis):
        x_offset = round(sin_val * i)
        y_offset = round(cos_val * i)
        PSF[int(x_center - x_offset), int(y_center + y_offset)] = 1
    return np.fft.fft2(PSF / PSF.sum())


# 维纳滤波
def wiener(f, PSF, K=0.01):  # 维纳滤波, K=0.01
    input_fft = np.fft.fft2(f)
    PSF_fft_1 = np.conj(PSF) / (np.abs(PSF) ** 2 + K)
    result = np.fft.ifftshift(np.fft.ifft2(input_fft * PSF_fft_1))
    return result.real
def show(f, s, a, b, c):
    plt.subplot(a, b, c)
    plt.imshow(f, "gray")
    plt.axis('on')
    plt.title(s)
def main():
    f = plt.imread("lenna.png")
    f = cv.cvtColor(f, cv.COLOR_RGB2GRAY)
    # 生成倒谱图
    ft = np.fft.fft2(f)
    ift = np.fft.fftshift(np.abs(np.fft.fft2(np.log(ft + 1e-3))))
    logF = np.log(ift + 1e-3)
    plt.figure()
    show(f, "original", 1, 2, 1)
    show(logF, "cepstrum", 1, 2, 2)
    plt.show()

    line = cv.HoughLinesP(ift.astype(np.uint8), 1, np.pi / 180, 20, 0, 25, 0)
    l = []
    for i in range(len(line)):
        r = np.power((line[i][0][2] - line[i][0][0]) ** 2 +
            (line[i][0][3] - line[i][0][1]) ** 2, 0.5)
        theta = math.atan2(line[i][0][3] - line[i][0][1],
            line[i][0][2] - line[i][0][0]) / math.pi * 180.
        if 20 < r < 50 and 30 < theta < 60:
            l.append((r, -theta))

    # 使用局部光滑区域拉普拉斯变换确定最优运动模糊核长度和角度
    vars = []
    kernel = np.array([0, -1, 0, -1, 4, -1, 0, -1, 0]).reshape(3, 3)
    for k in l:
        r, theta = k
        PSF = get_motion_dsf(f.shape, int(r), int(theta))
        rf = wiener(f, PSF)
```

```python
    temp = rf[425:450, 325:350]
    for i in range(1, temp.shape[0] - 1):
        for j in range(1, temp.shape[1] - 1):
            temp[i, j] = np.abs(np.sum(temp[i - 1:i + 2, j - 1:j + 2] * kernel))
    vars.append(np.sum(temp))
r, theta = l[vars.index(min(vars))]
print(r)
print(theta)

PSF = get_motion_dsf(f.shape, int(r), int(theta))
plt.figure()
show(f, "f", 1, 2, 1)
show(wiener(f, PSF), "restoreImage", 1, 2, 2)
plt.show()
```

Matlab 实现

```matlab
% 维纳滤波
I = imread('lena.bmp');
N = 0.1*randn(size(I));                          % 创建一个棋盘图像
PSF = fspecial('motion',21,11);                  % 产生随机噪声
BlurredNoisy = imfilter(I,PSF,'circular');
NP = abs(fftn(N)).^2;                            % 添加噪声
NPOW = sum(NP(:))/prod(size(N));                 % 噪声功率
NCOR = fftshift(real(ifftn(NP)));                % 噪声的自相关
IP = abs(fftn(I)).^2;
IPOW = sum(IP(:))/prod(size(I));                 % 原始图像功率
ICOR = fftshift(real(ifftn(IP)));
ICOR1 = ICOR(:,ceil(size(I,1)/2));               % 图像的自相关
NSR = NPOW/IPOW;
% 信噪比
subplot(2,2,1);imshow(BlurredNoisy,[]);
title('模糊和噪声图像');
subplot(2,2,2);
R = deconvwnr(BlurredNoisy,PSF,NSR);
imshow(R,[]); % 常数比率维纳斯滤波
title('deconvwnr(A,PSF,NSR)');
subplot(2,2,3);
R = deconvwnr(BlurredNoisy,PSF,NCOR,ICOR);
imshow(R,[]);% 使用自相关的维纳斯滤波
title('deconvwnr(A,PSF,NCORR,ICORR)');
subplot(224);
R = deconvwnr(BlurredNoisy,PSF,NPOW,ICOR1);
imshow(R,[]);
title('deconvwnr(A,PSF,NPOW,ICORR_1_D)');
```

5.7 噪声模型

数字图像中的噪声来自图像采样以及传输过程的各个阶段。例如，在采样过程中，传感器的质量问题以及传输过程的噪声干扰都可以导致图像退化。常见的噪声包括高斯噪声、瑞利噪声、伽马噪声(即爱尔兰噪声)、指数噪声、均匀噪声和脉冲(椒盐)噪声。不同噪声的模型实例和概率密度函数分布如图 5-6 和图 5-7 所示。

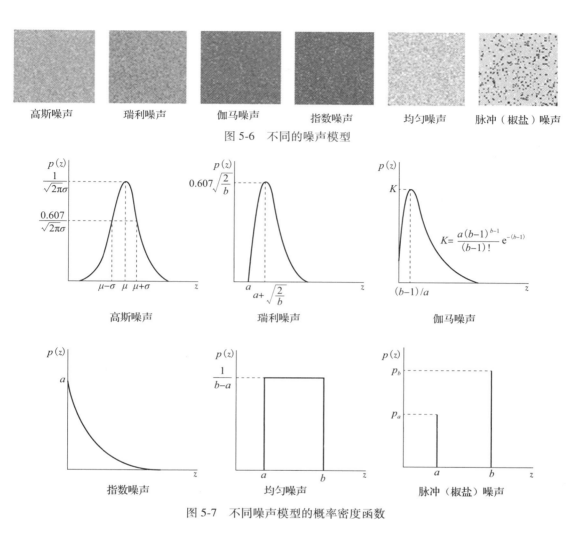

图 5-6　不同的噪声模型

图 5-7　不同噪声模型的概率密度函数

通常，不同的成像过程会产生不同的噪声，因此在图像复原中需要考虑具体的应用领域：

- 高斯噪声适用于电子电路、低照明及高温引起的传感器噪声图像。
- 瑞利噪声适用于具有特征化噪声的图像。
- 伽马分布及指数分布的模型适用于激光成像引起的噪声图像。
- 脉冲噪声适用于成像中开关操作的误操作引起的噪声等。

5.8　空域滤波复原

不同类型的噪声需要不同的滤波器来消除，常用的空域滤波器有均值滤波器、统计滤波器和自适应滤波器。

5.8.1　均值滤波器

均值滤波器包括算术均值滤波器、几何均值滤波器、谐波均值滤波器和逆谐波均值滤波器。假设 $g(s,t)$ 为空域图像，S_{xy} 为 $m \times n$ 像素的检测窗口，Q 为常量，则不同滤波器分别表示如下所示。

1. 算术均值滤波器

算术均值滤波器是最简单的一种滤波器，计算公式如下：

$$\hat{f}(x,y) = \frac{1}{mn} \sum_{(s,t) \in S_{xy}} g(s,t) \tag{5-11}$$

算术均值滤波器可以消除噪声以实现简单的平滑，但会使图像变得模糊。

2. 几何均值滤波器

使用几何均值滤波器进行图像复原的公式为：

$$\hat{f}(x,y) = \left[\prod_{(s,t) \in S_{xy}} g(s,t) \right]^{\frac{1}{mn}} \tag{5-12}$$

相对于算术均值滤波器，几何均值滤波器能达到较好的平滑效果，而且在滤波过程中丢失的图像细节更少。

3. 谐波均值滤波器

使用谐波均值滤波器进行图像复原的公式如下：

$$\hat{f}(x,y) = \frac{mn}{\sum_{(s,t) \in S_{xy}} \frac{1}{g(s,t)}} \tag{5-13}$$

谐波均值滤波器对于高斯噪声和盐噪声的处理效果比较好，但是不适用于椒噪声。

4. 逆谐波均值滤波器

使用逆谐波均值滤波器进行图像复原的公式如下：

$$\hat{f}(x,y) = \frac{\sum_{(s,t) \in S_{xy}} g(s,t)^{Q+1}}{\sum_{(s,t) \in S_{xy}} g(s,t)^{Q}} \tag{5-14}$$

其中，Q 是滤波和调整的阶数，会影响去噪的效果。Q 为正，会消除椒噪声；Q 为负，会消除盐噪声。图 5-8 是利用逆谐波均值滤波器去噪的效果示意图。

a）带椒噪声的图像   b）$Q=1.5$的结果   c）带盐噪声的图像   d）$Q=-1.5$的结果

图 5-8　逆谐波均值滤波器的去噪效果

5.8.2　统计滤波器

统计滤波器是对图像中像素的邻域像素按照灰度值、颜色值进行排序，然后利用统计方法进行滤波处理。常用的统计滤波器有中值滤波器、最大值/最小值滤波器、中点滤波器。

● 中值滤波器：用该像素相邻像素的灰度中值来代替该像素的值。中值滤波器不会产生过分平滑，尤其对于处理椒盐噪声非常有用。

- 最大值/最小值滤波器：用该像素邻域像素的最大值/最小值来代替该像素的值。其中，最大值滤波器对于椒噪声具有良好的处理效果，而最小值滤波器对于盐噪声具有良好的处理效果。
- 中点滤波器：用邻域范围内最大值和最小值之间的中点来代替该像素的值，对于高斯和均匀随机分布噪声有较好的处理效果。

5.8.3　自适应滤波器

自适应滤波器能够根据输入信号自动调整性能来进行滤波。它主要依据邻域内图像的统计特征和不同像素的差异来调整滤波器的参数，从而改变滤波器的行为。

常用的自适应中值滤波器可以处理具有大概率密度的脉冲噪声和非脉冲噪声，以便在平滑噪声的同时保留图像的细节。当脉冲噪声密度不大时，普通中值滤波器的性能非常好；而当脉冲噪声密度增大时，由于采用固定邻域尺寸的窗口进行去噪，因此不能满足去噪性能的要求。自适应中值滤波器可以根据实际情况调整邻域窗口的大小，从而保证去噪的性能。

假设有以下一些符号约定：

- 邻域 S 内图像灰度的最小值表示为 Z_{min}。
- 邻域 S 内图像灰度的最大值表示为 Z_{max}。
- 邻域 S 内图像灰度的中值表示为 Z_{med}。
- 点 $f(x, y)$ 的灰度值表示为 Z_{xy}。
- 邻域 S 允许的最大尺寸表示为 S_{max}。

则自适应中值滤波器算法可分为如下两个步骤进行。

1）计算 $A_1 = Z_{med} - Z_{min}$ 以及 $A_2 = Z_{med} - Z_{max}$，如果 $A_1 > 0$ 且 $A_2 < 0$，转去执行步骤 2；否则增加窗口尺度，如果窗口尺寸 $\leq S_{max}$，则重复步骤 1，否则输出 Z_{xy}。

2）计算 $B_1 = Z_{xy} - Z_{min}$ 和 $B_2 = Z_{xy} - Z_{max}$，如果 $B_1 > 0$ 且 $B_2 < 0$，输出 Z_{xy}，否则输出 Z_{med}。

图 5-9 是利用自适应中值滤波器去噪的例子，从图中可以看出，自适应中值滤波器具有很好的滤波效果。

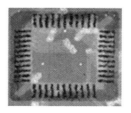

图 5-9　自适应中值滤波器去噪的结果

习题

一、基础知识

1. 图像复原和图像增强有什么区别？请举例说明。
2. 常见的图像退化原因有哪些？
3. 简述维纳滤波复原的基本原理和步骤。
4. 简述逆滤波复原的基本原理和步骤。
5. 试分别用维纳滤波器、逆滤波滤波器和均值滤波器对图像进行复原，并对结果进行比较。

6. 常见的噪声模型包括哪几种？

7. 在空域滤波复原中，常用的空域滤波器有哪几种？

8. 说明如何利用谐波均值滤波器进行空域滤波处理。

9. 说明如何利用统计滤波器进行空域滤波处理。

10. 自适应中值滤波器适合处理哪类噪声？为什么？

二、算法实现

1. 阅读如下代码，并说明代码实例中是如何进行滤波处理的。

```python
def wiener_filter(img, kernel, K):
kernel /= np.sum(kernel)
dummy = np.copy(img)
dummy = fft2(dummy)
kernel = fft2(kernel, s = img.shape)
kernel = np.conj(kernel) / (np.abs(kernel) **2 + K)
dummy = dummy * kernel
dummy = np.abs(ifft2(dummy))
return dummy
```

2. 阅读如下代码，并说明代码实例中是如何进行中值滤波处理的。

```python
def median_filter(data, kernel_size):
    temp = []
    indexer = kernel_size // 2
    data_final = []
    data_final = np.zeros((len(data),len(data[0])))
    for i in range(len(data)):
        for j in range(len(data[0])):
            for z in range(kernel_size):
                if i + z - indexer < 0 or i + z - indexer > len(data) - 1:
                    for c in range(kernel_size):
                        temp.append(0)
                else:
                    if j + z - indexer < 0 or j + indexer >len(data[0]) - 1:
                        temp.append(0)
                    else:
                        for k in range(kernel_size):
                            temp.append(data[i+z-indexer][j + k - indexer])

            temp.sort()
            data_final[i][j] = temp[len(temp) // 2]
            temp = []
    return data_final
```

3. 对于上述第 1 题和第 2 题中的滤波算法进行运行和调试，并对比所得的滤波结果。

三、知识拓展

查阅资料，了解图像复原处理的相关知识，并简单介绍超分辨率复原的知识。

第6章 彩色图像处理

6.1 人类视觉对色彩的感知与色彩空间

数字图像中包含丰富的色彩信息，在数字图像处理的过程中，利用彩色图像很容易将物体识别出来或者对图像的信息进行增强。因此，可以根据人类的视觉感知特性，实现对图像色彩的感知和有效处理。实际上，颜色信息与人类生理视觉感知有关。可见光经过环境相互作用后到达人眼，并经过一系列转化，变为人脑所能处理的电磁脉冲的结果，最终形成感知。

从光学角度来看，人眼能够感知可见光，颜色是由人眼捕获的某些波长的电磁波再经过感知得到的结果。实际上，光是由不同波段的光谱组成的，各种波长的光按照不同的比例混合，形成不同的颜色。相反，复色光经色散分光后，可以形成不同波长的光波序列。不同波长的光作用于视觉，引起不同的刺激结果，如短波光的能量较大时呈现蓝色，反之呈现红色，进而人眼感知到不同的色彩。牛顿利用三棱镜证明了白光是所有可见光的组合，如图 6-1 所示。

图 6-1　三棱镜实验中白光的分解

1. RGB 色彩模型

RGB 色彩模型是最常见的一种色彩模型，以红（Red）、绿（Green）、蓝（Blue）作为三维空间的基。RGB 色彩模型可以用三维空间中的一个单位立方体来表示，如图 6-2 所示。单位立方体的顶点表示各原色量的 RGB 颜色，顶点 (0, 0, 0) 为黑色，(1, 1, 1) 为白色，主对角线呈现由黑到白的灰度渐变，产生由暗到亮的颜色效果。

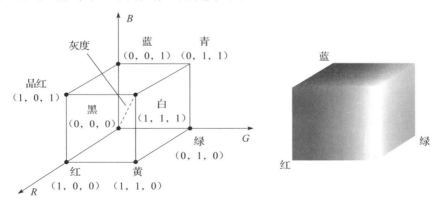

图 6-2　RGB 色彩模型示意图

在 RGB 色彩模型中，所有颜色都可被看作三种基本颜色的混合：

$$C = \alpha(R) + \beta(G) + \gamma(B) \tag{6-1}$$

其中，α、β、γ 是红、绿、蓝三种成分的比例，称为三色系数。

RGB 色彩模型主要应用于彩色电影、电视、测色计中。

实际应用中,经常需要将彩色图像转换为灰度图像,转换关系由不同的标准、规范决定。假设 Y 表示灰度(强度)信息,在 NTSC 美制电视亮度规范中,灰度与红绿蓝三色光的关系为:

$$Y=0.299\alpha+0.587\beta+0.114\gamma \tag{6-2}$$

在 PAL 电视亮度规范中,灰度与红绿蓝三色光的关系为:

$$Y=0.222\alpha+0.707\beta+0.071\gamma \tag{6-3}$$

在一些应用中,有时只需考虑 R、G、B 之间的比例关系,这时可以使用规范化 RGB 颜色空间,即

$$r=\frac{\alpha}{\alpha+\beta+\gamma},\quad g=\frac{\beta}{\alpha+\beta+\gamma},\quad b=\frac{\gamma}{\alpha+\beta+\gamma} \tag{6-4}$$

其中,r、g、b 称为色度坐标,在任意两个坐标独立的情况下,第三个分量可以利用前两个分量求得。

2. CMY 色彩模型

CMY 色彩模型以青色(Cyan)、品红(Magenta)、黄色(Yellow)为三基色,如图 6-3 所示。

CMY 色彩模型也可以用正方体表示。正方体的顶点分别表示红、黄、绿、青、蓝、品红。正方体的顶点(1,1,1)为黑色,(0,0,0)为白色,主对角线呈现由白到黑的渐变,产生由亮到暗的灰度变化。

在 RGB 颜色空间中,颜色的形成是由黑到白的增色处理过程,用于屏幕的彩色输出。在 CMY 颜色空间中,颜色的形成是由白到黑的减色处理过程,故称为减色原色空间,主要用于绘图和打印的彩色输出。

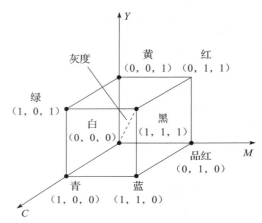

图 6-3 CMY 色彩模型示意图

3. HSV 与 HSI 色彩模型

HSV(Hue Saturation Value)色彩模型是根据色调(Hue)、饱和度(Saturation)和纯度(Value)建立的色彩模型,如图 6-4 所示。当使用强度(Intensity)、明度(Brightness)或亮度(Lightness)等代替纯度时,就称为 HSI、HSB 或 HSL 色彩模型。下面以 HSI 色彩模型为例加以介绍。

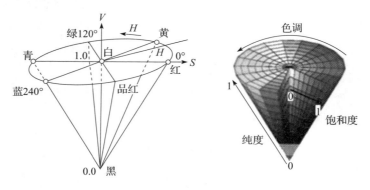

图 6-4 HSV 色彩模型

在 HSI 色彩模型中，色调、饱和度分量符合人类感受颜色的方式，进行颜色解释和说明时更直观和自然。

- 色调：又称为色相，是当人眼看到一种或几种波长的光时所产生的彩色感觉，它反映颜色的种类。

色调用某颜色点和强度轴连线与红颜色轴间的角度表示，反映了该颜色最接近红光的程度，或者其波长与红光谱波长间的差。图 6-5 给出了不同色调的实例。从图中可以看出，红色的色调为 0°，绿色的色调为 120°，蓝色的色调为 240°。

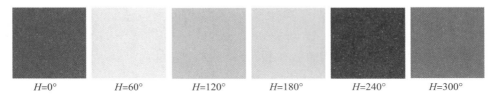

$H=0°$　　　$H=60°$　　　$H=120°$　　　$H=180°$　　　$H=240°$　　　$H=300°$

图 6-5　不同色调的实例

- 饱和度：指颜色的纯度，可以用于区别颜色的深浅程度。混入的白光越少，饱和度越高，颜色越鲜明。色饱和度由彩色点到灰度轴（或平面色环的原点）的距离决定。

品红颜色不同饱和度的实例如图 6-6 所示。

$S=0$　　　$S=1/4$　　　$S=1/2$　　　$S=1$

图 6-6　品红颜色不同饱和度的实例

- 强度（或灰度）：强度是视觉系统对可见物体辐射或者发光多少的感知属性。强度表示光照强度，确定了像素的整体亮度，而不管颜色是什么。

通常把色调和饱和度称为色度，强度表示颜色的明亮程度，而色度表示颜色的类别及深浅程度。

4. 各种色彩空间之间的转换

（1）RGB 空间到 HSI 空间的变换

假设 RGB 空间中任意颜色的三个分量分别为 R、G、B，并且已经归一化，那么该颜色在 HSI 空间中的归一化坐标可以利用下面的公式求得：

$$\begin{cases} I = \dfrac{1}{\sqrt{3}}(R+G+B) \\[2mm] S = 1 - \dfrac{3\min(R,\ G,\ B)}{R+G+B} \\[2mm] \theta = \cos^{-1}\left[\dfrac{\dfrac{1}{2}\left[(R-G)+(R-B)\right]}{\sqrt{(R-G)^2+(R-B)(G-B)}}\right] \\[2mm] H = \begin{cases} \theta & G \geqslant B \\ 2\pi-\theta & G < B \end{cases} \end{cases} \qquad (6\text{-}5)$$

（2）HSI 空间到 RGB 空间的变换

假设 HSI 空间中任意颜色的三个分量分别为 H、S、I，并且已经归一化，那么该颜色在 RGB 空间中的归一化坐标可以利用下面的公式求得。

当 $0° \le H \le 120°$ 时，RGB 空间颜色的计算公式为：

$$\begin{cases} R = \dfrac{1}{\sqrt{3}} \left[1 + \dfrac{S\cos(H)}{\cos(60-H)} \right] \\ B = \dfrac{1}{\sqrt{3}}(1-S) \\ G = \sqrt{3}I - R - B \end{cases} \tag{6-6}$$

当 $120° < H \le 240°$ 时，RGB 空间颜色的计算公式为：

$$\begin{cases} R = \dfrac{1}{\sqrt{3}} \left[1 + \dfrac{S\cos(H-120)}{\cos(180-H)} \right] \\ B = \dfrac{1}{\sqrt{3}}(1-S) \\ G = \sqrt{3}I - R - B \end{cases} \tag{6-7}$$

当 $240° < H < 300°$ 时，RGB 空间颜色的计算公式为：

$$\begin{cases} R = \dfrac{1}{\sqrt{3}} \left[1 + \dfrac{S\cos(H-240)}{\cos(300-H)} \right] \\ B = \dfrac{1}{\sqrt{3}}(1-S) \\ G = \sqrt{3}I - R - B \end{cases} \tag{6-8}$$

当 $H \ge 300°$ 时，为非可见光，因此没有定义。

（3）RGB 空间到 CMY 空间的变换

在使用规范化颜色空间时，RGB 色彩空间颜色与 CMY 色彩空间颜色之间的对应关系为：

$$\begin{bmatrix} C \\ M \\ Y \end{bmatrix} = \begin{bmatrix} 1 \\ 1 \\ 1 \end{bmatrix} - \begin{bmatrix} R \\ G \\ B \end{bmatrix} \tag{6-9}$$

6.2 RGB 彩色图像的特效处理

RGB 彩色图像中，红、绿、蓝三原色之间是相互独立的，任何一种颜色都不能由其余两种颜色来合成。24 位真彩色图像中，每个像素的红、绿、蓝分量各占一个字节，共占有 24 位存储空间，因此可以表示的颜色数目为 2^{24} 种。

1. 灰度化方法

RGB 彩色图像可以通过下面的公式转换为 256 个灰度等级的灰度图像：

$$\text{Gray}(i, j) = 0.299R + 0.587G + 0.114B \tag{6-10}$$

图 6-7 是彩色图像的灰度化处理的实例。

2. 彩色图像的取反处理

有时，为了突出彩色图像的某些细节特征，会采用图像的取反处理。具体方法是，用 255

分别减去当前像素的蓝、绿、红三个分量值，将得到的结果作为该像素的蓝、绿、红三个分量值。图 6-8 所示即为彩色图像取反处理的结果。

图 6-7 彩色图像的灰度化处理

图 6-8 彩色图像取反处理

【例 6-1】彩色图像取反处理的实例。

Python 实现

```
import cv2
# OpenCV 读取图像
img = cv2.imread('8_1.png', 1)
cv2.imshow('img', img)
img_shape = img.shape   # 图像大小(256, 256, 3)
print(img_shape)
h = img_shape[0]
w = img_shape[1]
# 最大图像灰度值减去原图像,即可得到取反的图像
dst = 255 - img
cv2.imshow('dst', dst)
cv2.waitKey(0)
```

Matlab 实现

```
% 读取图像
I = imread('sag.bmp');
figure;imshow(I);
% 将图像转换为灰度图像
J = rgb2gray(I);
figure;imshow(J);
% 取反处理
I = imread('house.bmp');
```

```
I=double(I);
[w h] = size(I);
h = h./3;
R=I(:,:,1); G=I(:,:,2); B=I(:,:,3);
for x = 1:w
for y = 1:h
    R(x,y) = 255 - R(x,y);
    G(x,y) = 255 - G(x,y);
    B(x,y) = 255 - B(x,y);
end
end
J=cat(3,R,G,B);
figure;imshow(J);
```

3. 彩色图像的马赛克处理

彩色图像的马赛克处理方法是将图像划分为若干小块，每块内的像素都取相同的颜色值，从而对某些细节进行模糊化处理。

例如，要对 3×3 的矩阵区域进行马赛克处理。假设原来的图像表示为 $f(x,y)$，处理后的图像用 $g(x,y)$ 表示，那么处理方法为：

$$g(x,y)=\frac{1}{9}\sum_{i=-1}^{1}\sum_{j=-1}^{1}f(x+i,y+j) \tag{6-11}$$

$$g(x+m,y+n)=g(x,y) \quad (-1\leqslant m\leqslant 1, -1\leqslant n\leqslant 1) \tag{6-12}$$

图 6-9 是对彩色图像进行马赛克处理的结果。

图 6-9　彩色图像的马赛克处理

【例 6-2】彩色图像的马赛克处理实例。

Python 实现：方法 1

```
import cv2
import numpy as np
face_location = [0, 0, 504, 504]   # x1,y1,x2,y2,x1,y1 为人脸左上角点,x2,y2 为人脸右下角点
img = cv2.imread('8_3.png')                # OpenCV 读取的是 BGR 数组
# 正规马赛克
def do_mosaic(img1, x, y, w, h, neighbor=9):
    img = img1.copy()
    for i in range(0, h, neighbor):
        for j in range(0, w, neighbor):
            rect = [j + x, i + y]
            color = img[i + y][j + x].tolist()   # 关键点 1,tolist
            left_up = (rect[0], rect[1])
            x2 = rect[0] + neighbor - 1         # 关键点 2,减去一个像素
            y2 = rect[1] + neighbor - 1
```

```
            if x2 > x + w:
                x2 = x + w
            if y2 > y + h:
                y2 = y + h
            right_down = (x2, y2)
            cv2.rectangle(img, left_up, right_down, color, -1)    # 替换为一个颜色值

    return img
x = face_location[0]
y = face_location[1]
w = face_location[2] - face_location[0]
h = face_location[3] - face_location[1]
img_mosaic = do_mosaic(img, x, y, w, h, neighbor=15)
img_mosaic1 = do_mosaic(img, x, y, w, h, neighbor=10)
img_mosaic2 = do_mosaic(img, x, y, w, h, neighbor=5)
img_mosaic3 = do_mosaic(img, x, y, w, h, neighbor=20)
cv2.imshow("15",img_mosaic)
cv2.imshow("10",img_mosaic1)
cv2.imshow("5",img_mosaic2)
cv2.imshow("20",img_mosaic3)
cv2.waitKey(0)
```

Python 实现：方法 2

```
import numpy as np
from skimage import io
import matplotlib.pyplot as plt

size1 = [5,10,20,40]

img1 = io.imread('8_3.png')
plt.imshow(img1)
plt.show()
for k in range(4):
    size = size1[k]
    img = img1.copy()
    for i in range(int(img.shape[0]/size)+1):
        for j in range(int(img.shape[1]/size)+1):
            total = [0, 0, 0]
            count = 0
            for m in range(size):
                for n in range(size):
                    for k in range(3):
                        if i*size+m < img.shape[0] and j*size+n < img.shape[1]:
                            total[k] += img[i*size+m][j*size+n][k]
                            count += 1
            total = np.array(total)
            count = int(count / 3)
            avg = (total / count).astype(np.uint8)
            for m in range(size):
                for n in range(size):
                    for k in range(3):
                        #print(i, j, avg[k])
                        if i * size + m < img.shape[0] and j * size + n < img.shape[1]:
                            img[i*size+m][j*size+n][k] = avg[k]
```

```
    plt.imshow(img)
    plt.show()
```

Matlab 实现

```
% 马赛克
I = imread('house.bmp');
I = double(I);
[w h] = size(I);
h = h./3;
R=I(:,:,1); G=I(:,:,2); B=I(:,:,3);
k = 10;
for x = k+1:w-k
for y = k+1:h-k
    num = 0; r = 0; g = 0; b = 0;
    for m1 = -k:k
    for m2 = -k:k
        if (x+m1 >= w ||x+m1 < 0 ||y+m2 >h ||y+m2 < 0)
            continue;
        else
           num = num+1;
           r = r + R(x+m1,y+m2);
           g = g + G(x+m1,y+m2);
           b = b + B(x+m1,y+m2);
        end
    end
    end
    r =1.0*r./num;
    g =1.0*g./num;
    b =1.0*b./num;
    for m1 = -k:k
    for m2 = -k:k
        R(x+m1,y+m2) = r;
        G(x+m1,y+m2) = g;
        B(x+m1,y+m2) = b;
    end
    end
end
end
J = cat(3,R,G,B);
figure;imshow(J);
```

4. 彩色图像的浮雕处理

浮雕处理的作用是将图像中颜色变化的部分突出，颜色相同部分被淡化，使图像出现深度效果。具体处理方法是：

$$g(x,\ y)=f(i,\ j)-f(i-1,\ j)+常量 \tag{6-13}$$

例如，图 6-10 是按照下列公式进行处理的浮雕效果的实例。

$$R(x,\ y)=R(i,\ j)-R(i-1,\ j)+128$$
$$G(x,\ y)=G(i,\ j)-G(i-1,\ j)+128$$
$$B(x,\ y)=B(i,\ j)-B(i-1,\ j)+128$$

图 6-10　彩色图像的浮雕处理

【例 6-3】 彩色图像的浮雕处理效果实例。

Python 实现

```
import cv2
import numpy as np
#加载图像
image = cv2.imread('8_2.jpg')
#自定义卷积核
kernel_emboss_1 = np.array([[-2,-1,0],[-1,1,1],[0,1,2]])
kernel_emboss_2 = np.array([[-1,-1,0],[-1,0,1],[0,1,1]])
#浮凸
output_1 = cv2.filter2D(image,-1,kernel_emboss_1)
output_2 = cv2.filter2D(image,-1,kernel_emboss_2)
#显示浮凸效果
cv2.imshow('Original Image',image)
cv2.imshow('Emboss_1',output_1)
cv2.imshow('Emboss_2',output_2)
#停顿
if cv2.waitKey() & 0xFF == 27:
    cv2.destroyAllWindows()
```

Matlab 实现

```
% 浮雕
clear all;
close all;
ImageA = imread('lena.bmp');
figure;
imshow(uint8(ImageA));
title('原图像')
ImageB = edge(ImageA,'prewitt');
figure(2);
imshow(ImageB);
title('原图像边界')
ImageA = double(ImageA);
%  H=[1 0 -1;0 0 0;-1 -2 -1];      %  水平方向模板
%  H=[1 0 -1;2 0 -2;1 0 -1];       %  水平方向模板
[M,N] = size(ImageA);
ImageC = zeros(M-2,N-2);
for i = 2:M-1
    for j = 2:N-1
ImageC(i,j) = (ImageA(i-1,j-1)+2*ImageA(i-1,j)+ImageA(i-1,j+1)-ImageA(i+1,j-1)-
```

```
2*ImageA(i+1,j)-ImageA(i+1,j+1))+100; % 浮雕效果,加上一个常数
        if(ImageC(i,j)>255)
            ImageC(i,j)=255;
        else if (ImageC(i,j) < 0)
            ImageC(i,j)=0;
        end
    end
  end
end
figure;
imshow(uint8(ImageC));
title('浮雕效果图像')

% 分量显示
RGB = imread('sag.bmp');
subplot(221),imshow(RGB)
title('原始真彩色图像')
subplot(222),imshow(RGB(:,:,1))
title('真彩色图像红色分量')
subplot(223),imshow(RGB(:,:,2))
title('真彩色图像绿色分量')
subplot(224),imshow(RGB(:,:,3))
title('真彩色图像蓝色分量')
```

6.3 彩色图像处理

彩色图像的处理可以采取两种方法:

- 分别处理彩色图像的每个通道(例如 R、G、B),然后将分别处理的结果合成作为彩色图像的结果。
- 把像素的颜色看作颜色空间中的一个点,也可以看作一个向量,在向量空间中对图像进行处理。

彩色图像的变换可以描述为:

$$g(x, y) = T[f(x, y)] \tag{6-14}$$

其中,$f(x, y)$ 为输入的彩色图像,T 是在空间域 (x, y) 上的变换,$g(x, y)$ 为变换后的彩色输出图像。

具体地,

$$s_i = T_i(r_1, r_2, \cdots, r_i) \quad i=1, 2, \cdots, n \tag{6-15}$$

其中,r_i 是原图像 $f(x, y)$ 的彩色分量,s_i 是目标彩色图像的分量,$\{T_1, T_2, \cdots, T_i\}$ 是 n 个变换。如果选择 RGB 色彩模型,则 $n=3$。

对于灰度图像进行的处理,如图像的平滑和锐化等,也可以应用于彩色图像。例如,对于 RGB 色彩模型,处理的方法是,在 R、G、B 三个分量上分别进行同样的操作,然后将处理结果作为新的 R、G、B 分量合成新的颜色。

6.3.1 彩色图像的平滑处理

假设 S_{xy} 表示在 RGB 彩色图像中定义的 (x, y) 邻域的坐标集。在该邻域中,RGB 分量的平均值为:

$$\overline{c}(x, y) = \frac{1}{K} \sum_{(x, y) \in S_{xy}} c(x, y) \tag{6-16}$$

其中，$c(x, y)$ 表示像素在该点的彩色分量，可以在该点邻域像素的每个彩色分量中分别利用均值平滑方法进行处理，即进行平滑滤波。例如，图 6-11 给出了彩色图像的平滑结果，从中可以看出，平滑滤波可以使图像模糊，从而减少图像中的噪声。

彩色图像的平滑滤波可以采用空间滤波法——均值滤波实现。其 Matlab 程序如下：

```
rgb=imread('flower608.jpg');
fR=rgb(:,:,1);
fG=rgb(:,:,2);
fB=rgb(:,:,3);
w=fspecial('average');
fR_filtered=imfilter(fR,w);
fG_filtered=imfilter(fG,w);
fB_filtered=imfilter(fB,w);
rgb_filtered=cat(3,fR_filtered,fG_filtered,fB_filtered);
```

彩色图像的平滑结果如图 6-11 所示。

R通道平滑结果

原图像　　　　G通道平滑结果　　　　最终结果

B通道平滑结果

图 6-11　彩色图像平滑处理实例

除了平滑滤波外，还可以对彩色图像在空域进行锐化滤波处理。应该说明的是，无论是平滑滤波还是锐化滤波，空域滤波都可以在不同的色彩模型空间中进行，得到的结果可能会略有差异。

6.3.2　彩色图像的锐化

图像锐化的主要目的是突出图像的细节。下面以拉普拉斯算子的锐化处理为例。从向量分析知道，一个向量的拉普拉斯计算可以通过对其分量进行拉普拉斯计算得到。

在 RGB 彩色模型中，任意像素的颜色 $c(x, y)$ 的拉普拉斯变换计算为：

$$\nabla^2 \big[c(x, y) \big] = \begin{bmatrix} \nabla^2 R(x, y) \\ \nabla^2 G(x, y) \\ \nabla^2 B(x, y) \end{bmatrix} \tag{6-17}$$

分别计算像素每一分量的拉普拉斯变换，合并得到全彩色图像的拉普拉斯变换结果。RGB
图像的锐化结果如图 6-12 所示。

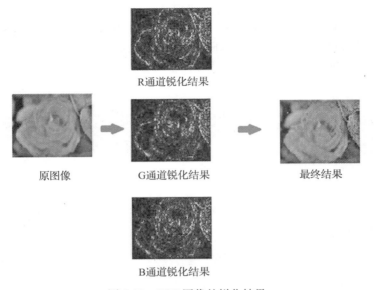

图 6-12 RGB 图像的锐化结果

6.3.3 彩色图像的分割

可以将彩色图像的分割方法看作灰度图像分割技术在各种颜色空间上的应用。现有的灰度
图像分割技术，例如阈值法、边缘检测、区域生长等，都可以扩展到彩色图像的分割中。

处理彩色图像时，色彩空间的选择特别重要。例如，在 RGB 空间中要实现一个目标的分
割，可以分别在 RGB 每个彩色分量中进行分割处理，再得到最后的分割结果。但是，有时在
RGB 空间中往往不能得到较满意的分割结果，如图 6-13 所示。

图 6-13 RGB 空间的彩色图像分割结果

基于彩色图像进行分割时，采用 HSI 空间往往可以得到较满意的分割结果，如图 6-14 所示。具体处理方法是，将饱和度（S 通道）图像作为一个参考图像，利用图像色调（H 通道）分离出感兴趣的特征区，并且由于强度（I 通道）图像不携带彩色信息，彩色图像分割时可以不考虑其影响。

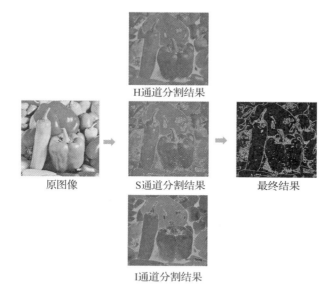

图 6-14　HSI 空间的彩色图像分割结果

6.3.4　彩色图像的边缘提取

彩色图像的边缘提取可以利用色彩成分与色彩向量梯度计算两种方法来完成。这两种方法的处理结果有一定的差别。

在利用色彩向量梯度方法计算时，需要计算色彩空间的梯度向量。设 r、g、b 分别是 RGB 色彩空间中沿 R、G、B 方向的单位向量，则：

$$u = \frac{\partial R}{\partial x}r + \frac{\partial G}{\partial x}g + \frac{\partial B}{\partial x}b \tag{6-18}$$

$$v = \frac{\partial R}{\partial y}r + \frac{\partial G}{\partial y}g + \frac{\partial B}{\partial y}b \tag{6-19}$$

定义 g_{xx}、g_{yy}、g_{xy} 为它们的点积：

$$g_{xx} = u \cdot u = u^{\mathrm{T}}u = \left|\frac{\partial R}{\partial x}\right|^2 + \left|\frac{\partial G}{\partial x}\right|^2 + \left|\frac{\partial B}{\partial x}\right|^2 \tag{6-20}$$

$$g_{yy} = v \cdot v = v^{\mathrm{T}}v = \left|\frac{\partial R}{\partial y}\right|^2 + \left|\frac{\partial G}{\partial y}\right|^2 + \left|\frac{\partial B}{\partial y}\right|^2 \tag{6-21}$$

$$g_{xy} = u \cdot v = u^{\mathrm{T}}v = \frac{\partial R}{\partial x}\frac{\partial R}{\partial y} + \frac{\partial G}{\partial x}\frac{\partial G}{\partial y} + \frac{\partial B}{\partial x}\frac{\partial B}{\partial y} \tag{6-22}$$

则图像的颜色点积向量的方向为：

$$\theta(x, y) = \frac{1}{2}\tan^{-1}\left[\frac{2g_{xy}}{g_{xx} - g_{yy}}\right] \tag{6-23}$$

在 (x, y) 处的颜色变化率为：

$$F_{\theta}(x,\ y) = \left\{ \frac{1}{2} \left[(g_{xx}+g_{yy}) + (g_{xx}-g_{yy})\cos2\theta(x,\ y) + 2g_{xy}\sin2\theta(x,\ y) \right] \right\}^{\frac{1}{2}} \qquad (6\text{-}24)$$

对应于 $\theta(x,\ y)$ 有两个垂直的方向，在其中一个方向上，$F_{\theta}(x,\ y)$ 取得极大值；在另一个方向上，$F_{\theta}(x,\ y)$ 取得极小值。

在图 6-15 所示的实例中，展示了利用 RGB 三个通道色彩成分与色彩向量梯度方法分别进行分割得到的结果。

从图 6-15 的结果可以看出，两种方法的分割结果有明显差异（如两种结果的差所示）。其中，利用色彩向量梯度方法分割的结果比利用 RGB 三个通道色彩成分分割的结果有更好的边缘细节。但是色彩向量梯度计算方法的计算量较大。

RGB空间分割结果

原图像 向量梯度计算结果

两种结果的差

图 6-15 采用两种方法对彩色图像进行分割的结果

6.4 假彩色处理

图像的假彩色处理就是把真实的自然彩色图像或遥感多光谱图像处理成具有期望色彩的图像。假彩色处理的主要目的是：

- 图像中目标映射成奇异彩色，使其更引人注目。
- 适应人眼对颜色的灵敏度，提高鉴别能力。
- 将遥感多光谱图像处理成假彩色，以获得更多的信息。

在适应人眼对颜色的灵敏度处理时，由于人眼对绿色亮度的响应最灵敏，因此，可把细小物体映射成绿色。而人眼对蓝色的强弱对比灵敏度最大，因此可把细节丰富的物体映射成深浅与亮度不一的蓝色。

假彩色图像的处理方法就是对原来图像像素的 RGB 分量进行变换，即

$$\begin{bmatrix} R_g \\ G_g \\ B_g \end{bmatrix} = \begin{bmatrix} \alpha_1 & \beta_1 & \gamma_1 \\ \alpha_2 & \beta_2 & \gamma_2 \\ \alpha_3 & \beta_3 & \gamma_3 \end{bmatrix} \begin{bmatrix} R_f \\ G_f \\ B_f \end{bmatrix} \qquad (6\text{-}25)$$

其中，$\begin{bmatrix} R_f \\ G_f \\ B_f \end{bmatrix}$ 和 $\begin{bmatrix} R_g \\ G_g \\ B_g \end{bmatrix}$ 分别表示变换前后图像的 R、G、B 分量，$\begin{bmatrix} \alpha_1 & \beta_1 & \gamma_1 \\ \alpha_2 & \beta_2 & \gamma_2 \\ \alpha_3 & \beta_3 & \gamma_3 \end{bmatrix}$ 为变换系数矩阵。

例如：

$$\begin{bmatrix} R_g \\ G_g \\ B_g \end{bmatrix} = \begin{bmatrix} 0 & 0 & 1 \\ 1 & 0 & 0 \\ 0 & 1 & 0 \end{bmatrix} \begin{bmatrix} R_f \\ G_f \\ B_f \end{bmatrix} \qquad (6\text{-}26)$$

在处理遥感四波段图像时，假彩色图像用下面的方法产生：

$$\begin{cases} R_g = T_R[f_1,\ f_2,\ f_3,\ f_4] \\ G_g = T_G[f_1,\ f_2,\ f_3,\ f_4] \\ B_g = T_B[f_1,\ f_2,\ f_3,\ f_4] \end{cases} \qquad (6\text{-}27)$$

图 6-16 给出了图像假彩色处理的结果。

图 6-16　假彩色处理的结果

习题

一、基础知识

1. 简述如何将一幅 RGB 彩色图像转换为灰度图像。
2. 简述 RGB 色彩模型的实际用途。
3. 简述 HSI 色彩模型和 RGB 色彩模型之间的区别。
4. 在 RGB 色彩模型、HSI 色彩模型与 CMY 色彩模型中，说明如何实现任意两个模型之间的转换。
5. 简述马赛克功能的具体实现方法。
6. 简述浮雕功能的具体实现方法。
7. 编程实现彩色图像的马赛克处理效果和浮雕处理效果。
8. 简单说明如何利用中值滤波器实现一幅 RGB 彩色图像的平滑，并给出实现代码。
9. 简单说明如何利用 Sobel 算子实现一幅 RGB 彩色图像的锐化处理，并给出实现代码。
10. 编程实现彩色向量梯度方法提取图像边缘的功能。

二、算法实现

1. 阅读如下代码，并说明在 OpenCV 代码实例中是如何实现彩色图像的颜色反转的。

```
import cv2
import numpy as np
img = cv2.imread('./fruits.bmp', 1)
cv2.imshow('img', img)
height, width, deep = img.shape

# 彩色图像的颜色反转
dst1 = np.zeros((height, width, deep), np.uint8)
for i in range(0, height):
    for j in range(0,width):
        (b, g, r) = img[i, j]
        dst1[i, j] = (255-b,255-g,255-r)
cv2.imshow("dst1", dst1)
cv2.waitKey(0)
```

2. 阅读如下代码，并说明在 PIL 代码实例中是如何实现彩色图像的颜色反转的。

```
from PIL import Image
import PIL.ImageOps
import matplotlib.pyplot as plt
#读入图片
image = Image.open('./fruits.bmp')
#反转
inverted_image = PIL.ImageOps.invert(image)

#显示
plt.imshow(inverted_image)
plt.show()
```

3. 阅读如下代码，并说明在代码实例中是如何实现浮雕效果的。

```
import numpy as np
from skimage import io, color
import matplotlib.pyplot as plt

img = io.imread("./flower.bmp")

fig = plt.figure()
ax1 = fig.add_subplot(121)
ax1.imshow(img)

img = color.rgb2gray(img)
img *= 255
img = img.astype(int)
new = np.zeros(img.shape, dtype=int)

for i in range(1, img.shape[0]):
    for j in range(1, img.shape[1]):
        new[i][j] = img[i][j] - img[i-1][j] +128

ax2 = fig.add_subplot(122)
ax2.imshow(new, cmap='gray')
plt.show()
```

4. 阅读如下代码，并说明在代码实例中是如何实现马赛克效果的。

```
import numpy as np
from skimage import io
import matplotlib.pyplot as plt

size = 21
img = io.imread("./fruits.bmp")
fig = plt.figure()
ax1 = fig.add_subplot(121)
ax1.imshow(img)

for i in range(int(img.shape[0]/size)):
    for j in range(int(img.shape[1]/size)):
        total = [0, 0, 0]
```

```
        for m in range(size):
            for n in range(size):
                for k in range(3):
                    total[k] += img[i*size+m][j*size+n][k]
        total = np.array(total)
        avg = (total / (size *size)).astype(np.uint8)
        for m in range(size):
            for n in range(size):
                for k in range(3):
                    # print(i, j, avg[k])
                    img[i*size+m][j*size+n][k] = avg[k]

ax2 = fig.add_subplot(122)
ax2.imshow(img)
plt.show()
```

三、知识拓展

查阅资料，了解不同图像色彩空间的实际用途，并分别举例加以说明。

第7章 数学形态学方法

数学形态学(Mathematical Morphology)诞生于 1964 年,是由法国巴黎矿业学院的博士生赛拉(J. Serra)和导师马瑟荣(G. Matheron)在关于铁矿核的定量岩石学分析及价值预测的研究工作中第一次提出的。1986 年,CVGIP(Computer Vision Graphics and Image Processing)出版了数学形态学专辑,使数学形态学的研究得以迅速发展。现在,数学形态学已广泛应用于图像增强、分割、恢复、边缘检测、纹理分析等领域。

数学形态学是以形态表示为基础实现图像分析的数学工具,用具有一定形态的结构元素去度量和提取图像中的对应形状,以达到对图像进行分析和识别的目的。利用数学形态学处理图像的基础是集合论,主要运算包括腐蚀、膨胀、开运算、闭运算。

利用数学形态学方法处理图像的优点是:

- 进行图像恢复时,可借助先验的几何特征信息,利用形态学算子有效地滤除噪声,同时可以保留图像的原有信息。
- 进行边缘信息提取时,对噪声不敏感,能够得到光滑的边缘结果。
- 提取图像骨架时,能够得到较连续的结果。
- 算法便于硬件实现。

7.1 集合论基础知识

数学形态学方法是针对二值图像,依托集合论发展起来的图像处理和分析方法。下面首先介绍与集合有关的基本符号和术语。

7.1.1 元素和集合

下面给出一些集合和元素的基本概念。

- 集合(Ω):对象及元素的全体。
- 成员所属($\in$):如果 ω 是集合 Ω 的元素,则记为 $\omega \in \Omega$。
- 子集($\subset$):假设 A 和 B 是两个集合,若对于任意一个元素 $a \in A$,都有 $a \in B$,那么称 A 是 B 的子集,记为 $A \subset B$。

如果 $A \subset B$ 并且 $B \subset A$,那么 $A = B$。

- 空集($\varnothing$):没有元素的集合称为空集。
- 补集(A^c):如果 $A \subset \Omega$,则它的补集 $A^c = \{\omega \mid \omega \in \Omega,$ 并且 $\omega \notin A\}$。
- 并集($\cup$):$A \cup B = \{\omega \mid \omega \in A$ 或 $\omega \in B\}$。
- 交集($\cap$):$A \cap B = \{\omega \mid \omega \in A$ 并且 $\omega \in B\}$。
- 差集($-$):$B - A = B \cap A^c$。
- 不相交:如果 $A \cap B = \varnothing$,则 A 和 B 不相交(互斥)。

集合之间的关系如图 7-1 所示。

设有两幅图像 A 和 B,如果 $A \cap B \neq \varnothing$,那么称 B 击中 A,记为 $B \uparrow A$。否则,如果 $A \cap B = \varnothing$,那么称 B 击不中 A。图 7-2 给出了击中与击不中的图示。

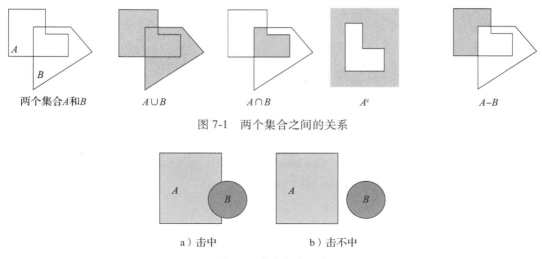

两个集合 A 和 B　　　　$A \cup B$　　　　$A \cap B$　　　　A^c　　　　$A-B$

图 7-1　两个集合之间的关系

a）击中　　　　　　b）击不中

图 7-2　击中与击不中

7.1.2　平移和反射

设 A 是一幅数字图像，a 是 A 的元素，z 是一个平移量，那么定义 A 被 z 平移后的结果为：

$$(A)_z = \{ c \mid c = a + z, \ a \in A \} \tag{7-1}$$

数字图像 A 关于原点的反射定义为：

$$\hat{B} = \{ w \mid w = -b, \ b \in B \} \tag{7-2}$$

图 7-3 给出了平移及反射的实例，其中平移分量分别为 (z_1, z_2)，平移后的结果为 $(A)_z$。

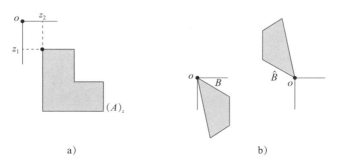

a）　　　　　　　　　　b）

图 7-3　平移及反射的实例

7.1.3　结构元

数学形态学运算是在结构元的作用下进行的，利用结构元与二值图像对应的区域进行特定的逻辑运算。结构元是一种特殊定义的邻域结构，在图像中不断移动结构元，就可以考察图像之间各部分的关系，其形状、尺寸的选择决定了数学形态学运算的效果。

选择结构元的主要原则是：

- 结构元在几何上必须比原图像简单且有界。
- 在多尺度形态学分析中，结构元的大小可以变化，但结构元的尺寸要明显小于目标图像的尺寸。

- 结构元的凸性很重要，保证连接两点的线段位于集合的内部。
- 根据不同的图像分析目的，常用的结构元有方形、扁平形、圆形等。

图 7-4 是利用结构元进行图像运算的示意图，右侧为结构元。

运用数学形态学进行图像分析的基本步骤如下：

1) 分析图像中目标的几何结构特征。

2) 根据目标的结构特征选择适当形状和大小的结构元。

3) 用选定的结构元对图像进行击中与否的变换，得到比原始图像具有更显著、突出的物体特征信息的图像。

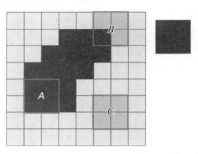

图 7-4 利用结构元进行图像运算
（右侧为结构元）

7.2 数学形态学的基本运算

7.2.1 腐蚀

集合 A（输入图像）被集合 B（结构元）腐蚀（Erosion）的定义为：

$$A \ominus B = \{ a \mid (a+b) \in A, \ a \in A, \ b \in B \} \tag{7-3}$$

图 7-5 给出了腐蚀运算的实例，图 7-5a 中的灰色部分为集合 A，图 7-5b 中的灰色部分为结构元素 B，图 7-5c 中的黑色部分给出了 $A \ominus B$ 的结果。从结果可以看出，腐蚀使图像缩小了。

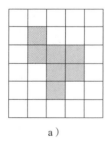 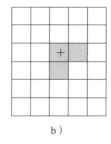 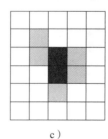

a)   b)   c)

图 7-5 腐蚀运算

图像的腐蚀是消除物体的所有边界点的过程，这会导致剩下的物体沿其周边比原物体减小一圈。腐蚀操作的用途包括：

- 将连接的物体分离开（如图 7-6 所示）。

图 7-6 通过腐蚀分离物体

- 去掉物体周围的毛刺，使边缘平滑（如图 7-7 所示）。
- 消除图像细节，起到滤波的作用（如图 7-8 所示）。

图 7-7　通过腐蚀去掉物体毛刺

图 7-8　通过腐蚀进行滤波

【例 7-1】图像腐蚀处理的实例。

Python 实现

```python
from skimage import io
import skimage.morphology as sm
import matplotlib.pyplot as plt

img = io.imread("test.jpg", as_gray=True)
dst1 = sm.erosion(img,sm.square(5))        #用边长为 5 的正方形滤波器进行腐蚀滤波
dst2 = sm.erosion(img,sm.square(25))       #用边长为 25 的正方形滤波器进行腐蚀滤波

plt.figure('morphology',figsize=(8,8))
plt.subplot(131)
plt.title('origin image')
plt.imshow(img,plt.cm.gray)
plt.subplot(132)
plt.title('morphological image')
plt.imshow(dst1,plt.cm.gray)
plt.subplot(133)
plt.title('morphological image')
plt.imshow(dst2,plt.cm.gray)
plt.show()
```

Matlab 实现

```matlab
% 腐蚀
I = imread('lena.bmp');
bw = im2bw(I,graythresh(I));
se = strel('line',11,90);
% 创建线形 strel 对象
R = imerode(bw,se);
% 腐蚀图像
figure,imshow(I), title('原图像')
figure, imshow(R), title('腐蚀后的图像')
```

7.2.2 膨胀

集合 A（输入图像）被集合 B（结构元）膨胀（Dilation）的定义如下：

$$A \oplus B = \{a+b \mid a \in A, \ b \in B\} \tag{7-4}$$

图 7-9 给出了膨胀运算的实例，图 7-9a 中的黑色部分为集合 A，图 7-9b 中的黑色部分为结构元素 B，图 7-9c 中的黑色和灰色部分给出了 $A \oplus B$ 的结果。从结果可以看出，膨胀将图像扩大了。

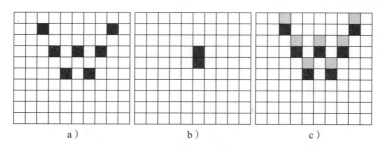

a）　　　　　　　　　b）　　　　　　　　　c）

图 7-9　膨胀运算

图 7-10 给出了膨胀运算的另一个实例。其中，图 7-10a 为原图像 f 被结构元膨胀的过程，图 7-10b 为原图像 f 被结构元膨胀后的结果。从结果中可以明显看出，图像被扩大了。

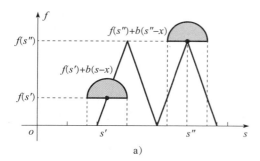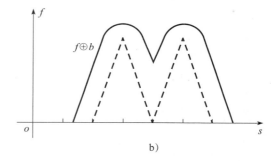

a）　　　　　　　　　　　　　　　　b）

图 7-10　膨胀运算实例

图像膨胀是将接触某物体的所有背景点合并到该物体中的过程，结果是使物体的面积增大。膨胀的主要功能包括：

- 修复断裂的边缘（如图 7-11 所示）。
- 去除边缘毛刺（如图 7-12 所示）。
- 桥接裂缝文字（如图 7-13 所示）。

图 7-11　通过膨胀修复断裂的边缘

图 7-12　通过膨胀去除边缘毛刺

0	1	0
1	1	1
0	1	0

膨胀中的结构元

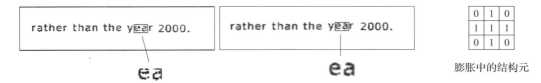

图 7-13　通过膨胀桥接裂缝文字

【例 7-2】图像的膨胀处理实例。

Python 实现

```
from skimage import io
import skimage.morphology as sm
import matplotlib.pyplot as plt

img = io.imread("test.jpg", as_gray=True)
dst1 = sm.dilation(img, sm.square(5))      #用边长为 5 的正方形滤波器进行膨胀滤波
dst2 = sm.dilation(img, sm.square(15))     #用边长为 15 的正方形滤波器进行膨胀滤波

plt.figure('morphology', figsize=(8,8))
plt.subplot(131)
plt.title('origin image')
plt.imshow(img, plt.cm.gray)

plt.subplot(132)
plt.title('morphological image')
plt.imshow(dst1, plt.cm.gray)

plt.subplot(133)
plt.title('morphological image')
plt.imshow(dst2, plt.cm.gray)
plt.show()
```

Matlab 方法

```
% 膨胀,结果 R
% 偏移
se = strel(eye(5));                        % 创建一个对角线形的 strel 对象
% 获取结构元素的邻域
I = imread('lena.bmp');
bw = im2bw(I, graythresh(I));
se = translate(strel(1), [25 25]);
J = imdilate(bw, se);                      % 偏移 [25 25]
```

```
figure,imshow(I), title('原图像')
figure, imshow(J), title('偏移后');

% 膨胀
I = imread('lena.bmp');
bw = im2bw(I,graythresh(I));
se = strel('line',11,90);                % 创建线形 strel 对象
R = imdilate(bw,se);
% 膨胀图像
figure,imshow(I), title('原图像')
figure, imshow(R), title('膨胀图像')
```

7.2.3 开运算

开运算就是先腐蚀后膨胀的过程。已知集合 A(输入图像)和集合 B(结构元),其开运算定义为:

$$A \circ B = (A\Theta B) \oplus B \tag{7-5}$$

开运算的含义是 B 对 A 进行腐蚀,B 再对结果图像进行膨胀。开操作 $A \circ B$ 的边界可以理解为在利用 B 顺着 A 的内边界转动时,B 中所有靠近 A 边界最近点的集合。如图 7-14 所示。

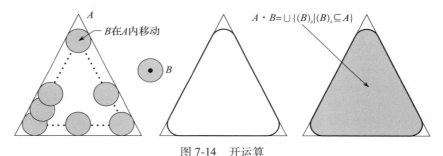

图 7-14 开运算

开运算的功能主要是消除小物体,在纤细点处分离物体,以及平滑较大物体的边界时不明显改变其面积。

【例 7-3】图像的开运算处理实例。

Python 实现:方法 1

```
import cv2
img = cv2.imread("test.jpg")
cv2.imshow("img",img)
img = cv2.cvtColor(img,cv2.COLOR_BGR2GRAY)
kernel = cv2.getStructuringElement(cv2.MORPH_RECT,(5,5))
eroded = cv2.erode(img,kernel)          #腐蚀
dilated = cv2.dilate(img,kernel)        #膨胀

cv2.imshow("dilated",dilated)
cv2.imshow("eroded",eroded)
cv2.waitKey()
cv2.destroyAllWindows()
```

Python 实现:方法 2

```
from skimage import io
```

```
import skimage.morphology as sm
import matplotlib.pyplot as plt

img = io.imread("./data/flower.bmp", as_gray=True)

dst = sm.opening(img, sm.disk(9))        #用边长为 9 的圆形滤波器进行开运算

plt.figure('morphology', figsize=(8,8))
plt.subplot(121)
plt.title('origin image')
plt.imshow(img, plt.cm.gray)
plt.axis('off')

plt.subplot(122)
plt.title('morphological image')
plt.imshow(dst, plt.cm.gray)
plt.axis('off')

plt.show()
```

Matlab 实现

```
% 开运算
I = imread('oldhouse.bmp');
bw = ~im2bw(I, graythresh(I));
imshow(bw), title('Thresholded Image')
se = strel('disk',5);
R = imopen(bw,se);
figure, imshow(R), title('After opening')
```

7.2.4　闭运算

先膨胀后腐蚀的过程称为闭运算。闭运算的定义为：

$$A \cdot B = (A \oplus B) \ominus B \tag{7-6}$$

闭运算的含义是 B 对 A 进行膨胀，B 再对结果图像进行腐蚀。$A \cdot B$ 的边界可以理解为在利用 B 顺着 A 的外边界转动时，B 中所有靠近 A 边界最近点的集合，如图 7-15 所示。

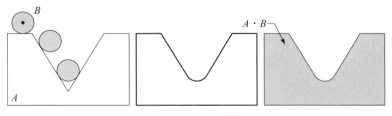

图 7-15　闭运算

闭运算同样能使图像的轮廓变得光滑，但与开运算相反，它主要用于消除狭窄的间断和细长的鸿沟以及小的空洞，并填补轮廓线中的裂痕，平滑其边界的同时不会明显改变其面积。

【例 7-4】图像的闭运算处理实例。

Python 实现

```
from skimage import io
```

```
import skimage.morphology as sm
import matplotlib.pyplot as plt

img = io.imread("flower.bmp", as_gray=True)

dst=sm.closing(img,sm.disk(5))    #用边长为5的圆形滤波器进行闭运算

plt.figure('morphology',figsize=(8,8))
plt.subplot(121)
plt.title('origin image')
plt.imshow(img,plt.cm.gray)
plt.axis('off')

plt.subplot(122)
plt.title('morphological image')
plt.imshow(dst,plt.cm.gray)
plt.axis('off')
plt.show()
```

Matlab 实现

```
% 开运算
I = imread('oldhouse.bmp');
bw = ~im2bw(I,graythresh(I));
imshow(bw), title('Thresholded Image')
se = strel('disk',5);
R = imopen(bw,se);
figure, imshow(R), title('After opening')

% 闭运算
I = imread('oldhouse.bmp');
bw = ~im2bw(I,graythresh(I));
figure, imshow(bw), title('threshold')
se = strel('disk',6);
R= imclose(bw,se);
figure, imshow(R), title('closing')
```

7.3　利用数学形态学处理图像

在图像处理中，可利用数学形态学方法完成边缘提取、孔洞填充、提取连通成分和骨架提取等工作。

1. 边缘提取

图 7-16 给出了一个边缘提取的实例。具体的提取步骤如下。

1）原图像为 A，结构元为 B。

2）A 在 B 的结构元作用下进行腐蚀，得到结果 C。

3）用原图像 A 减去 C，便得到边缘 D 的结果。

边缘提取过程可以表示为：

$$\beta(A) = A - (A\Theta B) \tag{7-7}$$

如图 7-16 所示，利用图 7-16b 所示的结构元对图 7-16a 进行腐蚀，结果如图 7-16c 所示，

提取的边缘如图 7-16d 所示。图 7-17 为使用同样方法得到的边缘检测结果。

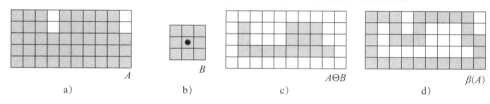

图 7-16 利用数学形态学方法进行边缘提取

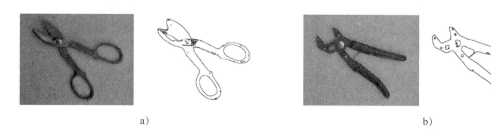

图 7-17 边缘提取的实例

【例 7-5】实现图像内外边界提取的实例。

内边界提取（Python 实现）

```
import cv2
import numpy as np
pic = "test.PNG"
src = cv2.imread(pic, cv2.IMREAD_UNCHANGED)    #图像的二值化
kernel = np.ones((5, 5), np.uint8)             #设置卷积核为 5×5
erosion = cv2.erode(src, kernel)               #图像的腐蚀
cv2.imshow('origin', src)
cv2.waitKey(0)
cv2.imshow('after erosion', erosion)
cv2.waitKey(0)
inner_edge =src - erosion
cv2.imshow('inner edge', inner_edge)
cv2.waitKey(0)
```

外边界提取（Python 实现）

```
import cv2
import numpy as np
pic = "test.png'
src = cv2.imread(pic, cv2.IMREAD_UNCHANGED)    #图像的二值化
kernel = np.ones((5, 5), np.uint8)             #设置卷积核为 5×5
dilated = cv2.dilate(src, kernel)              #图像的膨胀
cv2.imshow('origin', src)
cv2.waitKey(0)
cv2.imshow('after dilate', dilated)
cv2.waitKey(0)
## 取差求边缘
outer_edge = dilated - src
cv2.imshow('outer edge', outer_edge)
cv2.waitKey(0)
```

2. 孔洞填充

利用数学形态学方法可以填充孔洞，具体步骤如下。

1）求带孔图像 A 的补集，记为 A^c。

2）确定结构元 B。

3）在 A 的孔洞内部选择一个点，并将该点作为初始化的 X_0。

4）利用下面的形态学运算得到 $X_k(k=1, 2, \cdots)$：

$$X_k = (X_{k-1} \oplus B) \cap A^c \tag{7-8}$$

5）判断 $X_k = X_{k-1}$ 是否成立，如果成立，转到下一步；否则，转到步骤4。

6）利用第5步得到的 X_k 和 A 求并集，得到最后的目标结果。

图7-18给出了孔洞填充算法的图示。图7-19给出了利用该算法进行填充的实例。

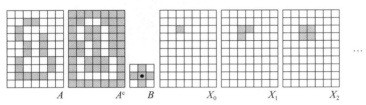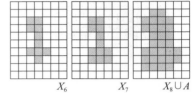

图7-18 孔洞填充算法

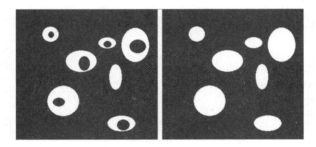

图7-19 孔洞填充实例

【例7-6】孔洞填充实例。

```
import cv2
import numpy as np
def fillHole(im_in):
    im_floodfill = im_in.copy()
    h, w = im_in.shape[:2]
    mask = np.zeros((h + 2, w + 2), np.uint8)
    cv2.floodFill(im_floodfill, mask, (0, 0), 255);
    im_floodfill_inv = cv2.bitwise_not(im_floodfill)
    im_out = im_in | im_floodfill_inv
    return im_out
img = cv2.imread('./img3.png', cv2.IMREAD_GRAYSCALE)
cv2.imshow('original image', img)
cv2.waitKey(0)
filled = fillHole(img)
cv2.imshow('filled image', filled)
cv2.waitKey(0)
```

3. 提取连通成分

利用数学形态学方法可以提取连通成分，具体步骤如下。

1）确定结构元 B。

2）在原图像 A 的内部选择一个未处理的点，并将该点作为初始化的 X_0。

3）利用下面的形态学运算得到 $X_k(k=1, 2, \cdots)$：

$$X_k = (X_{k-1} \oplus B) \cap A \tag{7-9}$$

4）判断 $X_k = X_{k-1}$ 是否成立，如果成立，转到下一步；否则，转到步骤 3。

5）在原图像 A 中是否存在未处理的点，如果有，则转到步骤 2；否则，执行下一步。

6）算法结束。

图 7-20 给出了提取连通成分的图示。

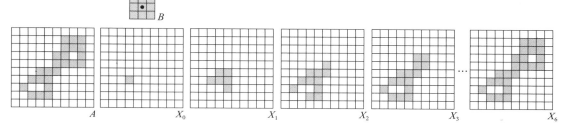

图 7-20　提取连通成分

4. 骨架提取

骨架提取是指把二值图像区域缩成线条以逼近区域的中心线，也称为细化或核线。图 7-21 给出了一个提取骨架的实例。

骨架提取也称为细化结构，它是一种重要的结构形状表示法，可以理解为图像的中轴。细化的目的是减少图像成分，只留下区域的基本信息，以便进一步分析和识别。虽然细化可以用于包含任何区域形状的二值图像，但它主要对细长形区域有效。

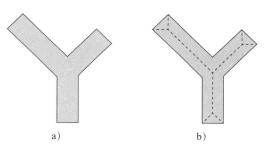

图 7-21　图像骨架提取

为了描述骨架提取算法，定义 B 对 A 腐蚀 k 次的形式为：

$$A \ominus kB = (((A \ominus B) \ominus B) \cdots) \ominus B \tag{7-10}$$

若集合 A 的骨架记为 $S(A)$，可用腐蚀和开运算来表达：

$$S(A) = \bigcup_{k=1}^{K} S_k(A) \tag{7-11}$$

其中，

$$S_k(A) = (A \ominus kB) - (A \ominus kB) \circ B \tag{7-12}$$

并且

$$K = \max\{k \mid (A \ominus kB) \neq \varnothing\} \tag{7-13}$$

即 K 是集合 A 被腐蚀为空集前的最大迭代次数。

于是，集合 A 的骨架可以利用下面的公式求得：

$$S(A) = \bigcup_{k=1}^{K} \left[(A \Theta kB) - (A \Theta kB) \circ B \right] \tag{7-14}$$

图 7-22 给出了利用该方法提取骨架的实例。

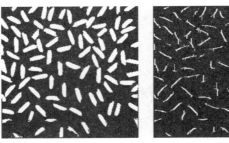

a）原图像　　　　　　　b）骨架提取结果

图 7-22　图像骨架提取实例

【例 7-7】骨架提取的算法实例。

```python
from skimage import morphology,draw
import numpy as np
import matplotlib.pyplot as plt

#创建一个二值图像用于测试
image = np.zeros((400, 400))
#生成目标对象1(白色U形)
image[10:-10, 10:100] = 1
image[-100:-10, 10:-10] = 1
image[10:-10, -100:-10] = 1

#生成目标对象2(X形)
rs, cs = draw.line(250, 150, 10, 280)
for i in range(10):
    image[rs + i, cs] = 1
rs, cs = draw.line(10, 150, 250, 280)
for i in range(20):
    image[rs + i, cs] = 1

#生成目标对象3(O形)
ir, ic = np.indices(image.shape)
circle1 = (ic - 135)**2 + (ir - 150)**2 < 30**2
circle2 = (ic - 135)**2 + (ir - 150)**2 < 20**2
image[circle1] = 1
image[circle2] = 0
#骨架算法
skeleton =morphology.skeletonize(image)
#显示结果
fig, (ax1, ax2) = plt.subplots(nrows=1, ncols=2, figsize=(8, 4))
ax1.imshow(image, cmap=plt.cm.gray)
ax1.axis('off')
ax1.set_title('original', fontsize=20)

ax2.imshow(skeleton, cmap=plt.cm.gray)
ax2.axis('off')
```

```
ax2.set_title('skeleton', fontsize=20)
fig.tight_layout()
plt.show()
```

习题

一、基础知识

1. 常见的数学形态学基本运算有哪几种？

2. 什么是开运算？什么是闭运算？

3. 在数学形态学运算中，常见的结构元形状有哪些？

4. 数学形态学运算中的结构元大小对图像处理的结果有什么影响？请举例说明。

5. 利用数学形态学方法处理图像时，能够实现哪些功能？请给出实际应用的例子。

6. 分别说明利用数学形态学方法对图像进行边缘提取的主要思想和步骤。

7. 请分别说明利用数学形态学方法进行孔洞填充和骨架提取的主要思想和步骤。

8. 对图 7-23 中的图像分别进行膨胀和腐蚀操作，对比膨胀和腐蚀对图像处理的作用和效果。

9. 对图 7-24 所示的图像分别进行开运算和闭运算，并对比开运算和闭运算对图像处理的作用和效果。

10. 对图 7-24 所示的图像，利用数学形态学方法分别检测出内边缘和外边缘，并说明处理的方法和步骤。

图 7-23　进行膨胀和腐蚀操作的图像示例　　图 7-24　习题 9 和习题 10 的图像

二、算法实现

1. 阅读如下代码，并说明代码实例是如何利用 OpenCV 进行膨胀和腐蚀处理的。

```
# coding=utf-8
import cv2
import numpy as np

img = cv2.imread('./flower.bmp', 0)
kernel = cv2.getStructuringElement(cv2.MORPH_RECT, (3, 3)) # 结构元素

# 腐蚀图像
eroded = cv2.erode(img, kernel)
cv2.imshow("Eroded Image", eroded)

# 膨胀图像
dilated = cv2.dilate(img, kernel)
cv2.imshow("Dilated Image", dilated)
cv2.imshow("Origin", img)
```

```
cv2.waitKey(0)
cv2.destroyAllWindows()
```

2. 阅读如下代码，并说明在代码实例中是如何利用 skimage 进行膨胀和腐蚀处理的。

```
from skimage import io
import skimage.morphology as sm
import matplotlib.pyplot as plt

img = io.imread("./flower.bmp", as_gray=True)
dst1=sm.dilation(img,sm.square(5))       #进行膨胀滤波
dst2=sm.erosion(img,sm.square(5))        #进行腐蚀滤波
plt.figure('morphology',figsize=(8,8))
plt.subplot(131)
plt.title('origin image')
plt.imshow(img,plt.cm.gray)

plt.subplot(132)
plt.title('dilation image 1')
plt.imshow(dst1,plt.cm.gray)

plt.subplot(133)
plt.title(erosion image 2')
plt.imshow(dst2,plt.cm.gray)
plt.show()
```

3. 阅读如下代码，并说明如何利用 skimage 进行开运算和闭运算处理。

```
from skimage import io
import skimage.morphology as sm
import matplotlib.pyplot as plt

img = io.imread("./flower.bmp", as_gray=True)
dst=sm.opening(img,sm.disk(9))          #开运算
dst2=sm.closing(img,sm.disk(9))         #闭运算

plt.figure('morphology',figsize=(8,8))
plt.subplot(131)
plt.title('origin image')
plt.imshow(img,plt.cm.gray)
plt.axis('off')

plt.subplot(132)
plt.title('opened image')
plt.imshow(dst,plt.cm.gray)
plt.axis('off')

plt.subplot(133)
plt.title('closed image')
plt.imshow(dst2,plt.cm.gray)
plt.axis('off')
plt.show()
```

4. 阅读如下代码，并说明在代码实例中是如何进行内边缘求取的。

```
import cv2
```

```
import numpy as np
pic = "./flower.bmp" #'./img.png'              #测试图片
src = cv2.imread(pic, cv2.IMREAD_UNCHANGED)    #图像的二值化
kernel = np.ones((5, 5), np.uint8)             #结构元为 5×5
erosion = cv2.erode(src, kernel)               #图像腐蚀
inner_edge =src - erosion                      #求内边缘
cv2.imshow('inner edge', inner_edge)
cv2.waitKey(0)
```

三、知识拓展

通过查阅资料，说明用数学形态学方法处理图像的实际应用领域，并给出应用实例。

第 8 章　图像压缩与编码技术

随着图像技术的不断发展，图像处理的应用范围不断扩大。但是，由于数字图像通常尺寸很大，给图像的存储和传输带来了很大的困难，因此，有必要对数字图像进行压缩处理。图像压缩的主要原理是利用数字图像的相邻像素与图像序列相邻帧之间的相关性，以及人眼的视觉特性，达到去除数字图像中的冗余、减少数据量的目的。本章主要介绍数字图像压缩的基础知识以及常见的压缩方法。

8.1　图像压缩技术基础

8.1.1　编码与解码

图像和视频信号的压缩和解压缩分别称为编码和解码。下面介绍相关概念。

1. 编码

编码是指将语音、图像或视频等模拟信号转换成数字信号的过程。例如，将字符 A 转换成 ASCII 码 65，其对应的二进制编码为 01000001。

图像编码通常在存储、处理和传输前进行，往往包含对图像信息进行压缩和编码处理，也称为图像压缩。图像编码是由映射器、量化器和编码器完成的。

2. 解码

解码是将数字信号转换成模拟信号的过程。例如，对于编码 0101 1010 0100 0101 0101 0010 0100 1111，将编码按 8 位一段进行拆分，再根据 ASCII 码依次还原成原字符，即 ZERO。解码相当于编码的逆过程。

图像解码实际上是对压缩图像进行解压以重建原图像或其近似图像。图像解码在存储、处理和传输后进行，也称为图像解压缩。图像解码由解码器和反向映射器完成。

8.1.2　图像压缩的必要性和可能性

数字图像通常需要较大的存储空间，这给图像的存储和传输带来了很多困难。例如：

- 存储一幅 512×512 像素的灰度图像需要的字节数为 512×512×8bit＝256KB。
- 640×480 像素的 24 位真彩色图像占用的存储空间为 0.92MB。
- 存储一部 90 分钟的彩色电影，每秒放映 24 帧，如果每帧分辨率为 512×512 像素，那么总字节数为 90×60×24×3×512×512×8bit＝97200MB。
- A4 大小的 300DPI(每英寸的点数)二值扫描图像所占用的空间为 1MB。

可见，多媒体数据信息占用的空间很大，因此有效的图像压缩处理对于数字图像的传输具有重要的意义和价值。

通过分析图像的特点和人眼的视觉特征会发现，数字图像中存在着编码冗余、视觉心理冗余和像素冗余，因此有可能进行压缩。

- 编码冗余：对一个图像编码时，如果使用了多余的编码符号，就称该图像包含编码冗余。例如，对只有两个灰度的二值图像，仅用 1 位表示即可。如果用 8 位表示该图像，就会出现编码冗余。

- 视觉心理冗余：图像中用于表达非重要的视觉信息的编码称为视觉心理冗余。在实际应用中，当信道的分辨率远小于原始图像的分辨率时，允许降低输入图像的分辨率，这对于输出图像的分辨率不会造成很大的影响。用户并不是对原始图像的全部信号感兴趣，因此可以丢掉大量无用的信息，只保留用户感兴趣的信息。
- 像素冗余：图像中存在着像素之间强度或颜色的相关性以及相同像素的统计相关特性，其中单个像素携带的信息相对较少。因此，图像中单个像素对视觉的贡献是冗余的，它的信息可以通过对其相邻像素的预测得到。

8.1.3　信源编码

信源编码是指在满足一定图像质量的条件下，用尽可能少的比特数来表示原始图像，以提高图像传输的效率并减少图像存储量。

要评价图像压缩算法的好坏，通常从以下四个方面考虑：

- 压缩比越大越好，但是在无损压缩的情况下，压缩比不能无限增大。
- 图像解压缩时失真越小，说明压缩的质量越好。
- 压缩算法越简单、速度越快，说明压缩算法越好。
- 如果压缩能采用硬件实现，则可以加快压缩速度。

目前，图像压缩的方法很多，按照压缩前及解压后的信息保持程度分为无损压缩和有损压缩两类。

1. 无损压缩

无损压缩（信息保持型压缩）也称为无失真或可逆型编码。利用这种方法进行压缩、解压时无信息损失，主要用于图像存档和认证签名。医疗图像也逐步采用无损压缩方法，这是因为医疗成像设备（如 CT、MRI 等）价格昂贵，图像的获取代价高昂，而且图像不清晰导致的误诊已经带来很多问题。无损压缩虽然信息无失真，但压缩比有限，一般只有 2∶1 到 4∶1。

2. 有损压缩

有损压缩也称为信息损失型压缩，这种方法通过牺牲部分信息来获取高压缩比，主要用于数字电视、图像传输和多媒体等。有损压缩的特点是通过忽略人的视觉不敏感的次要信息来提高压缩比，如常见的 JPEG 图像格式就是利用有损压缩产生的结果。一般来说，有损压缩具有较高的压缩比，能达到 10∶1 至 20∶1，甚至是 40∶1。

常见的有损压缩方法包括有损预测编码、变换编码等。

8.1.4　图像压缩的性能指标

下面介绍几个重要的性能指标，用于衡量压缩的性能。图像压缩的性能经常利用平均编码长度、冗余度和平均编码长度等指标来衡量。为了计算这些性能指标，需要计算信息量和熵的结果。

1. 信息量

若从 N 个数中选定一个数 s 的概率为 $p(s)$，且 $p(s)=1/N$（等概率），则事件包含的信息量可定义为：

$$I(s)=-\log_2 p(s) \tag{8-1}$$

2. 熵

设信源符号表为 $s=\{s_1, s_2, \cdots, s_q\}$，其概率分布为 $p(s)=\{p(s_1), p(s_2), \cdots, p(s_q)\}$，则信源的熵为：

$$H(s) = \sum_{i=1}^{q} p(s_i) I(s_i) \tag{8-2}$$

熵 $H(s)$ 的单位是比特。

例如，对于二值图像，假设 0 出现的概率为 p_1，1 出现的概率为 $p_2 = 1-p_1$，则熵为：

$$H(s) = p_1 \log_2 \frac{1}{p_1} + (1-p_1) \log_2 \frac{1}{1-p_1} \tag{8-3}$$

3. 平均编码长度

在无干扰的条件下，存在一种无失真的编码方法，可使编码的平均长度 $\overline{L}$ 与信源的熵 $H(s)$ 任意地接近，即 $L = H(s) + \varepsilon$，其中 ε 为任意小的正数，但以 $H(s)$ 为其下限，即 $L \geqslant H(s)$，这就是香农（Shannon）的无干扰编码定理。

从无干扰编码定理可以知道，对于无失真图像的编码，其平均码组长度不能小于原始图像的熵，最佳编码的平均码长则无限接近原始图像的熵。

4. 冗余度

求原始图像平均码长 $\overline{L}$ 与其熵 $H(s)$ 的比值，并用该比值减去 1，所得的结果称为冗余度，用 r 表示：

$$r = \frac{\overline{L}}{H(s)} - 1 \tag{8-4}$$

5. 编码效率

编码效率 η 定义为原始图像的熵 $H(s)$ 与图像平均码长 $\overline{L}$ 的比值，即

$$\eta = \frac{H(s)}{\overline{L}} = \frac{1}{1+r} \tag{8-5}$$

从式（8-5）可以看出，当编码效率 η 为 1 时，冗余度为 0，此时编码效率最高，这样的编码通常称为高效码。

6. 压缩比

图像的平均编码长度是指对一个像素的平均编码位数。若原始图像的平均比特率为 n，编码后的平均比特率为 n_d，则压缩比 C 定义为 n 与 n_d 的比值：

$$C = \frac{n}{n_d} \tag{8-6}$$

从香农无干扰编码定理可以看出，无失真编码的最大压缩比为：

$$C_M = \frac{n}{H(s) + \varepsilon} \approx \frac{n}{H(s)} \tag{8-7}$$

具有不同特征的图像应采取不同的压缩编码方法进行处理。评价一种编码方法的优劣时，除了看它的平均编码长度、冗余度、编码效率和压缩比以外，还要看这种方法是否经济、实用。在实际应用中，经常采用混合编码的方案，以便在性能和经济上进行折中。

8.2 无损压缩编码

无损压缩是利用数据的统计冗余特性实现的。而对于图像数据，在统计冗余时，存在的主要问题是图像像素的灰度或者颜色在空间分布上呈现渐进变化的状态，即相邻像素的灰度或者

颜色并不是完全相同的，压缩率会受到数据统计冗余度的限制。常见的无损压缩方法包括哈夫曼编码、游程编码和算术编码等。

8.2.1 哈夫曼编码

哈夫曼（Huffman）编码也称为最佳编码，是 Huffman 于 1952 年提出的一种编码方法，它完全依据字符出现的概率来进行编码。在这种编码方法中，采用一棵二叉树（哈夫曼树），常出现的字符用较短的码表示，不常出现的字符用较长的码表示。

哈夫曼编码的步骤如下。

1）将符号按照出现概率递增的顺序排列。

2）将概率最小的两个符号的概率相加，得到新的符号概率。

3）重复步骤 1 和步骤 2，直到概率相加的结果等于 1 为止。

4）对哈夫曼树进行编码，左链用 0 表示，右链用 1 表示（或反之）。

5）记录根节点到当前符号之间的 01 序列，从而得到每个符号的编码。

【例 8-1】哈夫曼编码实例。对字符串"rolling in tne deep"进行压缩。

1）计算每个字符出现的概率，如表 8-1 所示。

表 8-1 概率计算的结果

字符	出现次数	概率	字符	出现次数	概率
'r'	1	1/19	't'	1	1/19
'o'	1	1/19	'd'	1	1/19
'l'	2	2/19	'e'	3	3/19
'i'	2	2/19	'p'	1	1/19
'n'	3	3/19	' '	3	3/19
'g'	1	1/19			

按照概率递增的顺序排列，结果如图 8-1 所示。

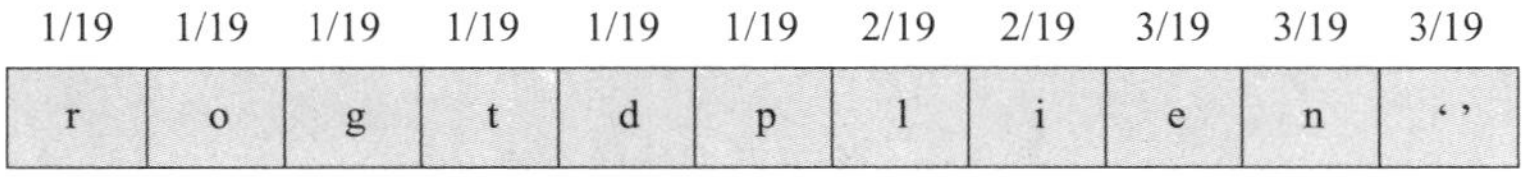

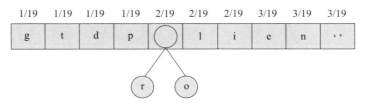

图 8-1 按概率递增的顺序排列字符

2）将概率最小的两个符号构成新的子树，把两个最小概率相加得到新符号概率（如图 8-2 所示）。

图 8-2 利用概率最小的两个符号构成新的子树

3）重复步骤 1 和步骤 2，直到哈夫曼树包含所有结点为止，算法结束，如图 8-3 所示。

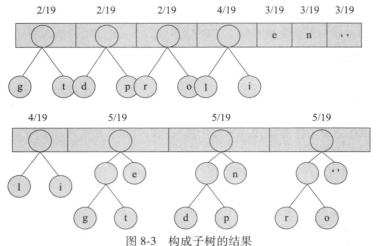

图 8-3 构成子树的结果

对哈夫曼树进行编码，左链用 0 表示，右链用 1 表示，结果如图 8-4 所示。

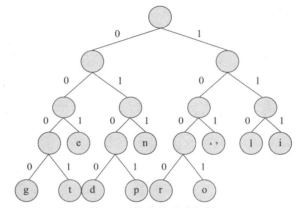

图 8-4 构成的哈夫曼树

利用哈夫曼树可以得到哈夫曼编码的结果，如表 8-2 所示。

表 8-2 哈夫曼编码的结果

字符	编码	字符	编码
'i'	111	'p'	0101
'l'	110	'd'	0100
' '	101	'o'	1001
'n'	011	't'	0001
'e'	001	'g'	0000
'r'	1000		

下面计算哈夫曼编码中与编码性能相关的几个参数。

熵：

$$H(s) = \sum_{i=1}^{q} p(s_i) * I(s_i) = -\sum_{i=1}^{7} p(s_i) * \log_2 p(s_i)$$

$$= -(6 \times 0.052 \times \log_2 0.052 + 3 \times 0.158 \times \log_2 0.158 + 2 \times 0.105 \times \log_2 0.105) = 3.27$$

平均编码长度：

$$\overline{L}=4\times\frac{1}{19}+4\times\frac{1}{19}+3\times\frac{2}{19}+3\times\frac{2}{19}+3\times\frac{3}{19}+4\times\frac{1}{19}+4\times\frac{1}{19}+4\times\frac{1}{19}+3\times\frac{3}{19}+4\times\frac{1}{19}+3\times\frac{3}{19}=3.31$$

编码效率：

$$\eta=\frac{H(s)}{\overline{L}}=\frac{3.27}{3.31}=98.79\%$$

冗余度：

$$r=\frac{\overline{L}}{H(s)}-1=\frac{3.31}{3.27}-1=1.22\%$$

压缩比：利用哈夫曼编码可以节省存储空间。假设利用 ASCII 码对例 8-1 中的字符串进行编码，每个字符的 ASCII 码占 8 位（1 个字节），19 个字符的字符串占用 19 个字节，即 152 位。利用哈夫曼编码后，一共占 63 位。压缩前的平均比特率为 $\frac{152}{7}$，压缩后的平均比特率为 $\frac{63}{7}=9$，压缩比为：

$$C=\frac{n}{n_{\mathrm{d}}}=\frac{152}{7}\times\frac{7}{63}=2.41$$

从上面的压缩比可以看出，在本例中，利用哈夫曼编码的压缩效率比较高。

对不同概率分布的信源，哈夫曼编码的编码效率有所差别。当信源概率分布为 $p=\frac{1}{2^n}$ 时，哈夫曼编码的效率最高，能够达到 100%，这时平均编码长度也较短；当信源概率均匀分布时，哈夫曼编码效率降低。

8.2.2　香农-范诺编码

1948 年，香农和范诺·罗伯特研究了一种基于符号及其概率构建前缀码的编码技术，以确保所有编码的长度都在理想的长度范围之内。

香农-范诺编码的主要做法是将符号按照概率从大到小排序，并分成等概率的两组，给两组各赋予一个二元码符号"0"和"1"。重复上述过程，直至每一组只剩下一个信源符号为止。

香农-范诺编码算法需要用到与哈夫曼编码相同的信息量和熵的概念，算法步骤如下。

1）按照符号出现的概率从小到大排序。

2）将排序符号分成两组，使这两组符号的概率和接近。

3）将第一组赋值为 0，第二组赋值为 1。

4）对每一组，重复步骤 2 的操作，直到每个字符得到编码为止。

【例 8-2】对字符串"rolling in tne deep"进行编码。

1）计算文本中每个符号出现的概率，如表 8-3 所示。

表 8-3　概率计算的结果

字符	出现次数	概率	字符	出现次数	概率
'r'	1	1/19	'l'	2	2/19
'o'	1	1/19	'i'	2	2/19
'g'	1	1/19	'n'	3	3/19
't'	1	1/19	'e'	3	3/19
'd'	1	1/19	' '	3	3/19
'p'	1	1/19			

2）将符号分成两组，使这两组符号的概率和相等或近似相等，如图 8-5 所示。

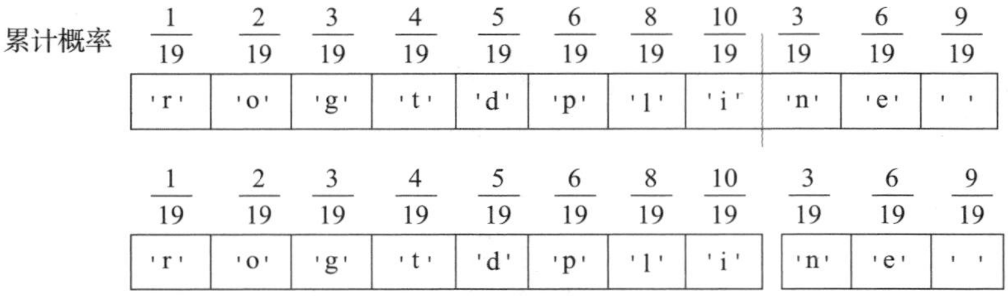

累计概率	$\frac{1}{19}$	$\frac{2}{19}$	$\frac{3}{19}$	$\frac{4}{19}$	$\frac{5}{19}$	$\frac{6}{19}$	$\frac{8}{19}$	$\frac{10}{19}$	$\frac{3}{19}$	$\frac{6}{19}$	$\frac{9}{19}$
	'r'	'o'	'g'	't'	'd'	'p'	'l'	'i'	'n'	'e'	' '

累计概率	$\frac{1}{19}$	$\frac{2}{19}$	$\frac{3}{19}$	$\frac{4}{19}$	$\frac{5}{19}$	$\frac{6}{19}$	$\frac{8}{19}$	$\frac{10}{19}$	$\frac{3}{19}$	$\frac{6}{19}$	$\frac{9}{19}$
	'r'	'o'	'g'	't'	'd'	'p'	'l'	'i'	'n'	'e'	' '

图 8-5　分组的结果

3）将第一组赋值为 0，第二组赋值为 1，如图 8-6 所示。

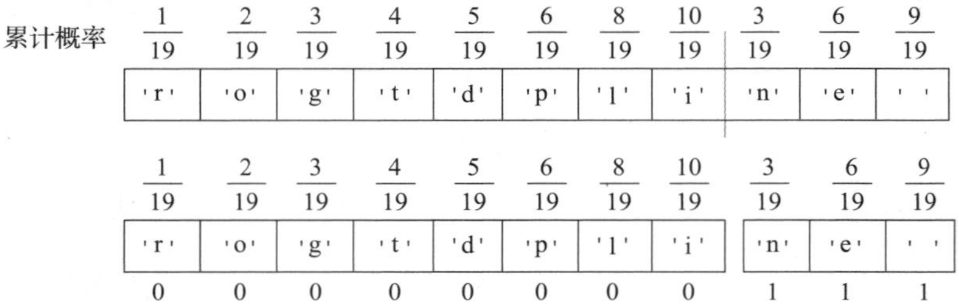

累计概率	$\frac{1}{19}$	$\frac{2}{19}$	$\frac{3}{19}$	$\frac{4}{19}$	$\frac{5}{19}$	$\frac{6}{19}$	$\frac{8}{19}$	$\frac{10}{19}$	$\frac{3}{19}$	$\frac{6}{19}$	$\frac{9}{19}$
	'r'	'o'	'g'	't'	'd'	'p'	'l'	'i'	'n'	'e'	' '

累计概率	$\frac{1}{19}$	$\frac{2}{19}$	$\frac{3}{19}$	$\frac{4}{19}$	$\frac{5}{19}$	$\frac{6}{19}$	$\frac{8}{19}$	$\frac{10}{19}$	$\frac{3}{19}$	$\frac{6}{19}$	$\frac{9}{19}$
	'r'	'o'	'g'	't'	'd'	'p'	'l'	'i'	'n'	'e'	' '
	0	0	0	0	0	0	0	0	1	1	1

图 8-6　两组编码的结果

4）对每一组，重复步骤 3 的操作，直到每个字符得到编码为止，如图 8-7 所示。

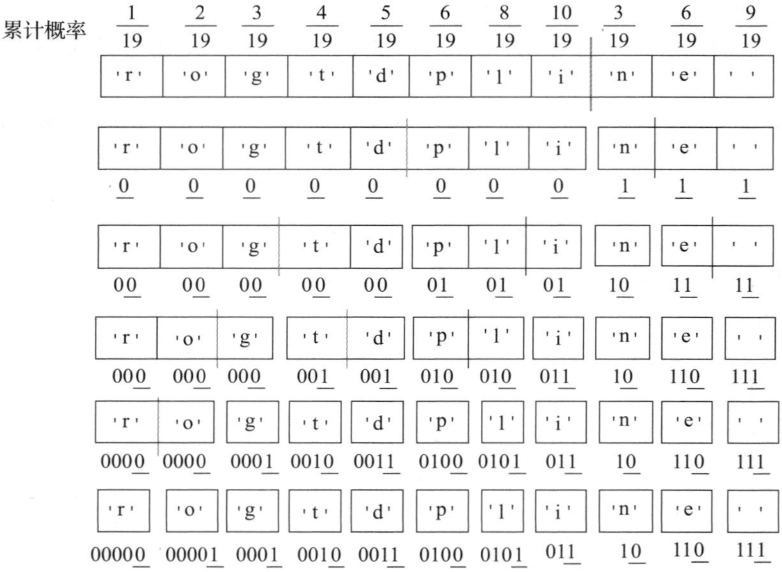

累计概率	$\frac{1}{19}$	$\frac{2}{19}$	$\frac{3}{19}$	$\frac{4}{19}$	$\frac{5}{19}$	$\frac{6}{19}$	$\frac{8}{19}$	$\frac{10}{19}$	$\frac{3}{19}$	$\frac{6}{19}$	$\frac{9}{19}$
	'r'	'o'	'g'	't'	'd'	'p'	'l'	'i'	'n'	'e'	' '

	'r'	'o'	'g'	't'	'd'	'p'	'l'	'i'	'n'	'e'	' '
	0	0	0	0	0	0	0	0	1	1	1

	'r'	'o'	'g'	't'	'd'	'p'	'l'	'i'	'n'	'e'	' '
	00	00	00	00	00	01	01	01	10	11	11

	'r'	'o'	'g'	't'	'd'	'p'	'l'	'i'	'n'	'e'	' '
	000	000	000	001	001	010	010	011	10	110	111

	'r'	'o'	'g'	't'	'd'	'p'	'l'	'i'	'n'	'e'	' '
	0000	0000	0001	0010	0011	0100	0101	011	10	110	111

	'r'	'o'	'g'	't'	'd'	'p'	'l'	'i'	'n'	'e'	' '
	00000	00001	0001	0010	0011	0100	0101	011	10	110	111

图 8-7　迭代后的编码结果

香农-范诺编码可以产生有效的可变长度编码，但并不是最优的前缀码。与哈夫曼编码相比，香农-范诺编码的效率略低。与哈夫曼编码一样，其在编码码串中不需要另外添加标记符号，比较容易实现译码操作。

8.2.3　游程编码

游程编码也称为行程编码，它通过去除图像多个像素间的相关性来达到数据压缩的目的。游程的结构如图 8-8 所示，一般包括游程标志、游程长度和重复字符三部分。

游程标志	游程长度	重复字符

图 8-8　游程的结构

【例 8-3】利用游程编码表示字符串 AAAABBBCCDDD。

利用游程编码表示字符串的结果为 *4A * 3B * 2C * 3D。

说明：

● *表示编码的开始，后面的字符表示重复次数。

● 连续相同的字符数越多，压缩比越高。

● 游程编码是一种无损编码。

游程编码的基本数据占用 3 个字节(例如，' * ''4''A'各占 1 字节)。对于图 8-9 所示的有大面积色块的图像，适合采用游程编码方法进行压缩，效果很好；对于较复杂的图像，可能会使存储空间增加。

图 8-9　适合用游程编码压缩的实例

8.2.4　预测编码

预测编码是利用数据在时间和空间上的相关性，根据已有样本的统计模型对新样本进行预测。预测编码通过对预测值与现有像素的差值进行编码，从而消除像素间的冗余。预测目标可以是像素、图像区域或帧。

预测编码分为预测误差序列、误差计算和编码三个阶段，如图 8-10 所示。预测误差序列阶段的主要任务是建立数学模型，利用历史样本值对新的样本值进行预测；在误差计算阶段，将样本的实际值与其预测值相减得到一个误差值；在编码阶段，利用所得到的误差值进行编码处理。

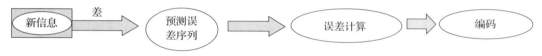

图 8-10　预测编码过程

预测编码分为帧内预测方法和帧间预测方法，从另一个角度也可以分为线性预测方法和非线性预测方法。

1. DPCM 编码方法

差分脉冲编码调制(Differential Pulse Code Modulation,DPCM)编码是一种线性预测编码方法,利用当前像素值来获得一个像素的预测灰度值。主要方法是对当前值和预测值求差,对差值编码,作为压缩数据流中的下一个元素。由于误差值通常比样本值小得多,因此可以达到数据压缩的效果。像素强度的线性预测编码 $\hat{p}_n$ 可以通过其之前的像素强度线性组合来生成,即

$$\hat{p}_n = \text{round}\left(\sum_{i=1}^{n} k_i p_{n-i}\right) \tag{8-8}$$

其中,p_{n-1} 表示当前像素强度的预测结果,p_{n-i} 表示当前像素前面的像素,k_i 表示线性组合的系数。

在 DPCM 编码中,设 $p(i, j)$ 表示像素 (i, j) 的实际灰度值,$\hat{p}(i, j)$ 表示其预测的灰度值,利用实际值和预测值之差计算预测误差信号 $e(i, j)$:

$$e(i, j) = p(i, j) - \hat{p}(i, j) \tag{8-9}$$

【例 8-4】已知 $m = 2$,$k_i = 0.5 (i = 1, 2)$,$p = \{101, 103, 121, 154, 129, 135, 142, 103, 129\}$,DPCM 编码过程如表 8-4 所示。

表 8-4　DPCM 编码过程

预测值	误差
$f2 = 1/2 \times (101 + 103) \approx 102$	$e2 = 121 - 102 = 19$
$f3 = 1/2 \times (103 + 121) = 112$	$e3 = 154 - 112 = 42$
$f4 = 1/2 \times (121 + 154) = 138$	$e4 = 129 - 138 = -9$
$f5 = 1/2 \times (154 + 129) = 142$	$e5 = 135 - 142 = -7$
$f6 = 1/2 \times (129 + 135) = 132$	$e6 = 142 - 132 = 10$
$f7 = 1/2 \times (135 + 142) \approx 139$	$e7 = 103 - 139 = -36$
$f8 = 1/2 \times (142 + 103) \approx 123$	$e8 = 129 - 123 = 6$

由于该方法是对差值进行编码,因此 $e2$ 至 $e8$ 就是编码结果,可以直接对它们进行量化和发送。

预测编码方法通过预测来消除像素间的冗余,所以预测误差与输入灰度值分布相比,方差较小。在 DPCM 系统中,由于在图像平坦区和边缘处差别很大,因此在实际应用中,会产生一定的噪声。根据这一情况,人们对该系统进一步改进,产生了自适应的预测编码方法。

2. ADPCM 编码方法

自适应差分脉冲编码调制(Adaptive Differential Pulse Code Modulation,ADPCM)针对不同大小的误差设计不同的量化器,是一种非线性预测方法。当预测误差值小时,减小量化器的输出动态范围和量化器步长;当预测误差较大时,则扩大量化器的输出范围。

在自适应量化器设计中,定义视觉掩盖函数为:

$$F = \max\{|p-p_1|, |p-p_2|, |p-p_3|, |p-p_4|\} \tag{8-10}$$

其中,$|p-p_i|(i = 1, 2, 3, 4)$ 是当前点与其相邻的四个像素(如图 8-11 所示)的灰度差。

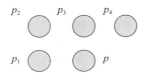

图 8-11　当前像素的四个邻像素

在设计自适应量化器时,将较大的误差作为视觉掩盖误差的阈值,目的是掩盖量化噪声,避免人眼察觉。

8.2.5 算术编码

对于一串字符序列,算术编码的设计原则是,如果其出现的概率越大,对于它进行编码所用的比特数就越少,相应的码字越短。算术编码作为一种高效的数据编码方法已经在文本、图像等领域中得到广泛应用,是编码效率最高的统计熵编码方法。

【例 8-5】若字符集为{A,B,C,D},这些符号的概率分别为{0.1,0.2,0.4,0.3},对{CBA}进行算术编码。

首先,要编码的字符来自 4 符号字符集{A,B,C,D}。编码时,首先根据各个信源符号的概率将区间[0,1]分成 4 个子区间。符号 A 对应[0,0.1),符号 B 对应[0.1,0.3),符号 C 对应[0.3,0.7),符号 D 对应[0.7,1.0],如表 8-5 所示。

表 8-5 初始编码区间

符号	A	B	C	D
概率	0.1	0.2	0.4	0.3
初始间隔	[0,0.1)	[0.1,0.3)	[0.3,0.7)	[0.7,1.0]

对于要编码的字符 C,其对应的区间为[0.3,0.7)。我们对 B 所在的区间[0.1,0.3)进行细分。表 8-6 给出了编码过程。

表 8-6 算术编码的编码过程

步骤	输入符号	编码区间	区间确定方法	说明
1	C	[0.3,0.7)	[0.3,0.7)	C 的初始编码区间
2	B	[0.26,0.42)	[0.3−(0.7−0.3)×0.1, 0.3+(0.7−0.3)×0.3)	B 字符位于新区间的[0.1,0.5)处
3	A	[0.26,0.292)	[0.26,0.26+(0.42−0.1)×0.1)	A 位于新区间的前 0.1 部分
4	从[0.26,0.292)中选择一个数作为输出,例如 0.273			

利用算术编码方法时,由于实际的计算机的精度不可能无限增长,因此会产生溢出现象,此时可以采用比例缩放方法来解决。算术编码的主要缺点是对错误很敏感。

虽然无损压缩可以保证压缩后的信息没有损失,即接收方获得的信息与发送方相同,但是其压缩率有极限。有时候,采用忽略视觉不敏感的部分进行有损压缩来提高压缩率。常见的有损压缩方法包括有损预测编码和变换编码。

习题

一、基础知识

1. 什么是编码?什么是解码?

2. 举例说明编码和解码的实际用途。

3. 为什么要进行图像压缩?

4. 什么是信源编码?举例加以说明。

5. 图像压缩包括哪些性能指标?

6. 什么是哈夫曼编码?什么是算术编码?

7. 举例说明什么是预测编码。

8. 设某信源有 5 种符号 $x = \{A1, A2, A3, A4, A5\}$。在数据中出现的概率 $p = \{0.25, 0.22, 0.20, 0.18, 0.15\}$，试给出哈夫曼编码方案，写出每个符号对应的哈夫曼编码。

9. 设 M、N、O、P、Q 五个字符的概率分别是 0.2、0.3、0.1、0.2、0.2，画出哈夫曼树，并给出编码结果。

10. 编写程序，实现对位图图像分别用下面的方法进行压缩处理的功能：
    - 哈夫曼编码
    - 香农-费诺编码
    - 算术编码

二、算法实现

阅读如下代码，并说明它是如何实现哈夫曼编码处理的。

```
#哈夫曼编码
def huffmanEncoder(nodes,root):
    c = [''] *len(nodes)
    for i in range(len(nodes)):
        node_tmp = nodes[i]
        while node_tmp != root:
            if node_tmp.isLeft():
                c[i] = '0' + c[i]
            else:
                c[i] = '1' + c[i]
            node_tmp = node_tmp.father
    return c
```

三、知识拓展

查阅资料，说明图像压缩编码技术研究的重要性以及目前研究中存在的难点问题。

第 9 章　图 像 分 割

图像分割是指把图像空间按照一定的要求分成一些"有意义"的区域。图像分割方法主要有两种:

- 基于边界的分割方法。这种方法假设图像的某个子区域存在边缘。
- 基于区域的分割方法。这种方法假设相同子区域具有相同或相近的属性,而不同子区域的像素之间属性差别比较大。

本章介绍常用的图像分割技术,主要包括非连续性检测、边缘连接、阈值分割法、基于区域的分割技术和基于能量的分割方法等。

9.1　图像分割基础

9.1.1　图像分割的概念

图像分割的目的是把图像空间按照一定的要求分解成部件和对象,使人们的视线集中在感兴趣的对象上。例如,确定航拍照片中的森林、耕地或城市区域,辨认文件中的个别文字,识别显微图像中的细胞及染色体等。如图 9-1 所示,经过分割后,视线的焦点将集中于场景中的流体上。

图 9-1　图像分割的实例

如果用 R 表示一幅空域图像,将 R 分割成 n 个子区域 R_1, R_2, R_3, $\cdots$, R_n,且满足以下条件:

- $\bigcup_{i=1}^{n} R_i = R$。
- $R_i(i=1, 2, \cdots, n)$ 是一个连通集。
- $R_i \cap R_j = \varnothing$。
- $P(R_i) = \text{TRUE}$, $i=1, 2, \cdots, n$, P 表示 R_i 区域是"有意义的"。
- $P(R_i \cup R_j) = \text{FALSE}(i, j=1, 2, \cdots, n)$, P 的意义同上, R_i 和 R_j 为相邻区域。

9.1.2　图像分割的基本方法

一幅图像往往包含丰富的内容,目标对象可能也不止一个。因此,图像的分割要遵循一定的原则。一般来说,图像分割遵循以下原则:

- 从易到难,逐级分割。也就是说,从图像的整体出发,分离主要目标,再考虑图像细节。

- 控制背景环境，降低场景分割的复杂程度。
- 把焦点放在感兴趣的对象上，这样可以减少不相干的图像成分的干扰。

图像不同区域之间的像素存在不连续性，而同一区域内的像素有某种相似性。因此，利用颜色不同、灰度不同、像素强度的梯度不同等不连续性分割区域时，经常采用阈值分割法、面向区域的分割和数学形态学等图像处理技术，此时区域的外轮廓就是对象的边。在衡量区域内像素的相似性时，经常要考虑像素之间的强度或颜色值，通过选择阈值，找到灰度值相似的区域。

如图 9-2 所示，在图 9-2a 所示的一条扫描线上，同一区域的内部像素之间具有相同的强度和颜色，图 9-2b 是扫描线上对应像素的强度值的可视结果。

图 9-3 是图像分割的一个实例。根据像素之间的不连续性，找到图像中的点、线（宽度为 1）和边缘（不定宽度）等图元，然后将这些图元连接起来，构成闭合的边界，从而进一步识别图像中的物体。

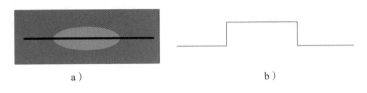

图 9-2　扫描线上同一区域内部的像素之间具有相同的强度和颜色　　　图 9-3　图像分割实例

9.1.3　图像分割系统的构成

图像分割系统通常由图像获取、预处理、图像分割、表示与描述、知识库、识别与解释六个部分组成，如图 9-4 所示。获取的图像在分割前要进行预处理，经分割后得到目标对象，并以一定的形式加以描述和表达，再运用知识库的内容最终实现图像内容的识别与解释。

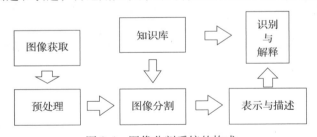

图 9-4　图像分割系统的构成

9.2　非连续性检测

图像分割的出发点就是检测图像中非连续的图元，包括图像中的点、线和边等成分。导数常用于检测非连续性，其中一阶导数用于检测边界，二阶导数用于检测边界的方向，其主要特点如下：

- 一阶导数在图像中产生较厚的边缘。
- 二阶导数具有反映图像细节的功能，例如，对于细的边缘、孤立点以及噪声都很敏感。
- 二阶导数在灰度过渡区域会产生双边。

● 利用二阶导数的符号可以确定灰度的过渡是从亮到暗还是从暗到亮。

根据一阶导数和二阶导数的功能，可以对图像中的图元进行提取，并进一步构成区域的边缘。由于数字图像的离散化特性，导数常用差分方法来实现。

9.2.1　孤立点的检测

由于拉普拉斯算子是对孤立点敏感的各向同性的二阶微分算子，具有旋转不变性，常用来进行孤立点的检测。拉普拉斯算子的定义如下：

$$\nabla^2 f(x, y) = \frac{\partial^2 f}{\partial x^2} + \frac{\partial^2 f}{\partial y^2} = f(x+1, y) + f(x-1, y) + f(x, y+1) + f(x, y-1) - 4f(x, y) \tag{9-1}$$

对于某一像素，定义 $R(x, y)$ 为：

$$R(x, y) = \sum_{k=1}^{9} w_k z_k \tag{9-2}$$

式中，$z_k(k=1, 2, \cdots, 9)$ 表示像素及其 8 邻域中所有像素的灰度值，w_k 表示所有像素对应的拉普拉斯变换中的权值。

如果用 $g(x, y)$ 表示对图像中的孤立点的检测结果，则 $g(x, y)$ 的定义为：

$$g(x, y) = \begin{cases} 1 & |R(x, y)| \geq T \\ 0 & \text{其他} \end{cases} \tag{9-3}$$

式中，T 为阈值。若 $g(x, y)$ 为 1，表示该点为孤立点，否则不是孤立点。

另外，拉普拉斯算子还可以表示成模板的形式，如图 9-5 所示。

0	1	0
1	−4	1
0	1	0

1	1	1
1	−8	1
1	1	1

图 9-5　孤立点检测模板

用模板进行检测时，图像像素及其邻域的所有像素与对应的模板进行卷积运算，结果大于阈值的像素点被检测出来。图 9-6 所示的是图像与模板的操作。

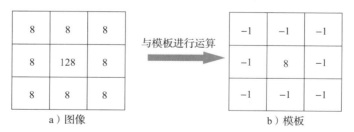

a）图像　　　　　　　　　　　b）模板

图 9-6　用模板进行检测

假设灰度值为 128 的像素所在的位置为 $(45, 78)$，则 $R(45, 78) = \sum_{k=1}^{9} w_k z_k$，计算如下：

$$R(45, 78) = (-1 \times 8 \times 8 + 128 \times 8)/9 = 106$$

如果阈值 T 为 105，由于满足 $R(45, 78) > T$，那么像素 $(45, 78)$ 为孤立点。图 9-7 给出了

一个孤立点检测实例。

a）源图像　　　　　　　　　　b）检测出的孤立点

图 9-7　孤立点检测实例

9.2.2　线的检测

利用图像的二阶差分可以产生细的边缘，但是会出现双线条，如图 9-8 所示。产生双边的主要原因是二阶差分在亮的一边值为正，在暗的一边值为负，如图 9-9 所示。灰度值为常数时，二阶差分为零。这样，可以根据二阶差分的正负来确定像素是在亮的一边还是在暗的一边。

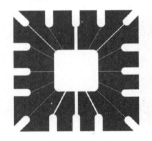

a）原图像　　　　　　b）边缘检测

图 9-8　用拉普拉斯算子产生双边的现象

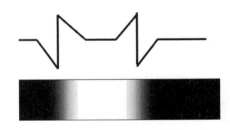

图 9-9　拉普拉斯二阶差分的边缘检测

因此，可以对拉普拉斯算子计算的结果取绝对值以避免出现双边的问题。图 9-10 给出了不同模板，可以用于检测不同方向的边缘线。

−1	−1	−1		−1	−1	2		−1	2	−1		2	−1	−1
2	2	2		−1	2	−1		−1	2	−1		−1	2	−1
−1	−1	−1		2	−1	−1		−1	2	−1		−1	−1	2

水平方向　　　　　　45°方向　　　　　　垂直方向　　　　　　135°方向

图 9-10　不同方向边缘线的检测模板

利用图 9-10 所示模板检测边缘线的步骤如下。

1）对于任何一个像素，分别利用其 3×3 邻域的像素及不同方向的模板，依次计算 4 个方向的结果，记为 $R_i(i=1，2，3，4)$。

2）如果 $|R_i|>|R_j|(i，j=1，2，3，4$ 且 $i\neq j)$，则这个像素点所在边缘线的方向和模板 i 的方向相同。

图 9-11 是利用模板检测边缘线的实例。在该例中，各个方向检测叠加得到的结果如图 9-11b 所示，进一步用阈值选择一个方向，结果如图 9-11c 所示。

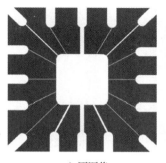

a）原图像

b）各个方向检测叠加得到的结果

c）利用阈值选择的主要方向

图 9-11　边缘线检测的实例

9.2.3　边缘检测

常用的一阶边缘检测算子有 Roberts、Prewitt 和 Sobel 算子，如图 9-12 所示。

z_1	z_2	z_3
z_4	z_5	z_6
z_7	z_8	z_9

−1	−1	−1
0	0	0
1	1	1

−1	0	1
−1	0	1
−1	0	1

Prewitt算子

−1	0
0	1

0	−1
1	0

Roberts算子

−1	−2	−1
0	0	8
1	2	1

−1	0	1
−2	0	2
−1	0	1

Sobel算子

图 9-12　一阶边缘检测算子

为了得到满意的边缘检测结果，人们经常采用不同的算子将边缘检测出来，再进行叠加，如图 9-13 所示。

a）原图像

b）水平方向的结果

c）垂直方向的结果

d）两个方向相加的结果

图 9-13　利用不同算子进行边缘检测的实例

利用一阶导数及二阶导数模板进行边缘检测时，结果中往往含有很多细节，从而造成过分割，特别是利用一阶导数及二阶导数模板检测边缘时存在对噪声敏感的问题，因此边缘检测经常与平滑滤波器结合使用，以得到满意的结果。例如，高斯拉普拉斯（LOG）算子（分布函数如图 9-14 所示）就是先用高斯滤波平滑噪声，再用拉普拉斯算子进行边缘检测。

图 9-14 高斯拉普拉斯滤波器的分布函数

高斯拉普拉斯（LOG）算子的 5×5 模板如图 9-15 所示，边缘检测的实例如图 9-16 所示，从图中可以看出清晰的目标边缘。

0	0	−1	0	0
0	−1	−2	−1	0
−1	−2	16	−2	−1
0	−1	−2	−1	0
0	0	−1	0	0

图 9-15 高斯拉普拉斯滤波器的 5×5 模板

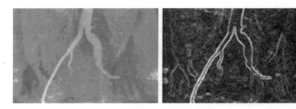

图 9-16 高斯拉普拉斯方法检测实例

利用不同方法进行边缘检测的结果是不同的。从图 9-17 中可以看出，利用 LOG 算子检测获得了较为满意的效果。

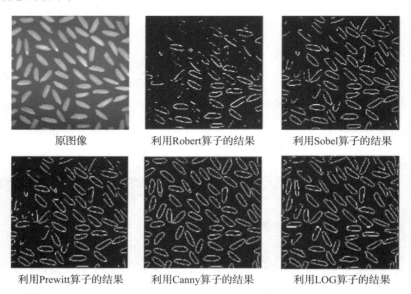

原图像 利用Robert算子的结果 利用Sobel算子的结果

利用Prewitt算子的结果 利用Canny算子的结果 利用LOG算子的结果

图 9-17 利用不同方法检测的结果

9.3　边缘连接

对图像进行边缘检测时，经常会得到一些孤立的像素，这些孤立的像素可能是边缘像素，也可能是噪声。为了得到图像闭合的边缘轮廓线、去除噪声点，有必要对边缘检测得到的点进行连接。边缘连接的常用方法包括局部处理、霍夫变换等。

9.3.1　局部处理方法

局部处理方法是在图像边缘检测之后进行的处理。为了得到连续的边缘，要将间断的像素进行连接。通过分析像素点(x_0, y_0)与相邻像素(x, y)之间的梯度大小及方向角的相似性，可以将属性相似的边缘点连接起来。如果同时满足式(9-4)和式(9-5)，则进行连接。图像中的所有边缘点连接完成后，删除孤立点。

$$|\nabla f(x, y) - \nabla f(x_0, y_0)| \leqslant E \tag{9-4}$$

$$|\alpha(x, y) - \alpha(x_0, y_0)| \leqslant A \tag{9-5}$$

式中，∇表示梯度大小，α表示方向角，E和A分别为梯度和方向角的阈值。

利用局部处理方法可以取得较好的连接结果，如图9-18所示。为了得到车窗的边缘闭合轮廓线，首先利用边缘检测算子进行检测，然后将检测得到的边缘点进行连接，最后得到闭合的轮廓。

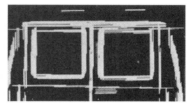

图 9-18　局部处理连接后的实例

9.3.2　霍夫变换及实现方法

1. 霍夫变换基础

当图像中的目标为比较规则的形状时，可以采用霍夫变换的方法对边界点集进行连接，从点集整体上进行处理。

霍夫变换的主要思想是利用点—线的对偶性，即图像空间中的直线xy，如图9-19a所示，对应参数空间aob中线的交点，如图9-19b所示。

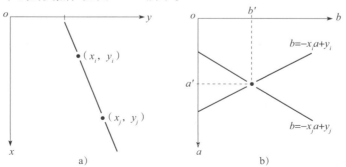

图 9-19　xoy 空间和 aob 空间示意图

假设直线方程为 $y=ax+b$，利用霍夫变换方法求取直线方程的基本原理是：

- 平面 xoy 上的任意一条直线 $y=ax+b$ 与一个 (a,b) 值相对应，即对应着 aob 参数空间的一个点。
- 经过 xoy 平面上的点 (x,y) 的所有直线对应 aob 参数空间的一条直线。
- 如果点 (x_1,y_1) 与点 (x_2,y_2) 共线，那么，在 aob 平面上与 (x_1,y_1) 和 (x_2,y_2) 分别对应的两条直线相交的点与该共线相对应。
- 如果在 xoy 平面上有多个共线的点，那么，在理想情况下，这些点在 aob 平面上对应着多条直线，这些直线的交点对应的 a 和 b 就是 xoy 平面上直线的斜率和截距。

根据霍夫变换的原理，可以求取图像中所有直线的斜率和截距，连接起来就得到所有的图像边缘。然而，由于孤立点检测产生的误差以及图像构成的复杂性，往往 xoy 平面上检测出的边缘点不能严格地共线，因此 xoy 上多个点对应的 aob 平面上的多条直线不能严格地交于同一点。

霍夫变换通常采用投票累加的方法求取 aob 平面上的 a 和 b，即在 aob 平面上相交直线最多的点对应着 xoy 平面上直线的参数，就是要求的解，如图 9-20 所示。

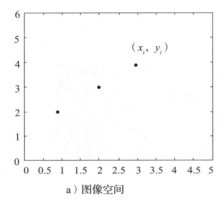 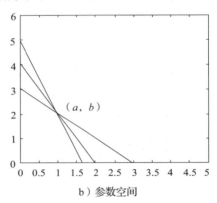

a）图像空间　　　　　　　　　　　　b）参数空间

图 9-20　共线的图像点在 aob 平面上的交点示意图

当出现垂直于 x 的直线时，其斜率为无穷大，因此霍夫变换一般利用极坐标的方法实现。极坐标中的参数为 ρ 和 θ，其中 ρ 对应着 xoy 平面上原点到对应直线的垂直距离，θ 为垂线与 x 轴之间的夹角，如图 9-21 所示。可见，xoy 平面上的每条直线对应着一对参数 (ρ,θ)。

在 xoy 平面上，直线的极坐标形式为：

$$\rho = x\cos\theta + y\sin\theta \tag{9-6}$$

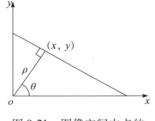

图 9-21　图像空间中点的极坐标参数

xoy 上的每个点对应着 (ρ,θ) 平面的一条曲线，如图 9-22 所示。

霍夫变换的实现步骤如下。

1）将 (ρ,θ) 空间量化，得到二维矩阵 $\boldsymbol{M}(\rho,\theta)$。设 $\boldsymbol{M}(\rho,\theta)$ 是一个累加器，初始化为 0，即 $\boldsymbol{M}(\rho,\theta)=0$。

2）对于图像上检测出来的每个点 (x_i,y_i)，根据该点对应的 θ 和 ρ，对 $\boldsymbol{M}(\rho,\theta)$ 进行累加 1，即 $\boldsymbol{M}(\rho,\theta)=\boldsymbol{M}(\rho,\theta)+1$。

3）对所有的 (x_i,y_i) 进行处理后，分析 $\boldsymbol{M}(\rho,\theta)$，如果 $\boldsymbol{M}(\rho,\theta)\geq T$，就认为存在一条直

线边，T 是与图像特征相关的阈值。

4）由 $(\rho,\ \theta)$ 和 $(x_i,\ y_i)$ 共同确定图像的边缘。

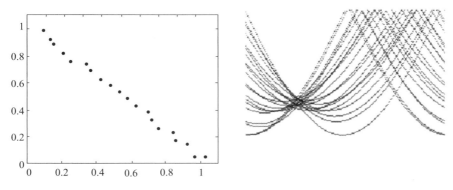

图 9-22 极坐标下的霍夫变换的结果

图 9-23 是利用霍夫变换进行边缘连接的实例。可以看出，利用霍夫变换连接后得到了闭合的物体边界。

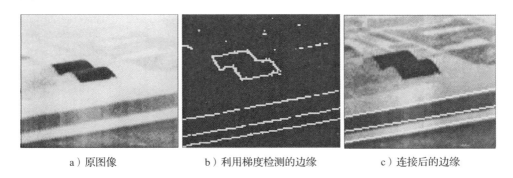

a）原图像   b）利用梯度检测的边缘   c）连接后的边缘

图 9-23 利用霍夫变换进行边缘检测的实例

2. 霍夫变换的实现方法

【例 9-1】 对图像进行霍夫变换（采用 Matlab 实现）。

```
% 霍夫变换
clc;
clear all;
I = imread('oldhouse.bmp');
figure,imshow(I)
rotI = imrotate(I,33,'crop');
BW = edge(rotI,'canny');
[H,T,R] = hough(BW);
figure,imshow(H,[],'XData',T,'YData',R,'InitialMagnification','fit');
```

9.4 阈值分割法

阈值分割法的基本思想是利用图像中要提取的目标区域与背景在灰度特性上的差异，把图像看作具有不同灰度级的两类区域（目标和背景）的组合，选取一个合理的阈值 T，把像素划分为两类——前景或背景。该方法适用于目标与背景灰度有较强对比，并且背景或物体的灰度比较单一的情况。

阈值分割法主要包括两个步骤：确定合适的阈值；将图像中的每个像素分别与所确定的阈值进行比较，将像素分为几个不同的区域。

利用阈值分割法可以得到封闭且连通区域的边界。阈值分割法的优点是计算简单、运算效率较高、速度快，目前，该方法已应用于遥感、医学、农业、工业以及机器视觉等领域。

9.4.1 单阈值分割法与多阈值分割法

根据选择的阈值不同，阈值分割法分为单阈值分割法和多阈值分割法。

- 单阈值分割法：也称为全局阈值分割法，即所有像素都使用相同的阈值。在图像的灰度直方图呈现双峰形状时（如图 9-24a 所示），利用两个峰值间的谷值作为阈值将图像分为目标和背景两类。单阈值分割法可以用下面的数学式子描述：

$$g(x, y) = \begin{cases} 1 & f(x, y) > T \\ 0 & f(x, y) \leq T \end{cases} \tag{9-7}$$

式中，T 称为阈值（也称为门限）。

- 多阈值分割法：也称为局部阈值分割法，即在图像的灰度直方图呈现多峰时（如图 9-24b 所示），通过取多个阈值的方法，将图像分割成不同的目标物和背景区域。多阈值分割法可以用下面的数学式子描述：

$$g(x, y) = \begin{cases} k & T_{k-1} < f(x, y) \leq T_k \\ 0 & 其他 \end{cases} \tag{9-8}$$

其中，T_{k-1}，$T_k(k=1, 2, 3, \cdots, n)$ 是多个不同的阈值，k 是相应区域的标识。

图 9-24 给出了单阈值分割法和多阈值分割法的实例。

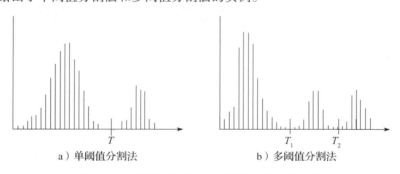

a）单阈值分割法　　　　　　　　b）多阈值分割法

图 9-24　单阈值分割法和多阈值分割法的实例

图 9-25 表示了不同噪声对图像直方图的影响，图 9-25a 和图 9-25b 的直方图具有双峰特性，图像中的目标分布在较亮的灰度级上，形成一个波峰；背景分布在较暗的灰度级上，形成另一个波峰。此时，用双峰之间的谷底处灰度值作为阈值 T 进行图像的阈值化处理，便可将目标和背景分割开来。但是，噪声及光照的影响给阈值的选择增加了复杂性，图 9-25c 体现了噪声对图像直方图的影响。

从图 9-25a、图 9-25b 和图 9-26a 中可以发现，对于无噪声的图像以及噪声级别较低的情况，利用直方图就可以直接得到区域分割的全局阈值。在光照及噪声影响较大情况下，如图 9-25c 以及图 9-26b、图 9-26c 所示，直接确定区域分割的阈值较为困难。

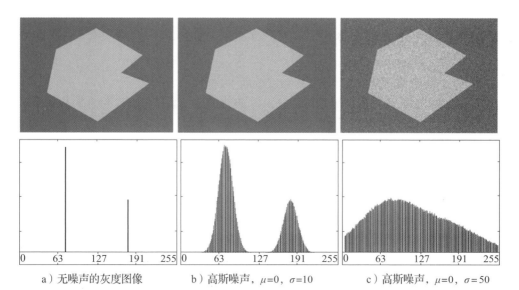

a）无噪声的灰度图像   b）高斯噪声，$\mu=0$，$\sigma=10$ c）高斯噪声，$\mu=0$，$\sigma=50$

图 9-25   不同噪声对图像直方图的影响

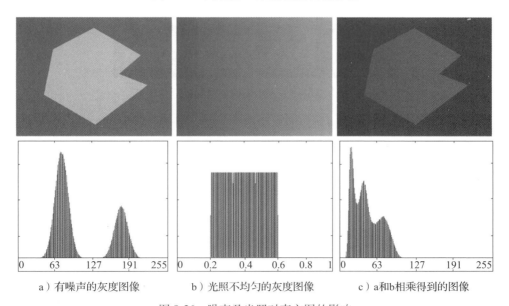

a）有噪声的灰度图像   b）光照不均匀的灰度图像   c）a和b相乘得到的图像

图 9-26   噪声及光照对直方图的影响

在阈值分割法中，阈值的选择至关重要。只有选择合适的阈值，才可以得到满意的分割结果。常用的单阈值分割法有均值迭代阈值分割法、直方图双峰法和最大类间方差分割法等。

如果灰度直方图呈现明显的双峰，如图 9-26a 所示，则选取两峰之间的谷底对应的灰度级作为阈值。谷底就是直方图的极小值，即将直方图统计的各端点相连，形成直方图的包络线 $h(z)$，极小值满足式（9-9）：

$$\begin{cases} \dfrac{\partial h(z)}{\partial z} = 0 \\ \dfrac{\partial^2 h(z)}{\partial z^2} > 0 \end{cases} \tag{9-9}$$

9.4.2 均值迭代阈值分割法

均值迭代阈值分割法的步骤如下。

1）选择一个初始化的阈值 T，通常取灰度值的平均值。

2）使用阈值 T 将图像的像素分为两部分：G_1 包含的灰度大于 T，G_2 包含的灰度小于 T。

3）计算 G_1 中所有像素的均值 μ_1，以及 G_2 中所有像素的均值 μ_2。

4）利用下式计算新的阈值：

$$T = \frac{\mu_1 + \mu_2}{2} \tag{9-10}$$

5）重复步骤 2~4，直到前后两次迭代得到的阈值差小于预先确定的值 $T_{threshold}$。

6）用最后一次迭代得到的阈值作为最终阈值，对图像进行分割。

图 9-27 是利用均值迭代阈值分割法进行区域分割的结果。

图 9-27　利用均值迭代阈值分割法的分割结果

【例 9-2】利用均值迭代阈值分割法的实例。

Python 实现

```python
import numpy as np
from skimage import io
import matplotlib.pyplot as plt

img = io.imread("test.png", as_gray=True)
result = np.zeros(img.shape)
t = np.mean(img)
d = t
e = 0.1

while d >= e:
    count_1 = 0
    total_1 = 0
    count_2 = 0
    total_2 = 0
    for i in range(img.shape[0]):
        for j in range(img.shape[1]):
            if img[i][j] > t:
                total_1 += img[i][j]
                count_1 += 1
                result[i][j] = 1
            else:
                result[i][j] = 0
```

```
                    total_2 += img[i][j]
                    count_2 += 1
        d = abs(t - ((total_1 / count_1) + (total_2 / count_2)))/ 2
        t = ((total_1 / count_1) + (total_2 / count_2)) / 2

plt.imshow(result, cmap = 'gray')
plt.show()
```

Matlab 实现

```
% 均值迭代分割
I = imread('lena.bmp');
[w,h] = size(I);
% 1---初始化
avg = 0.0;% 图像的平均值
for  y = 1 : h
for  x = 1 : w
    avg = avg + double(I(x,y));
   end
   end
Thresh = avg./w./h;        % 选择一个初始化的阈值 T(通常取灰度值的平均值)
% 2---将图像的像素分为两部分: G1 包含的灰度大于 T, G2 包含的灰度小于 T
%  计算 G1 中所有像素的均值 u1, 以及 G2 中所有像素的均值 u2
curThd = Thresh;
preThd = curThd;
subthd = 2;
while (subthd > 1.0)
   preThd = curThd;
   u1 = 0, u2 = 0;
   num_u1 = 0, num_u2 = 0;
   for  y = 1:h
    for  x = 1:w
      if double(I(x,y)) < preThd
         u1 = u1+double(I(x,y));
         num_u1 = num_u1 + 1;
        else
         u2 = u2 + double(I(x,y));
         num_u2 = num_u2 + 1;
     end
     end
    end
   curThd = (u1./num_u1 + u2./num_u2)./2;
   subthd = abs( preThd - curThd);
end
for  y = 1:h
   for  x = 1:w
    if double(I (x,y)) < curThd
       I(x,y) = 0;
    else
       I(x,y) = 255;
     end
     end
    end
R = I
figure,imshow(R);
```

9.4.3　最大类间方差分割法

最大类间方差分割法也称为 Otsu 方法或大津法。它的主要思想是利用类间方差最大化来求取阈值。利用最大类间方差分割法处理单阈值的步骤如下。

1）假设图像的尺寸为 $M×N$ 像素，灰度等级为 $\{0, 1, 2, \cdots, L-1\}$，灰度等级为 i 的像素数目为 n_i，且出现的概率为 p_i，于是：

$$p_i = \frac{n_i}{MN}, \text{ 且 } \sum_{i=0}^{L-1} p_i = 1 \tag{9-11}$$

2）假设阈值 k 将图像分为两类，C_1 表示 $[0, k]$ 类，C_2 表示 $[k+1, L-1]$ 类，那么两类中的像素概率 $P_i(i=1, 2)$ 分别为：

$$P_1 = \sum_{i=0}^{k} p_i, \ P_2 = \sum_{i=k+1}^{L} p_i = 1 - P_1 \tag{9-12}$$

若 m_1，m_2 分别为两类的平均灰度，则整体的均值为：

$$m_G = P_1 m_1 + P_2 m_2 \tag{9-13}$$

于是，类间方差 σ_B^2 可定义为：

$$\sigma_B^2 = P_1(m_1 - m_G)^2 + P_2(m_2 - m_G)^2 = P_1 P_2(m_1 - m_2)^2 \tag{9-14}$$

3）阈值 k^* 就是使 $\sigma_B^2(k^*)$ 最大化的值。

$$k^* = \arg \max_k \sigma_B^2 \tag{9-15}$$

最大类间方差分割法的实现方法是使 k 从 0 变化到 $L-1$，对应求取一个 $\sigma_B^2(k)$，具有最大 $\sigma_B^2(k)$ 的 k 即是最佳阈值 k^*。实现步骤如下。

1）对已知图像计算归一化的直方图，将其直方图成分记为 $p_i(i=0, 1, 2, \cdots, L-1)$。

2）利用 p_i 计算累计直方图 $P_i(k)(i=1, 2, k=0, 1, 2, \cdots, L-1)$。

3）计算累计的均值 $m_i(i=1, 2)$。

4）计算整体的均值 $m_G = P_1 m_1 + P_2 m_2$。

5）计算类间方差 σ_B^2。

6）求取 $k^* = \arg \max_k \sigma_B^2$。

7）利用阈值 k^* 对图像进行分割。

图 9-28 给出了最大类间方差分割法的结果。从图中可以看出，利用最大类间方差分割法可以取得较为满意的分割结果。

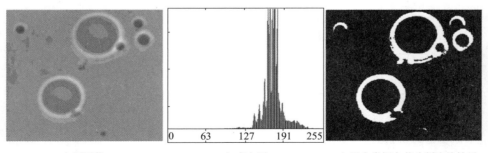

　　a）原图像　　　　　　　　b）直方图　　　　　c）最大类间方差分割法的结果

图 9-28　利用最大类间方差分割法的结果

【例 9-3】 最大类间方差分割法实例。

Python 实现

```
import numpy as np
from skimage import io, filters
import matplotlib.pyplot as plt
img = io.imread("9_2.jpg", as_gray=True)
result = np.zeros(img.shape)
t = filters.threshold_otsu(img)

for i in range(img.shape[0]):
    for j in range(img.shape[1]):
        if img[i][j] > t:
            result[i][j] = 1

plt.imshow(result, cmap = 'gray')
plt.show()
```

Matlab 实现

```
% OSTU 最大类间方差方法
I = imread('lena.bmp');
level = graythresh(I);
R = im2bw(I,level);
figure,imshow(R);
```

9.4.4　常见的多阈值分割法

1. 自适应阈值分割法

在图像受到噪声及光照的影响较大时，无法采用单阈值法进行分割。解决方法之一是将图像分割为子图像，并分别进行阈值化处理。由于每个像素的阈值依赖于其在图像中的位置，因此称为自适应阈值。

自适应阈值分割法的原理是将图像划分为不重叠的矩形，在每个矩形区域内部尽量保证具有均匀的光照，即矩形区域内的强度是相同的。例如，在图 9-29 所示的实例中，利用全局阈值分割不能得到满意的结果，如图 9-29c 所示。但是，将原图像分割成六个区域，如图 9-29d 所示，分割后每个区域的直方图呈现双峰现象，如图 9-29e 所示，这样就可以对每个区域独立使用阈值法进行分割。

自适应阈值分割法的步骤如下。

1）将图像分为子块，其中各块子图像的大小可以不相等。

2）对每块子图像分别计算其局部的阈值。

3）利用每块子图像局部的阈值分别进行分割，并最终将各块合并到一起，完成整幅图像的分割。

自适应局部阈值的选取可以采用以下三种策略之一。

策略 1： 确定区域窗口大小，计算窗口内像素的最大和最小值，然后取它们的均值作为阈值。

策略 2： 对分块后图像的每一个子块进行直方图分析，如果某个子块内有目标和背景，则直方图呈双峰，可以按照 9.4.1 节中介绍的单阈值分割法进行局部区域的分割；如果块内仅有目标或仅有背景，则直方图没有双峰，可根据邻域各块分割阈值的插值运算结果进行分割。

a）原图像

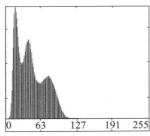
b）原图像直方图

c）利用全局阈值分割的结果

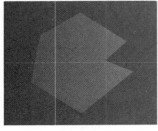
d）分割的六个矩形区域

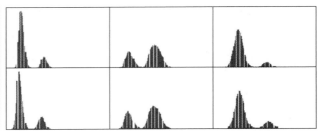
e）六个矩形区域的直方图

图 9-29　自适应阈值分割法的实例

策略 3：像素(x, y)所在的邻域为S_{xy}，邻域中像素集的方差及均值为σ_{xy}和m_{xy}，那么该区域的局部阈值为：

$$T_{xy} = a\sigma_{xy} + bm_{xy} \tag{9-16}$$

在局部条件满足时，修改阈值。局部条件即为与局部属性相关的条件，例如，同时满足$f(x, y) > a\sigma_{xy}$和$f(x, y) > bm_{xy}$。

在局部阈值确定后，即可对像素的邻域进行区域分割。

自适应阈值分割法的特点是：时间和空间复杂度比较高，但抗噪声能力比较强，对采用全局阈值不容易分割的图像能够取得较好的分割效果。

2. 最大熵分割法

一维最大熵分割法的主要思想是：选取一个阈值，使图像分割后两部分的一阶灰度统计的信息量最大。一维最大熵法分割法的步骤如下。

1）统计图像中每个灰度级出现的概率$p(x)$，并计算该灰度等级的熵H：

$$H = -p(x)\log p(x) \tag{9-17}$$

2）按照预设的阈值T，对图像进行分割：

$$g(x, y) = \begin{cases} 0 & f(x, y) \leqslant T \quad (\text{目标}) \\ 1 & f(x, y) > T \quad (\text{背景}) \end{cases} \tag{9-18}$$

3）分别计算目标及背景区域的概率分布：

目标区域：
$$\frac{p_i}{P_t}(i = 0, 1, 2, 3, \cdots, t) \tag{9-19}$$

背景区域：
$$\frac{p_i}{1 - P_t}(i = t+1, t+2, t+3, \cdots, L-1) \tag{9-20}$$

其中，t为目标区域的灰度等级，$P_t = \sum_{i=0}^{t} p_i$。
$$\tag{9-21}$$

根据阈值 T 进行图像分割，则图像的信息熵为：

$$w_1 = -\sum_{i=0}^{t}\left(\frac{p_i}{P_t}\log\frac{p_i}{P_t}\right) - \sum_{i=t+1}^{L-1}\left(\frac{p_i}{1-P_t}\log\frac{p_i}{1-P_t}\right) \tag{9-22}$$

当 t 从 0 到 $L-1$ 变化时，信息熵 w_1 取得最大值时所对应的 T^* 就是最优分割阈值。

二维最大熵分割法是在一维最大熵分割法的基础之上，考虑了像素的空间信息，即像素的邻域灰度值。设像素的灰度值为 i，区域灰度（4 邻域的灰度均值）为 j 的概率记为 $p_{i,j}(i, j=0, 1, 2, 3, \cdots, L-1)$，在二维空间中绘制出 $p_{i,j}$ 统计分布的结果，就是图像的二维直方图，如图 9-30 所示。

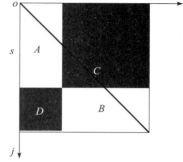

图 9-30　二维直方图的分布特点

二维直方图的分布特点如下：

- 点灰度-区域灰度均值对的概率高峰主要分布在对角线附近，总体上呈现"双峰"和"一谷"的状态。
- 目标和背景区域内部的灰度较均匀，分布在二维直方图中的 A 区和 B 区，信息量集中在对角线部分。
- 远离对角线的区域主要为噪声点、边缘点及杂散点。

设阈值为 (s, t)，分别计算 A 区和 B 区的概率分布，如下所示：

$$P_A = \sum_{i=0}^{s}\sum_{j=0}^{t} p_{ij}$$
$$P_B = \sum_{i=s+1}^{L-1}\sum_{j=t+1}^{L-1} p_{ij} \tag{9-23}$$

在阈值 (s, t) 的分割下，图像的信息熵为：

$$w_2 = -\sum_{i=0}^{s}\sum_{j=0}^{t}\left(\frac{p_{i,j}}{P_A}\log\frac{p_{i,j}}{P_A}\right) - \sum_{i=s+1}^{L-1}\sum_{j=t+1}^{L-1}\left(\frac{p_{i,j}}{P_B}\log\frac{p_{i,j}}{P_B}\right) \tag{9-24}$$

其中，s 和 t 分别从 0 变化到 $L-1$，使得 w_2 取得最大值时，得到了最佳阈值 (S, T)，这样便可以得到二维最大熵法分割的结果。

9.5　基于区域的分割方法

9.5.1　区域生长算法

面向区域的区域生长算法是根据事先定义的准则，将像素或子区域聚合成更大区域的过程。区域生长算法的主要思想是：

1）从一个种子开始，将图像中相邻像素的属性（灰度或颜色）与种子进行比较，如果属性相似，就可以将相邻像素附加到生长区域中。

2）不断重复步骤 1 的生长过程，直至不再有满足条件的新结点加入该区域为止，这时就得到了一个区域。

3）如果还有没参与比较的像素，就选择一个新的种子，利用上述方法扩展新的区域。

区域生长算法按照 4 邻域或 8 邻域的像素进行生长，分为 4 连通或 8 连通。区域生长需要解决三个问题：

- 确定种子像素。种子像素的确定可以根据单区域生长还是多区域生长的目标有不同的策略。对于单区域的情形，选取图像中的一个种子进行生长，而对于多区域的生长过程，要多次选取种子。

- 确定相邻像素属性相似的准则。一般情况下，区域生长是利用像素（或区域）灰度差的生长准则完成的，即当前像素与其邻域像素的灰度差不大于阈值时，将邻域像素生长到区域中，也可利用区域间形状或灰度分布作为生长的准则。当图像是彩色的时候，仅用单色的准则是不够的，还要考虑像素间的连通性和邻近性，否则可能出现无意义的分割结果。
- 确定生长过程停止的条件，一般来说，生长过程进行到没有像素能够满足生长准则时停止。

区域生长算法一般利用堆栈来实现，算法步骤如下。

1）对图像顺序扫描，找到第 1 个还没有归属的像素 (x_0, y_0)。

2）以 (x_0, y_0) 为中心，考虑 (x_0, y_0) 的 4 邻域（或 8 邻域）的像素 (x, y)，如果 (x, y) 满足生长准则，则将 (x, y) 与 (x_0, y_0) 合并在同一区域内，同时将 (x, y) 入栈。

3）从堆栈中取出一个像素，把它当作 (x_0, y_0)，返回到步骤 2。

4）当堆栈为空时，返回到步骤 1。

5）重复步骤 1~4，直到图像中的每个点都有归属时，生长过程结束。

在这个算法中，由于进行了多次选取种子的过程，因此能够识别出多区域的结果，如图 9-31 所示。

按照 4 邻域和 8 邻域的形式进行生长，对结果有一定的影响，一般来说，8 邻域的生长能够得到较精确的结果。在图 9-32 中，以图像中心像素为种子点，图 9-32b 和图 9-32c 中的深色标记部分给出了 4 邻域及 8 邻域生长的结果比较。

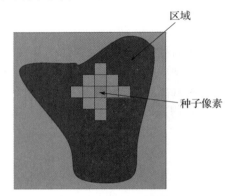

图 9-31 区域生长算法示意图

10	10	10	10	10	10	10
10	10	10	69	70	10	10
59	10	60	64	59	56	60
10	59	10	60	70	10	62
10	60	59	65	67	10	65
10	10	10	10	10	10	10

a）中心像素为种子点

10	10	10	10	10	10	10
10	10	10	69	70	10	10
59	10	60	64	59	56	60
10	59	10	60	70	10	62
10	60	59	65	67	10	65
10	10	10	10	10	10	10

b）4 邻域生长结果

10	10	10	10	10	10	10
10	10	10	69	70	10	10
59	10	60	64	59	56	60
10	59	10	60	70	10	62
10	60	59	65	67	10	65
10	10	10	10	10	10	10

c）8 邻域生长结果

图 9-32 不同邻域生长的结果比较

【例 9-4】区域生长算法的实现。

Python 实现

```
# 提前选择种子点
from skimage import io
import matplotlib.pyplot as plt
import numpy as np
import queue

def Region_Growing(img, seed = [(134, 14)], threshold = 30):
    [m, n] = img.shape
    result = np.zeros((m, n))                    # 建立等大小的空矩阵
    min = np.min(img)
    max = np.max(img)
```

```
        k = ((max - min) / 255) *threshold
        mean = 0
        q = queue.Queue()

        for i in range(len(seed)):
            result[seed[i][1]][seed[i][0]] = 1        #设立种子点
            q.put((seed[i][1], seed[i][0]))
            mean = 0
            num = 0
            for x in range(-1, 2):
                for y in range(-1, 2):
                    mean += img[seed[i][1] + x][seed[i][0] + y]
                    num += 1

        mean = mean / num
        count = len(seed)
        while not q.empty():
            now = q.get()
            for x in range(-1, 2):
                for y in range(-1, 2):
                    if x + now[0] >= 0 and x + now[0] < m:
                        if y + now[1] >= 0 and y + now[1] < n:
                            if abs(img[now[0]+x][now[1]+y] - mean) <= k and
                                result[now[0]+x][now[1]+y] != 1:
                                result[now[0] + x][now[1] + y] = 1.0
                                q.put([now[0]+x, now[1]+y])
                                mean = (mean *count + img[now[0]+x][now[1]+y])/(count+1)
                                # 通过新加入点更新平均值
                                count += 1
    return result
img = io.imread('9_3.png', as_gray=True)
seeds = [(188, 162)]                                  #该点需要自己设定
mask = Region_Growing(img, seeds, 40)
plt.imshow(mask, cmap='gray')
plt.show()
```

Matlab 实现

```
I=imread(test.png');
if isinteger(I)
    I=im2double(I);
end
I = rgb2gray(I);
figure
imshow(I)
[M,N]=size(I);
[y,x]=getpts; % 单击取点后,按回车键结束
x1=round(x);
y1=round(y);
seed=I(x1,y1); % 获取中心像素灰度值
J=zeros(M,N);
J(x1,y1)=1;
count=1; % 待处理点的个数
threshold=0.15;
while count>0
```

```
        count = 0;
        for i = 1:M % 遍历整幅图像
        for j = 1:N
            if J(i,j) == 1 % 点在"栈"内
            if (i-1)>1&(i+1)<M&(j-1)>1&(j+1)<N % 3*3 邻域在图像范围内
                for u = -1:1 % 8 邻域生长
                for v = -1:1
                    if J(i+u,j+v) == 0&abs(I(i+u,j+v)-seed) <= threshold
                        J(i+u,j+v) = 1;
                        count = count + 1;    % 记录此次新生长的点个数
                    end
                end
                end
            end
            end
        end
        end
    end
    end
end
subplot(1,2,1),imshow(I);
title("original image")
subplot(1,2,2),imshow(J);
title("segmented image")
```

9.5.2　区域分裂合并算法

区域分裂合并算法的基本思想是根据分裂合并的准则(区域特征一致性),不断将图像分裂为一致性区域,然后根据一定的规则合并相似的区域。

实现区域分裂合并算法时,经常采用四叉树分解法,如图 9-33 所示。算法的步骤如下。

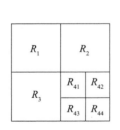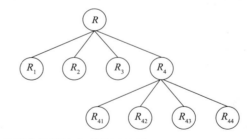

图 9-33　分裂合并算法实现的四叉树

1)当图像中某个区域的特征不一致时,就将该区域分裂成 4 个相等的子区域。

2)当相邻的子区域满足一致性特征时,则将它们合成一个大区域。

3)重复进行步骤 1 和步骤 2,直至所有区域不再满足分裂合并的条件为止。

图 9-34 是利用区域分裂合并算法进行图像分割的结果。

区域生长算法只能从单一像素点出发进行生长,与区域分裂合并算法相比,节省了分裂的过程,而区域分裂合并算法可以在较大的一个相似区域的基础上再进行相似合并。

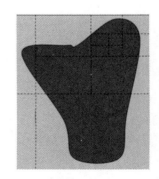

图 9-34　利用区域分裂合并算法进行分割的结果

9.6　基于能量的分割方法

基于能量的图像分割方法包括主动轮廓方法和水平集方法。

9.6.1　主动轮廓方法

常用的主动轮廓方法是 1987 年由 Kass 等人提出的蛇（snake）模型，现在已广泛应用于边缘提取、图像分割和分类、运动跟踪和图像配准等领域。利用主动轮廓方法进行边缘提取的技术，主要适用于目标轮廓不明显、兴趣区域的强度与周围背景区域差别不大的情况，即应用传统的梯度算子等方法很难得到满意结果的情况，如图 9-35 所示。

蛇模型的思想是：在曲线内力和外部约束力作用下移动轮廓线，在能量的作用下使最终的变形轮廓线停留在图像的边缘处。

图 9-35　使用主动轮廓方法处理图像的实例

主动轮廓方法的特点是图像数据、初始估计、目标轮廓特征及基于知识的约束条件都集成在一个特征提取过程中，经过适当的初始化后能够自主地收敛到能量最小值状态。

在图 9-36 中，主动轮廓以顶点序列的形式进行存储，构成主动轮廓线。可变形曲线上的控制点表示为 $V = \{v_0, v_1, \cdots, v_{n-1}\}$，其中 $v_i = (x_i, y_i)(i=0, 1, 2, \cdots, n-1)$。

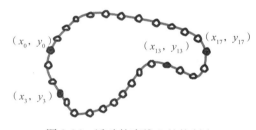

图 9-36　活动轮廓线上的控制点

主动轮廓线上的能量函数 E_{snake} 定义为：

$$E_{\text{snake}} = E_{\text{internal}} + E_{\text{external}} \tag{9-25}$$

其中，E_{internal} 称为内部能量，用于控制轮廓的平滑性和连续性；E_{external} 称为外部能量，用于靠近目标物体边缘。

内部能量使曲线不断向内部紧缩且保持平滑；而外部能量由图像能量和约束能量组成，控制轮廓向着实际轮廓收敛，保证曲线紧缩到目标物体边缘时停止。因此，传统蛇模型在图像平面的运动可以看作能量函数最小化的过程，即当能量函数 E_{snake} 最小化时，曲线位于感兴趣目标的轮廓边缘。

利用主动轮廓方法检测物体边缘的原理是：根据能量方程，计算出表示曲线受力的欧拉方程，并按照曲线各点的受力来对曲线进行变形，直至曲线各点的受力为 0 为止。此时能量方程达到最小值，曲线收敛到目标物体边缘。

1. 内部能量

内部能量是建立在曲线本身的属性上的，其值为曲线的弹性势能和弯曲势能之和。曲线若被视为一块有弹性的橡皮，那么当有外力使其伸展时，就产生弹性势能使其收缩。曲线的弹性势能定义如下：

$$E_{\text{elastic}} = \int_0^1 \frac{1}{2}\alpha(s)\,|v'(s)|^2\,ds \qquad (9\text{-}26)$$

其中，$v'(s)$是控制点v'对s的一阶导数，$\alpha(s)$为弹性系数，用于控制曲线的弹性。

若曲线被看作一块薄的钢板，则其弯曲势能定义为曲线上各个点的曲率之和：

$$E_{\text{blending}} = \int_0^1 \frac{1}{2}\beta(s)\,|v''(s)|^2\,ds \qquad (9\text{-}27)$$

其中，$|v''(s)|$是控制点v'对s的二阶导数，$\beta(s)$用于控制曲线的刚性。当曲线为一个圆时，曲线的弯曲势能为最小。

由此，内部能量可写为：

$$E_{\text{internal}} = E_{\text{elastic}} + E_{\text{blending}} = \int_0^1 \frac{1}{2}\alpha(s)\,|v'(s)|^2\,ds + \int_0^1 \frac{1}{2}\beta(s)\,|v''(s)|^2\,ds \qquad (9\text{-}28)$$

在计算内部能量时，$\alpha(s)$和$\beta(s)$的选择非常重要，它们控制着曲线的物理行为和局部连续性。如果$\alpha(s)$和$\beta(s)$在某点均为零，那么允许曲线在该点不连续；如果只有$\beta(s)=0$，则允许曲线在该处的切线不连续。

2. 外部能量

外部能量E_{external}可以从图像的强度（灰度）及边缘特征获得，是用来吸引曲线到目标边缘的动力。对于图像$I(x,\ y)$，E_{external}可以从$I(x,\ y)$得到连续函数，即

$$E_{\text{external}} = -|\nabla I(x,\ y)|^2 \qquad (9\text{-}29)$$

其中，$\nabla I(x,\ y)$表示图像在该控制点处的梯度。如果图像有噪声，则可以通过与滤波器$G_\sigma(x,\ y)$卷积去噪后再求梯度，即

$$E_{\text{external}} = -|G_\sigma(x,\ y) * \nabla I(x,\ y)|^2 \qquad (9\text{-}30)$$

3. 能量函数及演化

根据上述定义，能量函数为：

$$E_{\text{snake}} = E_{\text{internal}} + E_{\text{external}} = \int_0^1 \left(\frac{1}{2}\alpha(s)\,|v'(s)|^2 + \frac{1}{2}\beta(s)\,|v''(s)|^2 \right) ds + E_{\text{external}} \qquad (9\text{-}31)$$

使能量函数最小化，再使用变分法，并应用欧拉-拉格朗日方程可以得到：

$$\alpha(s)v''(s) - \beta(s)v''''(s) - \nabla E_{\text{external}} = 0 \qquad (9\text{-}32)$$

其中，$F_{\text{elastic}} = \alpha(s)v''(s)$称为弹性力，$F_{\text{blending}} = \beta(s)v''''(s)$称为弯曲力，$F_{\text{external}} = -\nabla E_{\text{external}}$称为外力。

可以将主动轮廓线的变形看作控制点在各个力的作用下不断演化，其中，弹性力F_{elastic}使曲线收缩，弯曲力F_{blending}使曲线逐渐趋于平滑，外力F_{external}将曲线吸引到目标轮廓上。

主动轮廓线的演化过程也是顶点序列的迭代过程，在每次迭代时，得到顶点序列新的位置，并且计算得到新的参数，如图9-37所示。最终能量平衡时，变形曲线就停留在区域的边缘上。

确定初始轮廓的方法有以下几种：
- 交互地给定初始的边缘。
- 序列图像差分边界。
- 基于序列图像中前一帧图像边界的预测。
- 利用阈值给定初始轮廓。

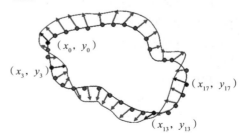

图9-37 迭代过程中顶点的移动

9.6.2 主动轮廓线演化的实例

主动轮廓线演化的过程是利用控制点的迭代计算而实现的。下面以图 9-38 所示的蝴蝶图像的边缘检测为例进行分析。

在图像演化前，需要对图像的边缘进行初始化，给出初始的轮廓线，如图 9-38 所示，初始化轮廓上的点称为控制点。周围区域的像素灰度信息如图 9-39 所示。

图 9-38 给定轮廓线初始化的边界

139	115	108	130	163	179	178
126	100	89	111	151	178	183
87	81	78	95	131	166	184
84	95	89	85	104	145	180
114	126	108	80	81	127	175
128	117	85	67	56	87	152
94	81	70	65	47	69	132
54	39	53	64	45	57	112
31	20	43	65	57	67	102

图 9-39 初始化区域的内部像素灰度信息

图像中初始化边界上的点作为控制点 $v_i=(x_i,\ y_i)(i=0,\ 1,\ 2,\ \cdots,\ n-1)$ 的初值，边界上任意一个控制点 $v_i=(x_i,\ y_i)$ 及其邻域如图 9-40 所示。

考虑控制点 $v_i=(x_i,\ y_i)$ 及其 8 邻域像素的灰度，记为 $p_{s,t}(s=1,\ 2,\ 3,\ t=1,\ 2,\ 3)$。假设图像用 $I(x,\ y)$ 表示，v_{i-1}、v_i 以及 v_{i+1} 为相邻的三个控制点，如图 9-41 所示，v_i 及其邻域像素为：

$$p_{1,1}=I(3,\ 1)，p_{1,2}=I(4,\ 1)，p_{1,3}=I(5,\ 1)，p_{2,1}=I(3,\ 2)，p_{2,2}=I(4,\ 2)$$
$$p_{2,3}=I(5,\ 2)，p_{3,1}=I(3,\ 3)，p_{3,2}=I(4,\ 3)，p_{3,3}=I(5,\ 3)$$
$$v_{i-1}=I(0,\ 0)，v_i=I(4,\ 2)，v_{i+1}=I(3,\ 5)$$

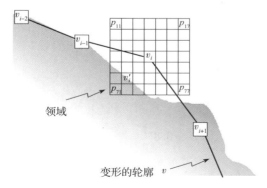

图 9-40 边界上任意一个控制点及其邻域

	0	1	2	3	4	5
0	100 v_{i-1}	110	100	130	130	130
1	100	90	100	110	120	120
2	65	90	105	90	105 v_i	110
3	60	50	80	90	110	120
4	50	55	50	70	100	120
5	60	70	50	90 v_{i+1}	100	130

图 9-41 边缘控制点及其邻域像素示意图

用式(9-33)~式(9-35)计算主动轮廓线的能量，计算过程如下。

1）外部能量将曲线吸引到目标轮廓上，计算为：

$$E_{\text{external}} = \alpha(s)v''(s) = \|\nabla I(p_{j,k})\| = \sqrt{(I(p_{j,k}) - I(p_{j-1,k}))^2 + (I(p_{j,k}) - I(p_{j,k-1}))^2} \quad (9\text{-}33)$$

2）弯曲势能使曲线逐渐趋于平滑，计算为：

$$E_{\text{blending}} = \beta(s)v'''(s) = \left\| p_{j,k} - \frac{1}{2}(v_{i-1} + v_{v+1}) \right\| \quad (9\text{-}34)$$

3）弹力势能使曲线收缩，计算为：

$$E_{\text{elastic}}(p_{j,k}) = -\nabla E_{\text{ext}} = n_i(v_i - p_{j,k}) \quad (9\text{-}35)$$

100	130	130	130
100	110	120	120
105	90	105 v_i	110
80	90	110	120

图 9-42　v_i 及其周围邻域的像素

一次演化计算的过程如下。

1）对于当前控制点 i，计算邻域中能量最低的点，控制点移动到此新的位置。

2）判断是否对所有控制点都进行了处理，如果是，结束演化过程；否则，$i = i+1$，转到步骤 1。

以图 9-42 中的控制点 $v_i = I(4，2)$ 及其周围邻域的像素为例，演化计算的过程如下。

1）计算外部能量 E_{external}：

$$E_{\text{external}}(p_{j,k}) = \alpha(s)v''(s) = \|\nabla I(p_{j,k})\| = \sqrt{(I(p_{j,k}) - I(p_{j-1,k}))^2 + (I(p_{j,k}) - I(p_{j,k-1}))^2}$$

$$E_{\text{external}}(p_{1,1}) = \sqrt{(110-100)^2 + (110-130)^2} \approx 22.4$$

类似地，

$$E_{\text{external}}(p_{1,2}) \approx 14.1，\ E_{\text{external}}(p_{1,3}) = 10，\ E_{\text{external}}(p_{2,1}) = 25，\ E_{\text{external}}(p_{2,2}) \approx 21.2，$$

$$E_{\text{external}}(p_{2,3}) \approx 11.1，\ E_{\text{external}}(p_{3,1}) \approx 10，\ E_{\text{external}}(p_{3,2}) \approx 20.6，\ E_{\text{external}}(p_{3,3}) \approx 14.1$$

2）计算弯曲势能：

$$E_{\text{blending}} = \beta(s)v''''(s) = \left\| p_{j,k} - \frac{1}{2}(v_{i-1} + v_{v+1}) \right\| = \sqrt{(x_{p_{j,k}} - 1.5)^2 + (y_{p_{j,k}} - 2.5)^2}$$

$$E_{\text{blending}}(p_{1,1}) = \sqrt{(3-1.5)^2 + (1-2.5)^2} \approx 2.1$$

类似地，

$$E_{\text{blending}}(p_{1,2}) \approx 2.9，\ E_{\text{blending}}(p_{1,3}) \approx 3.8，\ E_{\text{blending}}(p_{2,1}) \approx 1.6，$$

$$E_{\text{blending}}(p_{2,2}) \approx 2.5，\ E_{\text{blending}}(p_{2,3}) \approx 3.5，\ E_{\text{blending}}(p_{3,1}) \approx 1.6，$$

$$E_{\text{blending}}(p_{3,2}) \approx 2.5，\ E_{\text{blending}}(p_{3,3}) \approx 3.5$$

3）计算弹力势能 E_{elastic}：

$$E_{\text{elastic}} = -\nabla E_{\text{ext}} = n_i(v_i - p_{j,k})$$

切向量 $\boldsymbol{t}_i$ 为：

$$\boldsymbol{t}_i = \frac{v_i - v_{i-1}}{\|v_i - v_{i-1}\|} + \frac{v_{i+1} - v_i}{\|v_{i+1} - v_i\|} = \frac{(4，2)}{\sqrt{20}} + \frac{(-1，3)}{\sqrt{10}} = (0.6，1.4)$$

可得到法向量 $\boldsymbol{n}_i$ 为：

$$\boldsymbol{n}_i = (-1.4，0.6)$$

$$E_{\text{elastic}}(p_{1,1}) = (-1.4，0.6) \cdot (1，1) = -0.8$$

类似地，

$$E_{\text{elastic}}(p_{1,2}) = 0.6，\ E_{\text{elastic}}(p_{1,3}) = 2.0，\ E_{\text{elastic}}(p_{2,1}) = -1.4，\ E_{\text{elastic}}(p_{2,2}) = 0，$$

$$E_{\text{elastic}}(p_{2,3}) = 1.4，\ E_{\text{elastic}}(p_{3,1}) = -2.0，\ E_{\text{elastic}}(p_{3,2}) = -0.6，\ E_{\text{elastic}}(p_{3,3}) = 0.8$$

4）加权计算总能量：

$$E(p_{i,j}) = \alpha E_{\text{external}}(p_{i,j}) + \beta E_{\text{blending}}(p_{i,j}) + \gamma E_{\text{elastic}}(p_{i,j})$$

取权值（α，β，γ）分别为（-0.1，1，-1），则

$$E(p_{i,j}) = -0.1 \times E_{\text{external}}(p_{i,j}) + 1 \times E_{\text{blending}}(p_{i,j}) - 1 \times E_{\text{elastic}}(p_{i,j})$$

可得：

$$E(p_{1,1}) = -0.1 \times 22.4 + 1 \times 2.1 - 1 \times (-0.8) = 0.66$$

类似地，可以计算，

$$E(p_{1,2}) = -0.1 \times 14.1 + 1 \times 2.9 - 0.6 = 0.89, \quad E(p_{1,3}) = -0.1 \times 10 + 1 \times 3.8 - 1 \times 2.0 = 0.8$$

$$E(p_{2,1}) = -0.1 \times 25 + 1 \times 1.6 - 1 \times (-1.4) = 0.5, \quad E(p_{2,2}) = -0.1 \times 21.2 + 2.5 - 0 = 0.38$$

$$E(p_{2,3}) = -0.1 \times 11.1 + 3.5 - 1 \times 1.4 = 0.99, \quad E(p_{3,1}) = -0.1 \times 10 + 1.6 - 1 \times (-2.0) = 2.6$$

$$E(p_{3,2}) = -0.1 \times 20.6 + 2.5 + 0.6 = 1.04, \quad E(p_{3,3}) = -0.1 \times 14.1 + 3.5 - 1 \times (0.8) = 1.29$$

通过比较，可知最小值为 $E(p_{2,2})$，故当前控制点演化到 $p_{2,2}$ 点处。

同理可以求得当前所有控制点演化的新位置，本次演化结束，进入下一次演化过程，直到演化曲线停止到边缘为止。图 9-43 是演化过程及结果。

图 9-43 活动轮廓线演化得到边缘结果

9.6.3 水平集方法

水平集（Level Set）方法是 Sethian 和 Osher 于 1988 年提出的，最近十几年得到了广泛应用。水平集方法处理图像的主要思想是把二维图像的边缘看成三维空间中的曲面被某高度平面截取后得到的轮廓线，如图 9-44 所示。例如，二维平面的曲线 $c(t_1)$ 和 $c(t_2)$ 可以看成三维空中的闭合曲面 $z = \psi(x, y)$ 在水平面 $z = k$（k 为常量）时截得的曲线，如图 9-44 右图所示。

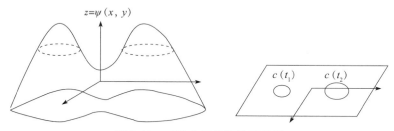

图 9-44 三维空间曲面的示意图

在水平集演化中，把图 9-44 中截得的曲线集看作在不同演化阶段得到的曲线集，即 $z = \psi(x, y, t)$，t 是演化的不同时间。如果 $t = 0$，对应着演化的起始时刻边缘的初始化结果。设图像平面上的点到曲线 $z = \psi(x, y, t)$ 的距离为 d，在水平集演化过程中，d 有如下特点：

- 如果 $d > 0$，那么图像平面上的点在曲线边缘的外侧，例如圆外的点。
- 如果 $d = 0$，那么图像平面上的点在曲线边缘上，例如圆上的点。
- 如果 $d < 0$，那么图像平面上的点在曲线边缘的内侧，例如圆内的点。

根据 d 的符号及大小，不断推进图像的演化点逼近图像的边缘，这就是利用水平集方法对图像边缘点演化的基本原理。

演化过程可以表示为：

$$\psi(x, y, t+1) = \psi(x, y, t) + d(x, y, t) \tag{9-36}$$

在演化过程中，假设 t 时刻边缘的像素集为 $\gamma(t)$，即

$$\gamma(t) = \{(x, y), \psi(x, y, t) = 0\} \tag{9-37}$$

利用水平集方法进行分割的步骤如下。

1）初始化初始像素集 $\gamma(0)$。

2）计算 $d(x, y, 0)$，得到 $\psi(x, y, 0)$。

3）迭代下面过程，直到收敛为止：

$$\psi(x, y, t+1) = \psi(x, y, t) + d(x, y, t)$$

4）得到边缘结果，标记边缘。

下面按照水平集分割的步骤，以一个图像的区域分割为例说明演化的过程。

1）如图 9-45 所示，对于水平集演化进行初始化，如图 9-45a 中标记的曲线所示。图 9-45b 中标记为 0 的点为 $\gamma(0)$ 中的像素，计算各个像素到边缘点的距离 $d(x, y, 0)$ 得到 $\psi(x, y, 0)$。

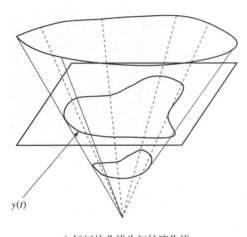

7	6	5	4	4	4	3	2	1	1	1	2	3	4	5
6	5	4	3	3	3	2	1	0	0	0	1	2	3	4
5	4	3	2	2	2	1	0	-1	-1	-1	0	1	2	3
4	3	2	1	1	1	0	-1	-2	-2	-2	-1	0	1	2
3	2	1	0	0	0	-1		-3	-3	-2	-1	0	1	2
2	1	0	-1	-1	-1	-2	-3	-3		-1	0	1	2	3
2	1	0	-1	-2	-2		-3	-3	-2	-1	0	1	2	3
2	1	0	-1	-2	-2	-2	-1	0	1	2	3	4	4	
2	1	0	-1	-1	-1	-1	-1	0	1	2	3	4	5	
3	2	1	0	-1	-1	-1	-1	0	1	2	3	4	5	
4	3	2	1	0	0	0	0	-1	-1	0	1	2	3	4
5	4	3	(2)	1	1	1	1	0	0	1	2	3	4	5
6	5	4	3	2	2	2	2	1	1	2	3	4	5	6

$\psi(x, y, t)$ 　　　　 $\gamma(t)$

a）标记的曲线为初始演化线　　　　　　b）$\psi(x, y, 0)$

图 9-45　水平集演化过程的初始化

2）计算 $d(x, y, t)$，利用下面式子得到 $\psi(x, y, t+1)$，即

$$\psi(x, y, t+1) = \psi(x, y, t) + d(x, y, t)$$

结果如图 9-46 所示。

a）$\psi(x, y, t)$ 的状态

7	6	5	4	4	4	3	2	1	1	1	2	3	4	5
6	5	4	3	3	3	2	1	0	0	0	1	2	3	4
5	4	3	2	2	2	1	0	-1	-1	-1	0	1	2	3
4	3	2	1	1	1	0	-1	-2	-2	-2	-1	0	1	2
3	2	1	0	0	0	-1	-2	-3	-3	-2	-1	0	1	2
2	1	0	-1	-1	-1	-2	-3	-3	-2	-1	0	1	2	3
2	1	0	-1	-2	-2	-3	-3	-2	-1	0	1	2	3	4
2	1	0	-1	-2	-2	-2	-1	0	1	2	3	4	5	
3	2	1	0	-1	-1	-1	-1	0	1	2	3	4	5	
4	3	2	1	0	0	0	0	-1	-1	0	1	2	3	4
5	4	3	2	1	1	1	1	0	0	1	2	3	4	5
6	5	4	3	2	2	2	2	1	1	2	3	4	5	6

b）$d(x, y, t)$

7	6	5	4	4	4	3	2	1	1	1	2	3	4	5
6	5	4	3	3	3	2	0	-1	0	0	1	2	3	4
5	4	3	2	2	2	1	-1	-2	-1	-1	0	1	2	3
4	3	2	1	1	1	0	-1	-2	-2	-2	-1	0	1	2
3	2	1	0	0	0		-2	-3	-3	-2	-1	0	1	2
2	1	0		-1	-2	-2	-3	-3	-2	-1	0	1	2	3
2	1	0	-1	-2	-2	-3	-3	-2	-1	0	1	2	3	4
2	1	1	0	-2	-2	-2	-2	0	0	1	2	3	4	5
3	2	1	0	-1	-3	-1	0	1	1	2	3	4	5	
4	3	2	0	-1	-2	0	1	1	0	1	2	3	4	
5	4	3	2	1	1	1	1	0	0	1	2	3	4	5
6	5	4	3	2	2	2	0	0	1	2	4	5	6	

图 9-46　水平集演化过程的状态变化

3）重复步骤 2 直至收敛，便可以得到边缘的结果。

图 9-47 是利用水平集方法对图像分割的结果。利用水平集演化时，使用的是流体的运动属性特征。

a）原图像

b）区域分割的结果

图 9-47　水平集区域分割的结果

习题

一、基础知识

1. 什么是图像分割？
2. 图像分割的准则是什么？
3. 图像分割的出发点就是检测图像中非连续的图元，图像中包括哪些图元？
4. 常用的边缘检测算子有哪些？
5. 在进行图像分割时，为什么要进行边缘连接，怎样连接？
6. 什么情况下使用霍夫变换检测边缘？
7. 阈值分割的主要思路是什么？
8. 常见的全局阈值确定方法有哪几种？
9. 简述利用迭代方法确定全局阈值的主要步骤。
10. 简述利用 OTSU 方法（最大类间方差法）确定全局阈值的主要步骤。

二、算法实现

1. 对于图 9-48 所示的图像实例，分别采用 4 邻域和 8 邻域进行生长，比较结果有什么不同。

图 9-48　图像实例

2. 在上题的分割中，如果分别将灰度差阈值设置为不同的灰度值，再分别写出 4 邻域和 8 邻域的生长结果，说明阈值对分割结果的影响。
3. 阅读如下代码，并说明在代码实例中是如何利用最大类间方差求阈值的。

```
from skimage import data,filters,io,color
```

```python
import matplotlib.pyplot as plt
image = io.imread("./flower.bmp")
image = color.rgb2grey(image)
thresh = filters.threshold_otsu(image)          #返回一个阈值
dst = (image >= thresh)                          #根据阈值进行分割
plt.figure('thresh',figsize=(8,8))
plt.subplot(121)
plt.title('original image')
plt.imshow(image,plt.cm.gray)

plt.subplot(122)
plt.title("OTSU,threshold is " + str(thresh*255)), plt.xticks([]), plt.yticks([])
plt.imshow(dst,plt.cm.gray)
plt.show()
```

4. 阅读如下代码，并说明在代码实例中是如何利用均值迭代方法求取阈值的。

```python
import numpy as np
from skimage import io
import matplotlib.pyplot as plt

img = io.imread("./flower.bmp", as_gray=True)
result = np.zeros(img.shape)
t = np.mean(img)                                 # 初始阈值
d = t
e = 0.1                                          # 阈值误差

while d >= e:
    count_1 = 0
    total_1 = 0
    count_2 = 0
    total_2 = 0
    for i in range(img.shape[0]):
        for j in range(img.shape[1]):
            if img[i][j] > t:
                total_1 += img[i][j]
                count_1 += 1
                result[i][j] = 1
            else:
                result[i][j] = 0
                total_2 += img[i][j]
                count_2 += 1
    d = abs(t - ((total_1 / count_1) + (total_2 / count_2))/2)
    t = ((total_1 / count_1) + (total_2 / count_2)) / 2

t = t*255
plt.title("threshold is " + str(t)), plt.xticks([]), plt.yticks([])
plt.imshow(result, cmap = &apos;gray&apos;)
plt.show()
```

三、知识拓展

查阅资料，说明数字图像分割处理的实际意义和应用背景，并分析传统图像分割技术的算法中存在的主要问题。

第二篇
智能数字图像处理方法

　　人工智能技术发展迅猛，并且已广泛应用于工业、农业、国防等领域。本篇将主要介绍基于深度学习的智能数字图像处理方法与技术，包括人工智能的基础知识、智能图像增强技术、智能图像语义分割技术、智能图像彩色化处理技术、智能图像风格化处理和智能图像的修复处理。

第 10 章 　人工智能基础知识

目前，人工智能技术发展迅猛，并且已经广泛应用于工业、农业、国防等领域。本篇主要介绍基于深度学习的智能数字图像处理技术，包括图像增强、复原、风格化处理等。在介绍这些技术之前，我们先介绍一下人工智能技术发展的背景及深度学习的技术知识。

10.1 　人工智能技术的发展背景

近年来，深度学习技术快速发展，并产生了一系列研究成果，这些成果已广泛应用于车牌识别、人脸识别、运动目标跟踪、指纹识别等领域。人工智能（Artificial Intelligence，AI）主要研究如何让机器具有人类的智能，这也是科学家在几十年的科学探索过程中一直想要实现的目标。

人工智能概念的起源应该追溯到"图灵测试"这一创新思想。1950 年，阿兰·图灵（Alan Turing）在"Computing Machinery and Intelligence"中提出了"图灵测试"方法，用于辨别机器是否具有"智能"。这一方法为人工智能技术的产生及发展奠定了基础，并且推动人工智能的相关技术（例如模式识别、计算机视觉和自然语言处理等）迅速发展。随着智能技术的不断进步，1956 年，在达特茅斯会议中研讨"如何用机器模拟人的智能"的问题时，John McCarthy 首次提出了"人工智能"的概念，这标志着人工智能技术的诞生。

人工智能技术的发展经历了推理理论发展阶段、专家系统推理阶段、机器学习理论发展阶段，以及深度学习快速发展阶段。

推理理论发展阶段。人工智能的概念被提出后，在初期阶段，研究人员进行了推理理论的深入研究，相继取得了一批令人瞩目的研究成果：1957 年，罗森布拉特提出人工神经网络理论的早期模型，并提出感知机理论；1960 年，维德罗采用 Delta 学习规则对感知器进行训练，产生了基于最小二乘法的线性分类器。同时，人们的研究也产生了一些创新性成果，例如，几何定理证明器、语言翻译器、跳棋程序等，从而掀起人工智能发展的第一个高潮。人们在进一步的探索中也意识到，初期的理论推理规则过于简单。例如，1969 年，马文·明斯基在他的《感知机》一书中，指出了人工神经网络的局限，并且基于当时的智能项目，无法实现预期的研究结果，人工智能研究出现了瓶颈，导致人工智能的研究进入低谷。当时人工智能研究面临的瓶颈主要包括：计算机性能不足、问题的复杂性大和数据量严重缺失。

专家系统推理阶段。20 世纪 80 年代，人工智能重新崛起，出现了较为复杂系统的推理技术，典型的成果是出现了用于推理的知识库。1980 年，卡内基·梅隆大学设计了 XCON 专家系统，该系统将知识库与推理机相结合，是具有完整专业知识和经验的计算机智能系统。那时，针对实际问题开发出一系列专门领域的专家推理系统，通过模拟人类专家的知识和经验来解决特定领域的问题，并研发出面向不同领域应用的专家系统，实现了人工智能从一般推理策略研究到运用专门知识推理的实际应用的重大突破。同时，衍生出了像 Symbolics、Lisp Machines 和 IntelliCorp、Aion 等软硬件公司。专家系统在医疗、地质领域的成功应用引领了技术发展的新高潮。这一阶段的研究为人工智能技术的进一步发展奠定了理论基础，也使知识库系统和知识工程成为 20 世纪 80 年代 AI 研究的热点方向。

　　机器学习理论发展阶段。20 世纪 80 年代中期，随着人工智能的应用规模不断扩大，人们发现专家系统存在应用领域狭窄、缺乏常识性知识、知识获取困难、推理方法单一等问题，利用知识和推理手段难以实现对复杂智能行为的动态描述。于是，人们开始从描述对象的实际数据出发，试图从其中挖掘出本质的、内在的规律，以满足实际应用的需要。因此，在 20 世纪 80 年代末期，人们开始了机器学习的研究路线，由于机器学习在 AI 的多个领域取得了较为明显的效果，促进了人工智能技术走向实用化，包括 IBM 公司的"国际象棋世界冠军智能比赛系统"以及"智慧地球"概念等新成果。这一阶段的典型理论成果包括：

- 1982 年，Hopfield 提出 Hopfield 网络，使用全新方式进行学习和处理信息，同时提出反向传播算法。
- 1986 年，出现 ID3 算法，即决策树算法，主要应用于数据挖掘决策树中进行数据分析。
- 1990 年，Schapire 提出 Boosting 初步算法，促使 Freund 提出了 Boosting 算法。
- 1995 年，Freund 和 Schapire 提出 Boosting 的改进策略，即 AdaBoost（Adaptive Boosting）算法，同年，瓦普尼克和科尔特斯提出了支持向量机（Support Vector Machine，SVM）策略。
- 2001 年，布雷曼提出决策树模型及随机森林，用于证明机器学习中的过拟合问题。

　　深度学习快速发展阶段。近些年，人工智能技术迅猛发展，特别是，Hinton 于 2006 年在基于神经网络的深度学习研究中取得了突破性成果，掀起了人工智能研究的新热潮，推动了谷歌、商汤科技等 AI 创新企业的出现。AI 技术已经广泛应用于图像分类、语音识别、知识问答、人机对弈、无人驾驶等人类生活及工作的方方面面。

10.2　机器学习基础

10.2.1　机器学习的概念

　　机器学习是指利用某种计算机算法，从有限的观测数据中学习、抽取或者挖掘出具有一般性的规律，并利用学习得到的结果对未知数据进行预测。

　　如果将有限的观测数据称为样本，那么机器学习的概念可以描述为：对于给定样本 (x_i, y_i)，$1 \leqslant i \leqslant N$，$N$ 为自然数，让计算机根据一定模型自动寻找一个决策函数 $f(\cdot)$ 来建立 x 和 y 之间的关系，即

$$y = f(\phi(x), \theta) \tag{10-1}$$

其中，ϕ 和 θ 分别表示机器学习的模型和模型参数。

　　实际上，可以将机器学习看作根据给定样本对模型的参数进行学习的过程。机器学习的主要处理过程包括训练过程、测试过程及预测过程三个部分。

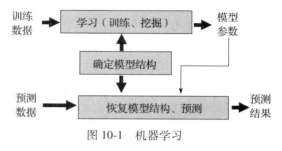

图 10-1　机器学习

- 训练过程是建立学习模型，并通过特征学习其参数的过程，被称为模型训练。如图 10-1 所示，上半部分描述了模型的建立及训练过程。对于机器学习的训练过程，其输入是一些观察数据，在模型拓扑结构确定的情况下，得到的结果是具有一定拓扑结构的模型参数。
- 测试过程是训练过程中，对所建立、训练得到的模型的性能进行测试和分析。在这一阶

段，可能需要不断修改模型，以确保模型的性能。

- 预测过程是模型的使用过程，其将输入的实例数据输入网络中，利用已经确定的模型拓扑结构及训练得到参数计算结果，这一过程被称为预测过程。图 10-1 的下半部分描述了模型的使用过程。

与这三个过程相对应，一般将全部的学习数据分为训练集、验证集及测试集。训练集用于模型的训练；验证集是划出的单独样本集，用于调整模型的超参数和对模型能力进行初步评估；测试集用来评估最终模型的泛化能力，不能用于模型调参。验证集可以多次用于参数调整，以提高模型的质量，而测试集一般仅使用一次。

应该注意的是，在机器学习的实际应用中，往往需要对输入的数据进行预处理，然后进行特征提取，再输入机器学习模型中进行学习、测试或者预测处理。

机器学习在解决实际问题中有着广泛的应用。例如，我们在前面学习过霍夫变换的知识。霍夫变换的目的是从 xoy 上的多个点出发（如图 9-19 所示），例如 20 个平面空间的点，拟合出直线方程的参数，即学习出 $y=ax+b$ 中的参数 a 和 b 的结果。实际上，霍夫变换算法属于机器学习算法中的线性回归模型。

再如，对于语音识别系统，输入一段语音信号后，所建立的机器学习模型的功能是通过模型分析，对语音信号进行识别并输出对应的文本结果。对于图像识别来说，输入一幅带有数字的图像，所建立的模型的功能是对数字进行识别；对于医学影像的病灶识别系统来说，所建立的机器学习模型能够学习分析影像的特征，自动识别其对应的病灶，得到病灶区域的分割结果，如图 10-2 所示。

机器学习通常分为监督学习和非监督学习。

图 10-2 利用机器学习系统
识别病灶[一]

（1）监督学习

监督学习是指利用一组已知学习目标的样本，即带有数据标注的样本，在学习中通过调整学习模型的参数，使模型（算法）的输出与预期的目标一致。样本学习目标作为调整参数的依据，希望模型输出结果能够与样本学习目标一致，如果达到这一目的，则可以停止参数调整的过程。样本学习目标常采用人工标注的方法获得。例如，一幅医学 CT 影像中，肝肿瘤区域的人工标注可以作为模型训练的依据。

（2）非监督学习

非监督学习是指输入数据没有被标记，即已知样本不具有学习目标，样本数据类别未知，需要根据样本间的关系进行学习。例如，针对分类问题，可以对样本进行聚类，使类内差距最小化、类间差距最大化，以达到分类的目的。

通常情况下，许多样本无法预先知道样本的标签。例如，无法知道样本对应的类别，只能从没有样本标签的样本集学习分类器，实现分类的功能。非监督学习的目标不是预先给定的，而是给定条件及特征后，让算法去学习。非监督学习分为概率密度函数估计的直接方法和基于样本间相似性度量的聚类方法。

实际上，监督学习和非监督学习有根本性的不同。在监督学习中，训练样本集必须由带标签的样本组成，学习的目的需要达到样本标签具有的预先标注的约束条件；而在非监督学习中，只有要分析的数据集本身，预先没有标签。监督学习中满足一定的约束条件即可，无须按

〇 资料来源：Deep Learning Techniques for Automatic MRI Caridiac Multistructures Segmentation and Diagnosis：Is the Problem Solved？作者：Olivier Bernard 等，2018 年。

照数据标注的要求进行约束。

10.2.2　机器学习算法的步骤

对于机器学习，传统学习的步骤与深度学习的步骤有所不同。传统机器学习算法的主要步骤包括：数据准备、数据预处理、特征提取、机器学习算法选择、模型的参数学习、模型的使用。

1. 数据准备

这一阶段获取的数据可以是数值型数据，例如股票价格、房屋销售量等，也可以是图像及视频等媒体数据。对于数据准备阶段的数据，可以通过图像采集设备采集，也可以来源于网络公开数据等。

2. 数据预处理

这一阶段的主要任务是对于获取的数据进行预先处理，包括数据缺失值处理、重复数据处理、数据类型的转换和字符串数据的规整。对于数据预处理，常采用归一化/标准化处理。为了避免模型参数受极值的影响，常用的一种归一化方法是将 $[\min, \max]$ 映射到 $[0, 1]$ 之间。图像数据的预处理包括图像的增强、图像的变换增强、图像的尺度变换增强等。

3. 特征提取

对于数值型数据，可以直接通过运算，将数据转化为特征描述的形式，或者通过学习算法自动地学习出有效的特征。传统的特征学习需要人为设计一些准则来选取有效的特征；而对于数字图像的特征提取，特征描述的对象包括角点特征、边缘特征、区域特征以及轮廓特征等，特征的类型包括颜色特征、纹理特征、形状特征等。

4. 机器学习算法选择

在实际工作中，应根据问题的不同类型来选择合适的学习模型。对于某一类问题，有多种不同的算法可供选择。从模型假设空间的角度来看，机器学习模型分为线性和非线性两种，这时寻找的决策函数 f 分别称为线性模型和非线性模型。

机器学习中典型的问题有分类、回归和聚类。分类与回归问题是典型的监督学习问题。分类任务就是根据数据的特征或属性，判断样本的类别。例如，对于文本进行分类的问题就是对于输入的文本(句子、词语)，通过学习来判断其类别为褒义还是贬义，这就是二分类的问题。再如，对于手写数字的图像来说，判断写的是什么数字，如图 10-3 所示，这就是图像的分类。由于数字可能为 0~9 之间的数字之一，因此，该问题可以看作一个十分类的问题。

图 10-3　手写数字识别的分类问题

常用的分类方法有决策树分类算法、朴素的贝叶斯分类算法、基于支持向量机的分类器、神经网络分类算法、k 最近邻法、模糊分类法等。

对于回归任务，就是研究因变量(目标)和自变量(预测器)之间的关系，对数值型连续随机变量进行建模。对于数据样本，按照某种模型拟合出模型参数。例如，学习的变量具有线性关系，则线性回归算法适用于它们。

回归模型是统计学习常见的算法之一，其根据对误差的衡量来探索变量之间的关系。常见的回归模型包括以下几种：

- 基于实例学习模型：常用于对决策问题建模，常见的算法包括 k 最近邻法、学习矢量量化算法及自组织映射算法。
- 决策树模型：根据数据的属性采用树状结构建立决策模型，用来解决分类和回归问题。常见的算法包括分类及回归树、随机森林、多元自适应回归样条等。
- 贝叶斯模型：基于贝叶斯定理的学习算法，用来解决分类和回归问题。常见的算法包括朴素贝叶斯算法、平均单依赖估计和以及贝叶斯置信网络。
- 基于核的学习模型：数据先映射到高阶向量空间里，然后在高维空间解决分类或者回归问题。常见的算法包括支持向量机算法、径向基函数算法以及线性判别分析法。
- 聚类模型：按照中心点或者分层的方式按照最大的共同点对输入数据进行归类，试图找到数据的内在结构，常见的聚类模型包括 k 最近邻法及期望最大化算法。
- 降低维度模型：试图分析数据的内在结构，利用较少的信息来归纳或者解释数据，进行非监督学习。常见的算法包括主成分分析、偏最小二乘回归算法及投影追踪算法等。
- 关联规则学习模型：通过寻找变量之间关系的规则来解释数据依赖关系。常见的算法包括 Apriori 算法等。
- 集成学习模型：用一些相对较弱的学习模型独立地进行训练，然后把它们的结果整合起来进行整体预测。常见的算法包括 Boosting 算法、AdaBoost 算法、随机森林算法等。
- 人工神经网络模型：模拟生物神经网络的模型，用于解决分类和回归问题。该模型是机器学习的一个庞大的分支，有多种算法，深度学习模型是其中的一种。基于人工神经网络模型的算法有感知器神经网络、反向传递算法、Hopfield 网络、学习矢量量化算法等。

常见的回归算法包括线性回归、逻辑回归、多项式回归、逐步回归、岭回归、套索回归以及 ElasticNet 回归。其中，线性回归、逻辑回归、多项式回归是常见的算法。

- 线性回归：因变量是连续的，自变量可以是连续的也可以是离散的，回归的依赖关系是线性关系。
- 逻辑回归：当变量学习的类型属于二元(真/假)分类问题时，应该使用逻辑回归对变量的所属类别的概率进行统计分析。
- 多项式回归：对变量之间关系利用多项式方程进行学习。

5. 模型的参数学习

在机器学习中，主要涉及三个关键问题：学习模型的选择问题、学习准则以及模型优化问题。其中，学习模型的选择问题前面已经介绍过，这里不再重复。下面主要说明模型参数学习中的学习准则问题以及模型优化问题。

(1) 学习准则问题

关于学习准则，由于机器的作用是从有限的观测数据中学习、抽取或者挖掘出具有一般性的规律。因此，在这个过程中，要考虑对数据之间规律的抽取质量，在学习过程中按照什么条件对数据之间的关系进行约束，以确保挖掘的规律更符合数据的客观规律。总的来说，我们希望对于所有数据样本，利用机器学习算法得到的模型 ϕ，经过预测后得到的结果与真实结果 y 之间相差极小，也就是说，使模型预测误差 e 达到极小。

$$e = \left| f(\phi(x, \theta) - y) \right| \tag{10-2}$$

为了度量学习模型的预测结果与真实结果之间的差异，在监督学习中，可以在数据标签的作用下，将预测误差达到极小作为约束。对于非监督学习，又应该怎样确定机器学习的准则呢？

实际上，为了衡量学习中挖掘的规律是否符合实际，人们采用损失函数作为学习过程的约束。学习模型的好坏常利用期望风险来衡量。所谓期望风险，是指训练数据在符合真实数据分布的情况下，期望损失函数达到极小值。在不知道真实的数据分布和映射函数的情况下，常采用损失函数极小的经验风险来衡量、约束模型的性能。其中，常见的损失函数包括常见于评估模型预测的错误率的 0-1 损失函数、用于支持向量机模型的铰链损失、用于回归与分类模型的互熵损失(也称为交叉熵)损失、用于最小二乘法的平方损失、用于 Adaboost 集成学习算法的指数损失以及基于监督学习的绝对值损失函数等。

从学习模型的性能来看，在经验风险最小化的过程中，常出现模型的过拟合与欠拟合现象：

- 过拟合：训练模型在训练数据上表现良好，在未知数据上表现差，即错误率很高。
- 欠拟合：在训练数据和未知数据上表现都很差，即错误率都很高。

（2）模型优化问题

在已经选定机器学习模型的情况下，找到模型的最优参数就是模型优化的问题。由于机器学习模型的性能不仅与模型的拓扑有关，也与模型中设置的参数有关，例如，聚类算法中的类别数、支持向量机中的核函数等。这些参数称为超参数，它们的数值选取也是优化过程中应考虑的问题，需要算法研究人员根据经验设定，或者通过在优化过程中的研究得到最优参数。另外，由于机器学习模型中参数的数量往往很大，因此，在模型优化的过程中，常用的优化算法有一阶优化算法和二阶优化算法：一阶优化算法使用各参数的梯度值使得损失函数最小化，如梯度下降是典型的一阶优化算法；二阶优化算法则基于二阶导数方法使得损失函数最小化，如 Hessian 方法是典型的二阶导数优化算法(但由于其计算成本较高而未得到广泛应用)。

梯度下降的典型优化算法有批量梯度下降法、随机梯度下降法和小批量梯度下降法。

- 批量梯度下降法：优化目标是所有样本的平均损失函数。
- 随机梯度下降法：优化目标是单个样本的损失函数。
- 小批量梯度下降法：每次迭代优化时，随机选取一小部分训练样本，计算梯度并更新参数，可以高效地获取训练优化结果。

6. 模型的使用

在机器学习模型训练之后，一般来说，需要先对模型性能进行评估，然后使用模型进行预测。

模型评估是机器学习模型开发过程中非常重要的一步。使用不同的学习问题，评估方法也不同，例如，对于分类模型，可以利用分类的正确率来进行评估。分类模型不同，处理也有差异。例如，对于 k 最近邻法和支持向量机的分类模型，它们输出的是类标签，而 Logistic 回归、随机森林等分类学习模型输出的是类别的概率。此时，需要将这些概率结果转换为类标签，然后得到最终分类结果。

模型评估中常用的两种方法是 Hold-Out 评估模型和交叉验证法。

- Hold-Out 评估模型：在模型评估中需要训练集、验证集和测试集。训练集用于模型参数的训练，验证集用于评估机器学习模型的性能，测试集用于评估模型未来对实例进行预测的性能。
- 交叉验证法：在数据数量有限的情况下，使用交叉验证方法构建模型时，可从训练中删除一个子集，并将其作为测试集使用。

在评估回归模型时，常采用均方根误差、相对平方误差、平均绝对误差、相对绝对误差、决定系数和标准化残差图等方法。而对于分类模型评估，常采用混淆矩阵方法。在评估指标达到预期目标以后，就可以利用设计或者选择的学习模型的拓扑结构及优化参数进行实例的预测，在图 10-1 的下半部分展示了学习的预测过程。

10.3　机器学习与深度学习

我们在前面的内容中介绍了机器学习的常用模型和算法。实际上，模型学习的手段可以归为两大类：基于频率统计理论（频率派）的学习手段和基于贝叶斯理论的概率图（概率派）学习手段。

1. 基于频率统计理论的学习手段

基于频率统计理论的学习手段假设模型参数 θ 是确定的、未知的，其关键问题是如何根据观察数据估计参数 θ。常用的方法是极大似然估计：

$$\theta = \arg\max \log P(x \mid \theta) \tag{10-3}$$

基于频率理论的学习策略逐步发展后，出现了基于频率理论的统计学习方法，包括正则化、核化、集成化、层次化等。

在核化统计手段中，支持向量机算法和径向基函数算法是典型的算法实例。AdaBoost 学习算法和随机森林学习算法是集成化的频率学习算法。随着机器学习技术的发展，层次化神经网络中的传统学习方法逐步演化，并出现了一些深度学习模型，如多层感知机（MLP）、自动编码器（AutoEncoder）、卷积神经网络（Convolutional Neural Network，CNN）、循环神经网络（RNN）等，这些都是典型的频率理论的机器学习模型。随着学习及计算能力的提高，这些具有深层拓扑结构的学习模型采用深度学习模型进行设计。

可见，深度学习的自动编码模型、卷积神经网络模型等都是从基于频率理论的机器学习模型发展而来，如图 10-4 所示，其支持层数较深的层次拓扑，具有较强的特征学习能力。另外，在基于频率统计理论的学习中，例如在线性回归的学习过程中，利用均方差定义损失函数，并采用极大似然估计的频率统计思想。

图 10-4　基于频率理论的机器学习策略

2. 基于贝叶斯理论的学习手段

基于贝叶斯理论的学习手段是假设模型参数 θ 是一个随机变量，服从概率分布 $\theta \sim p(\theta)$，称之为先验概率，并根据贝叶斯理论，将参数的先验概率和后验概率以及似然规律相联系。

在基于贝叶斯理论的学习方法中，概率图模型是典型的贝叶斯学习模型，主要包括有向图模型、无向图模型、有向和无向图混合模型。其中，Bayesian Network 是有向图模型的典型实例，Markov Network 是无向图模型的典型实例，Mixed Network 是混合模型的典型实例。在概率图模型的学习过程中，不采用损失函数控制学习过程，而是采用生成模型来约束学习模型的质量。

随着网络计算能力的提高，在有向图学习模型的基础上支持深度学习的机制，发展得到 Sigmoid 信念网络及生成式对抗网络（GAN）等；在有向图的基础上，融入深度学习的策略，得到了深层波尔兹曼机；基于深度学习的混合模型机制，发展出了深度信念网络（Deep Belief Network），这些深化生成模型在人工智能研究中起着重要的作用（见图 10-5）。

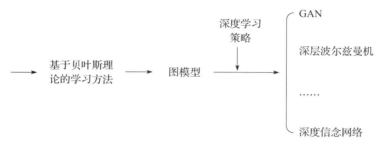

图 10-5　基于贝叶斯理论的机器学习策略与深度学习策略之间的关系

10.4　深度学习基础

10.4.1　深度学习技术的发展

深度学习作为机器学习的一个分支，近年来受到国内外学者的广泛关注，涌现了一大批成果。

1. 深度学习的起源

1943 年，心理学家 Warren McCulloch 和数理逻辑学家 Walter Pitts 在合作研究中提出了 MP（McCulloch-Pitts）模型，并给出了人工神经网络的概念及人工神经元的数学模型，这项工作作为人工神经网络起源的标志，奠定了神经网络模型发展的基础。1949 年，加拿大著名心理学家唐纳德·赫布提出了一种无监督的海布学习规则（Hebb Rule），建立了按照样本的相似程度分类的"网络模型"，从而为神经网络学习算法奠定了基础。20 世纪 50 年代末，在 MP 模型和海布学习规则研究的基础上，美国科学家罗森布拉特在研究中模拟人类的学习过程，建立了由两层神经元组成的感知机，于 1958 年提出了线性模型的"感知器"，实现了数据二分类。感知器对神经网络的发展具有里程碑的意义。1969 年，"AI 之父"马文·明斯基和西蒙·派珀特共同编写了《感知器》一书。但是，在 20 世纪 70 年代，人工神经网络技术的研究进入低潮，在后续的十几年中几乎处于停滞的状态。

2. 深度学习的人类记忆模拟阶段

1982 年，物理学家约翰·霍普菲尔德在研究中试图模拟人类的记忆功能，因而发明了 Hopfield 神经网络，设计出连续型和离散型两种算法，分别用于优化计算和联想记忆。很遗憾，由于易陷入局部最小的缺陷，该算法并未产生广泛的影响。1986 年，深度学习之父杰弗里·辛顿提出了一种多层感知器的反向传播（BP）算法，该算法能够很好地解决非线性分类问题，使得人工神经网络再次引起广泛关注。20 世纪 90 年代中期，相继出现一些浅层机器学习算法（如 SVM），这些浅层模型可以取得较好的分类效果。然而，由于当时计算机的硬件水平有限，运算能力不能满足研究的需要，导致神经网络的规模增大时，BP 算法中出现了"梯度消失"的问题。这都使得人工神经网络的发展再次进入低潮时期。

3. 深度学习的复苏与爆发

2006 年，杰弗里·辛顿以及他的学生鲁斯兰·萨拉赫丁诺夫提出了深度学习的概念，他们在顶级学术期刊《科学》发表的文章中提出了"梯度消失"问题的解决方案。他们的策略是在无监督学习中进行逐层训练，再使用有监督的反向传播算法进行调优。该创新工作在学术圈引起了巨大反响，并吸引了众多世界知名高校的研究团队不断跟踪深度学习的前沿技术，使深度学习很快推广到工业界，推动了人工智能技术迅猛发展。

2016 年，谷歌公司开发出基于深度学习的人工智能程序 AlphaGo。AlphaGo 以 4∶1 的比分战胜了国际顶尖围棋选手李世石，这意味着在围棋领域，基于深度学习的人工智能技术已经超越了人类的智能。

近年来，深度学习的相关算法逐步在医疗、金融、艺术、无人驾驶等领域取得了显著的应用成果。目前，人们关注深度学习、人工智能的热点及动态，深度学习已经成为人工智能发展的推动力。

10.4.2 神经元与人工神经网络

在神经网络的研究过程中，人们最初是从建立模仿人脑神经系统的数学模型出发，建立了由神经元构成的人工神经网络（也简称为神经网络）。

在人类大脑的生物结构中，神经元是传导信息的特殊细胞，人脑神经系统有 800 多亿个由上千个突触与其他神经元相连接的基本神经元。20 世纪初，人们就发现神经元是由细胞体和细胞突起构成的。细胞体能够控制产生兴奋状态或抑制兴奋状态的能力；而细胞突起中的树突和轴突可以分别接收或者传出细胞体的兴奋信息。每个神经元可被视为只有兴奋和抵制两种状态的细胞。当神经元接收到足够的信号之后，就会处于兴奋状态，产生兴奋电脉冲，并通过突触传递给其他神经元。

人工神经网络就是一种从结构、实现机理和功能上模拟人脑神经机理的学习模型，其结构是由人工神经元节点相互连接而构成的，会给每对节点赋予一定的权重，该权重可以表示一个节点对另一个结点的影响因子，传输路径上前一个节点的信息经过加权后传输到下一个节点中。

1. 第一代人工神经网络：简单感知器

如前所述，第一代人工神经网络要追溯到 1943 年出现的人工神经网络的概念及人工神经元的 MP 数学模型，历经无监督学习方法、感知器、神经感知器，最后形成完善的神经网络模型，如图 10-6 所示。但是，由于感知器结构较为简单，如图 10-7 所示，根本不适应应用到多层神经网络结构中。

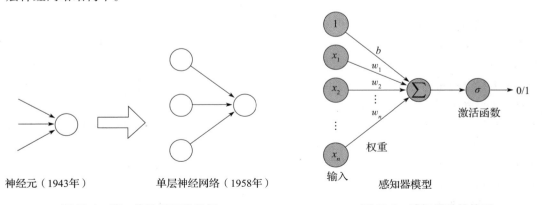

神经元（1943年）　　　　单层神经网络（1958年）

图 10-6　第一代神经网络实例

图 10-7　感知器的结构图

2. 第二代人工神经网络：多层结构

1986 年，David Rumelhart、Geoffrey Hinton 和 Ronald Williams 联合研究了反向传播算法，使用多个隐藏层来代替感知机中的单个特征层，并使用反向传播算法来计算网络参数，解决了多层神经网络的学习问题。1989 年，Yann LeCun 等人使用深度神经网络对手写体字符识别问题进行研究，取得了成功，从而推动了多层神经网络技术的发展。

人工神经网络从信息处理的角度对人脑神经元网络进行抽象，建立某种简单模型，按不同的连接方式组成不同的网络。目前，已有近 40 种神经网络模型，根据连接的拓扑结构，神经网络模型可以分为前馈网络（即前向传播网络）和反馈网络（即反向传播网络）。

- 前馈网络：网络中的各个神经元接收前一级输入，并输出到下一级，就这样逐级传输，网络中没有反馈，实现特征从输入端到输出端的传输，信息处理能力来自简单非线性函数的多次复合。这种网络结构简单，易于实现。
- 反馈网络：网络内的神经元间有反馈，信息处理是状态的变换，系统的稳定性与记忆功能有密切的关系。

假定神经元接受 n 个输入 $\boldsymbol{I} = (x_1, x_2, \cdots, x_n)$，如果用状态 $\boldsymbol{z}$ 表示一个神经元获得的输入信号 $\boldsymbol{x}$ 的加权和，将 $\boldsymbol{z}$ 进一步映射，得到输出结果为 $\boldsymbol{a}$，那么：

$$z = \boldsymbol{w}^{\mathrm{T}} \boldsymbol{x} + \boldsymbol{b}$$
$$a = f(z) \tag{10-4}$$

其中，$\boldsymbol{w}$ 为 n 维权重向量，$\boldsymbol{b}$ 为偏置。

图 10-8 是多层神经网络的结构。其中，一共有四层神经元节点，除了输入层（第一层）和最后一层（输出层），中间有两层隐藏层（也称为中间层），网络信息传输是单向、无反馈的过程。

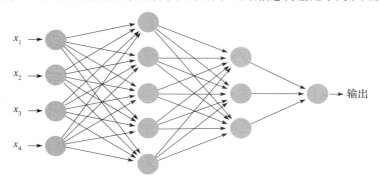

图 10-8　多层神经网络的结构[⊖]

虽然第二代人工神经网络解决了多层信息感知问题，并且提出了反向传输的机制，但是反向传播算法并不总是能很好地运行，很容易陷入局部最优解，并且随着网络层数的增加，训练的难度越来越大。此外，第二代人工神经网络还存在反向传回的信号会逐渐减弱的问题，从而限制了网络的层数。

3. 深层结构的深度神经网络

1958 年，Davidhubel 和 Torsten Wiesel 在研究中发现后脑皮层中存在方向选择性细胞，大脑皮层对原始信号做低级抽象，逐渐向高级抽象迭代。进一步的研究证实，大脑皮层在认知活动中对信号的感知也是通过复杂的模块层次结构完成的。人的视觉系统的信息处理具有分级特

⊖　资料来源：《神经网络与深度学习》，邱锡鹏著，机械工业出版社 2020 年出版，书号为 978-7-111-64968-7。

性，即从低级的边缘特征到形状特征，再到整个目标行为特征，如图 10-9 所示，多层神经网络信息感知过程与这种多级特征传输和抽取相一致。

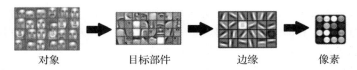

| 对象 | 目标部件 | 边缘 | 像素 |

图 10-9　人类视觉系统的多层特征感知的实例

为了使人工神经网络更加符合人脑视觉信号传输的机理，即具有多层传输机制的感知机制，2006 年，Hinton 提出了深度置信网络（Deep Belief Network，DBN），该方案采用贪心无监督训练方法，解决了隐藏层参数难以训练的问题，并且所研究的方法在训练时间上与网络规模及深度呈线性关系。

深度神经网络（Deep Neural Network，DNN）的研究从此兴起。实际上，随着 GPU、FPGA等被用于高性能计算、神经网络硬件和分布式深度学习系统的出现，解决了许多研究中的问题：

- 深度学习项目于 2010 年首次得到 DARPA 计划的资助。
- 2011 年，微软研究院和谷歌公司采用 DNN 将语音识别错误率降低了 20%~30%，这是 10年来该研究取得的最好成果。
- 2012 年，Hinton 等在研究中对 ImageNet 图片分类的 Top5 错误率由 26% 降低至 15%；Andrew Ng 与 Jeff Dean 在谷歌大脑项目中，采用了有 10 亿个神经元的深度网络，在图像识别领域取得突破性进展。
- 2014 年，谷歌将语言识别的精准度从 2012 年的 84% 提升到 98%，人脸识别系统 FaceNet在 LFW 上的准确率达到 99.63%。
- 2016 年，DeepMind 公司研发了深度学习围棋软件 AlphaGo，使用了 1920 个 CPU 集群和280 个 GPU，最终战胜人类围棋冠军李世石。

国内在深度学习方面也取得了很多成果：2012 年，华为公司成立"诺亚方舟实验室"，从事自然语言处理、人机交互等领域的研究；2013 年，百度公司成立"深度学习研究院"，进行图像识别、检索等方面的研究；同年，腾讯公司建立深度学习平台 Mariana；2015 年，阿里公司发布人工智能平台 DTPAI。

目前，深度学习技术迅猛发展，已经渗透到生活的各个领域，成为人工智能的主要发展方向。它提供了一种提升机器智能的有效途径，其技术的内涵具有巨大的挖掘空间。

从神经网络的拓扑结构来看，根据网络中信息传输的不同机理，神经网络通常分为深度神经网络、卷积神经网络和循环神经网络等类型。下面将具体介绍。

10.4.3　神经网络的结构

常用的神经网络有三种结构：前馈神经网络、反馈神经网络和图神经网络。

前馈神经网络（简称前馈网络）是由多层的 Logistic 回归模型构成。在神经网络中，各神经元从输入的第一层开始逐层传输，直到最后一层的输出层。信息经过中间隐藏层传输时，层间没有反馈信息，如图 10-10 所示。

反馈神经网络（简称反馈网络）具有很强的联想记忆和优化计算能力。其神经元可以接收自己或者其他神经元的信号，每个神经元也将其信号作用给其他神经元。反馈网络中最简单且应用广泛的模型是 Hopfield，它具有联想记忆的功能。除此之外，循环神经网络和波尔兹曼机也属于反馈网络，反馈网络中神经元具有记忆功能，能够描述与时刻对应的状态，反馈网络可以用有向循环图或者无向图表示，如图 10-11 所示。

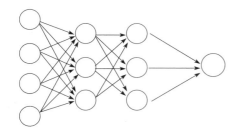

图 10-10 前馈神经网络

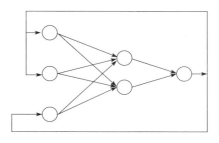

图 10-11 反馈神经网络

在图神经网络的拓扑中，每个节点由一个或一组神经元构成，可以向相邻节点或者自己传播信息。

深度神经网络中，基本的神经元由计算部分（加权的计算）和映射部分组成。在映射部分，通过激活函数进行激活处理操作。假设神经元接受 n 个输入 $I = (x_1, x_2, \cdots, x_n)$，状态 z 表示一个神经元获得的输入信号 x 的加权和，将 z 进一步映射，得到输出结果 a，如图 10-12 所示。可见，激活函数的作用是将无限制的输入转换为可预测形式的输出。激活函数具有以下特点：①激活函数为连续并可导的非线性函数，②激活函数及其导函数应尽可能简单，以便提高网络计算效率，③激活函数的导函数的值域要在一个合适的区间内。

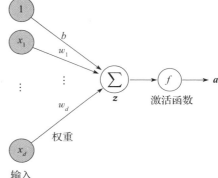

图 10-12 基本神经元结构示例

常用的激活函数是 Sigmoid 激活函数，Sigmoid 激活函数主要有 Logistic 函数和 tanh 函数。

（1）Logistic 函数

Logistic 函数的定义为：

$$\sigma(x) = \frac{1}{1+e^{-x}} \qquad (10-5)$$

Logistic 函数将实函数映射至 0 到 1 之间，如图 10-13 所示。

Logistic 函数的神经元的功能为：输出可以看作概率分布，使得神经网络可以和统计学习模型结合使用，也可以作为软门（Soft Gate），控制其他神经元输出信息数量。

（2）tanh 函数

tanh 函数的定义为：

$$\tanh(x) = \frac{e^x - e^{-x}}{e^x + e^{-x}} \qquad (10-6)$$

tanh 函数将实函数映射到 -1 到 1 之间，如图 10-14 所示。

除此之外，修正线性单元（Rectified Linear Unit，ReLU）函数也是目前深层神经网络中经常使用的激活函数。它是一个斜坡函数，定义为：

$$\mathrm{ReLU}(x) = \begin{cases} x & x \geqslant 0 \\ 0 & x < 0 \end{cases} \qquad (10-7)$$

ReLU 函数主要用于单侧抑制等。人脑在某时刻仅有 1% ~ 4% 的神经元处于活跃状态。因此，需要模拟人脑的活跃神经元的功能时，如果采用 Sigmoid 激活函数，将会产生非稀疏的神经网络，而采用 ReLU 可以产生稀疏的激活效果。例如，大约 50% 的神经元会处于激活状态，这与人脑具有的稀疏激活神经活动机理一致。

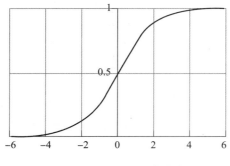

图 10-13　Logistic 函数曲线

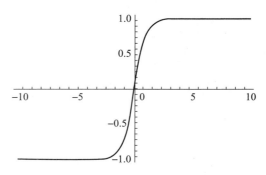

图 10-14　tanh 函数曲线

10.4.4　卷积神经网络

1. 卷积单元结构

从本质上看，卷积神经网络（CNN）属于前馈网络。卷积神经网络由多层神经元组成，每层神经元只响应前一层的局部范围内的特征。顾名思义，卷积神经网络主要采用卷积运算。在卷积运算中，一个重要的概念是感受野（Receptive Field），它是感受器受刺激兴奋时，一个神经元所反应（支配）的刺激区域。这个概念是受生物学上的感受野的概念启发而产生的。同样，在 CNN 中，神经元的感受野也是视网膜上的特定区域受刺激后激活的神经元区域。

为什么要引入卷积神经网络呢？在卷积神经网络出现之前，采用人工全连接神经网络，即每相邻层的任意两个神经元之间都有边相连，如图 10-15 所示。

在全连接神经网络中，所有输入数据信息都会对输出的预测有一定的作用，然而，当输入层的特征维度变得很高时，需要训练的参数很多，计算速度会变得很慢。例如，对于一幅 RGB 三通道 32×32 的输入图像，输入神经元就有 3072 个，如果为全连接网络，需要训练的参数更多。然而，对 CNN 结构的网络，如图 10-16 所示，通过特征提取，可以大大减少训练参数的个数。此外，CNN 在特征提取的过程中，有助于图像的特征分析，从而有助于完成图像的分类任务等。

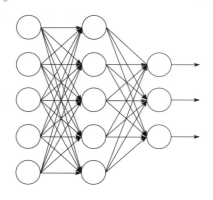

图 10-15　全连接神经网络

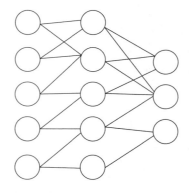

图 10-16　CNN 结构的网络示例

2. 卷积神经网络中的卷积运算及特征

卷积神经网络用于对图像进行特征学习，一般由若干个卷积层(或者卷积单元)构成，如图 10-17 所示。卷积神经网络由两个卷积层及全连接层构成，我们也可以将该卷积神经网络看作由两个卷积单元组成，每个单元又由卷积运算和池化层组成。两个卷积单元依次处理之后得到的特征输入到全连接层进行处理。

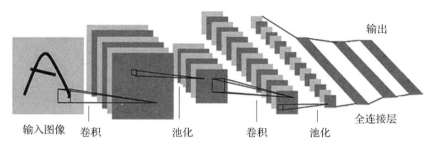

图 10-17　卷积神经网络实例[⊖]

对于卷积层来说，其基本运算是卷积运算。在卷积运算中，卷积的核函数称为卷积核。卷积核有一定尺度，在一次卷积运算中，如果有一个卷积核(也称为滤波器)，则经过卷积运算后得到一张特征图，如图 10-18 所示；如果利用多个卷积核，运算后得到多张特征图。例如，利用 6 个卷积核运算，则得到 6 张特征图，这时称 6 张特征图为 6 个通道的特征，如图 10-19 所示。

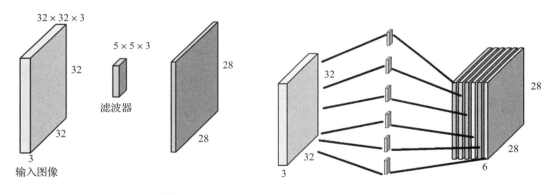

图 10-18　一次卷积运算的实例　　　　　图 10-19　6 个卷积核的实例

对于输入的图像，可以进行多层的卷积处理。在低级层次的卷积过程中得到的特征称为低层特征(也称为低级特征)，在中级层次的卷积处理中得到的特征称为中层特征(也称为中级特征)，在高级层次的卷积处理中得到的特征称为高层特征(也称为高级特征)。例如，在 VGG16 的网络中，不同层次的特征如图 10-20 所示，它们分别为第 1 卷积单元的第 1 次卷积运算时得到的低级特征、第 3 卷积单元的第 2 次卷积运算时得到的低级特征，以及第 5 卷积单元的第 3 次卷积运算时得到的低级特征。从这些特征可以看出，低级特征能体现细节，而高层特征主要表现轮廓形状，如图 10-20 所示。

⊖　资料来源：Gradient-based Learning Applied to Document Recognition，作者 Yann LeCun 等，1998 年。

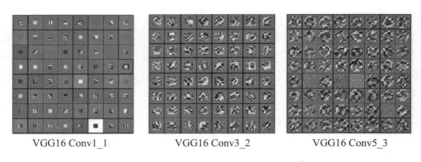

VGG16 Conv1_1　　　　　VGG16 Conv3_2　　　　　VGG16 Conv5_3

图 10-20　VGG16 的卷积特征实例[一]

3. 几种典型的卷积神经网络

（1）LeNet

LeNet 是 1998 年由 Yann LeCun 提出的。对于手写字符的识别与分类问题，其准确率达到 98%，相关系统在美国的银行中已投入使用。在刚提出时，由于当时缺乏大规模的训练数据，计算机硬件的性能也较低，因此 LeNet 在处理复杂问题时并未取得理想的结果。

LeNet 的网络结构比较简单，采用 2 个卷积单元，并结合全连接层进行设计，如图 10-17 所示。

LeNet 的结构如下：

- 第一个卷积单元中，先进行卷积运算，卷积核的大小为 5×5，卷积核数量为 6 个，得到 6 个特征图。然后，进行最大池化下采样，下采样之后，图像的大小变为原来的 1/2，即水平方向和垂直方向上图像大小分别减半。
- 第二个卷积单元中，先进行卷积运算，卷积核大小为 5×5，核的数量变为 16 个，卷积之后进行最大池化下采样，输出 16 个大小为 5×5 的特征图。
- 在全连接层结构中，第一个全连接层中神经元的个数为 120 个，输出 120 个大小为 1×1 的特征图；第二个全连接层中神经元的个数为 84 个；第三个全连接层中神经元的个数为 10 个。

LeNet 网络的特点是使用卷积提取空间特征，降采样层采用平均池化进行处理，改变特征尺度。

（2）VGGNet

VGGNet 是牛津大学和 DeepMind 公司合作研发的，属于深度卷积神经网络。VGG 是牛津大学 Visual Geometry Group（视觉几何组）的缩写，VGGNet 获得了 2014 年 ImageNet 的亚军。

VGG 中共有 5 个卷积单元，每个卷积单元后面跟一个池化层，最后是 3 个全连接层。

以 VGG16 为例，共有 16 次卷积运算，卷积核均为 3×3，采用步长为 2 的最大池化，卷积特征数分别为 64、128、256、512、512。从 VGG16 到 VGG19，卷积块有 2~3 个卷积层，增大感受野，并可以降低网络参数，由于多次使用 ReLu 激活函数，使得学习能力更强。

VGG 网络的创新性体现在网络层数的加深比加宽更有优势，用小的卷积块逐次进行卷积，可以增大感受野，同时可以减少参数数量，并且随着网络层数的加深，可以提高网络精度。

（3）ResNet

残差网络（ResNet）是由微软研究院的何凯明等于 2015 年提出的，能够支持 152 层深度的卷积

　㊀　资料来源：Visualizing and Understanding Convolution Networks，作者 Matthew D. Zeiler，Rob Fergus，2013 年。

神经网络。ResNet 采用残差块解决了计算资源消耗大、模型容易过拟合以及梯度消失等问题。

残差网络是由残差块组成的，如图 10-21 所示。

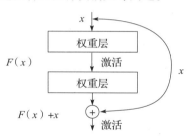

对于残差块，有 2 个分支 $F(x)$ 和 x。$F(x)$ 分支回归残差量，此分支有两种策略：一种采用 1×1 卷积层的瓶颈结构，另一种为基于 2 个 3×3 卷积层的瓶颈块。

ResNet 结构的优点是可扩展性强，以残差块为基本单位，便于从深度和宽度拓展网络，在加深网络的同时可以获得更好的性能。

图 10-21　残差块的结构[一]

10.4.5　循环神经网络

循环神经网络（RNN）是 1982 年由 Saratha Sathasivam 提出的，由于难以实现，因此当时没有得到应用。1986 年，RNN 改进为全连接神经网络的结构，但是由于当时存在训练参数太多的问题，从而使得循环神经网络没能很好地处理时间序列问题。

RNN 的主体结构有输入 x_t 及隐藏状态 h_{t-1}，在每个循环周期，RNN 的模块读取 x_t 及隐藏状态 h_{t-1}，然后生成新的隐藏状态 h_t，并产生本次循环的输出 o_t。RNN 可以被看作同一神经网络结构 A 按照不同时间序列反复执行，但在不同时间序列执行时，共享网络参数。在时间序列中，如果展开，则得到图 10-22 所示的网络拓扑结构。

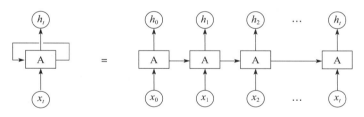

图 10-22　RNN 的网络拓扑结构

从图 10-22 可以看出，RNN 展开后可以被看作一个前馈神经网络，也可以直接采用反向传播算法进行优化，因此，可以利用时间序列的反向传播机制对网络进行训练。

下面介绍几种典型的 RNN。

● 长短记忆神经网络（LSTM）是 RNN 的变种，由 Hochreiter 和 Schmidhuber 提出，能够通过学习得到较长的时间序列依赖关系。LSTM 是为了避免长依赖问题而精心设计的。LSTM 仍然基于 x_t 和 h_{t-1} 来计算 h_t，在内部结构设计中加入了输入门、遗忘门、输出门和一个内部记忆单元。

● 门控循环单元（GRU）是 LSTM 的一种变体。在 GRU 模型中采用两个门：更新门和重置门。GRU 具有结构简单、记忆效果好等特点，整体的训练速度要快于 LSTM。

● Transformer 是 2017 年提出的模型架构，它基于序列建模设计思想，目前被广泛应用于自然语言处理等领域。在 Transformer 模型的 Encoder 部分，将词序列编程为 Embedding 向量，利用 Self-Attention 机制，并计算参数矩阵 Q（查询）、K（键值）、y（值），用于注意力控制，该模型有效解决了词序列的编码与预测问题。

　　㊀　资料来源：Deep Residual Learning for Image Recognition，作者 Kaiming He 等，2016 年。

10.5　深度学习编程框架

随着深度学习技术的发展，为了能够在深度学习过程中有效实现反向传播，并基于梯度信息进行高效计算，有效地在学习过程中实现模型参数调整及优化，逐步提出了一些深度学习框架，例如 Theano、Caffe、TensorFlow、PyTorch、PaddlePaddle、Chainer 和 MXNet 等。下面以 TensorFlow、PyTorch 为例来介绍深度学习框架。

10.5.1　TensorFlow

1. TensorFlow 的发展历程

2015 年 11 月，谷歌公司针对人工智能领域研究的实际需求，对 2011 年开发的深度学习基础架构 DistBelief 进行了深入改进，并开发了一个面向应用开发的框架系统——TensorFlow。当时，TensorFlow 的初步版本被应用于图像识别等领域。这个应用框架可以应用于小规模的单台计算机设备，也可以应用于有多台设备的中心服务器环境中。随着技术的不断进步，Tensor-Flow 框架推出了一系列产品：

- 2016 年 4 月，谷歌发布了 TensorFlow 0.8。该版本支持分布式功能，在初步版本的基础上做了大量的功能更新。从性能的角度来看，可以支持 100 个 GPU 同时工作，其强大的分布式处理功能在人工智能产业中产生巨大的影响。
- 2016 年 6 月，TensorFlow 升级到 0.9 版本，重大的功能改进在于增加了对 iOS 的支持。这一功能改进意味着人工智能技术可以在移动端拓展其应用领域。
- 2017 年 1 月，谷歌公司公布了 TensorFlow 1.0.0-alpha 版本，进一步又出现了 TensorFlow 1.0.0-rc0 版本。TensorFlow 1.0 为性能的进一步提升奠定了基础，在版本演化过程中，以优化模型的速度为驱动力，取得了显著的改进效果。
- 2018 年 3 月，谷歌公司发布了 Tensorflow 1.7.0 版本，在这个版本中集成了 NVIDIA 的 Tensor RT 软件包，从而实现了对 GPU 硬件计算环境的高度优化，在优化速度方面获得了提速 8 倍的效果。
- 2018 年 7 月，TensorFlow 1.9 版本发布，它可以支持多种平台(CPU、GPU、TPU)和设备终端，例如，桌面设备、服务器集群、移动设备、边缘设备等。该版本可以结合 Java API 进行联合开发，适用于页面环境的应用；该版本还更新了其中的 Keras 软件包，在多人人脸识别项目研究中得到了有效的应用，并进一步宣布了 TensorFlow.js 1.0，其在 JavaScript 中实现了浏览器环境下的智能识别功能。
- 2019 年 10 月初，谷歌公司推出了 TensorFlow 2.0，该版本的改进注重使用的简单性和易用性，而且可以结合 Keras 轻松构建模型，并且实现了在多个平台中稳定部署。在提供强大的实验工具的同时，简化了 API，增强了可用性，便于开发使用。
- 近两年不断出现新的版本，目前已经推出 TensorFlow 2.4，不断更新的框架在并行计算、任务调度、复杂任务处理等方面进行了优化，提高了开发性能。

2. TensorFlow 的使用

TensorFlow 框架在设计时，采用"定义"与"执行"过程相分离的机制，即先定义网络图，然后将数据注入网络中再执行(训练或者预测)。

TensorFlow 采用网络图来计算任务，运行任务的上下文称为会话(Session)，即网络图的执行是在 Session 中运行的。在网络图中使用张量(Tensor)存放数据，网络模型中可优化的参数用变量(Variable)表示。

使用 TensorFlow 时，首先需要建立一个数据流图，然后让自己定义的数据以张量的形式参与数据流图的计算。这个数据流图与机器学习中的学习模型相对应。在数据流图的定义中，给定的是框架形式，而在训练时，需要将训练数据按照批次注入数据并进行计算，以便不断优化网络参数。

在 TensorFlow 中，张量有多种类型：

- 零阶张量，即纯量或标量，例如[5]。
- 一阶张量，即一维向量形式，例如[3，8，1]。
- 二阶张量，即矩阵形式，例如[[65，4，98]，[2，4，7]，[5，2，7]]。

此外，还可以定义更高阶的张量。

下面介绍 TensorFlow 使用过程中的基本问题。

(1) 数据交互的问题

深度学习模型以网络图的框架形式表示，在获取数据后动态执行(训练或者预测)，而网络图在注入数据后工作(训练或者预测)。那么网络图与数据集数据之间交互的实现方法为，TensorFlow 使用注入数据(feed)或者取回数据(fetch)，注入数据是将数据集中的数据注入网络的计算图中，而取回数据是在网络执行计算后将结果取出。

数据注入或者取回计算结果的过程称为数据交互，即数据集与学习模型之间的数据交互过程。针对不同的数据集，数据交互的过程如图 10-23 所示。

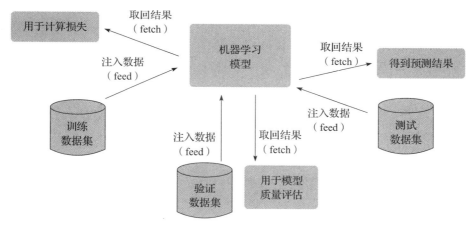

图 10-23　学习模型与数据集的交互

(2) Session 的创建与使用

在 TensorFlow 中创建及使用 Session 时，涉及的基本概念如下：

- 张量：在网络图中，用于容纳运算数据的容器。
- 变量：在深度学习模型中定义的用于网络性能优化的可调变量。例如，卷积神经网络的卷积核的权重、深度神经网络中权重和偏置等。
- 占位符：输入变量的载体，例如定义函数中的参数。
- 图中的节点操作(op)：用于描述计算图中的单步计算活动，一个 op 获得 0 个或者多个张量执行计算后，产生 0 个或者多个 Tensor。op 用于描述图中张量的运算关系，利用网络图进行操作。

在 TensorFlow 中，数据流图中的 op 在得到执行之前，必须先创建 Session 对象。创建时，有三个可选参数：

- target：表示是否在分布式环境中运行会话。在非分布式环境中使用 Session 对象时，该参数默认为空。
- graph：指定了 Session 对象中加载的 Graph 对象。如果不指定的话，默认加载当前默认的数据流图。如果有多个图，就传入加载的图对象。
- config：Session 对象的一些配置信息、CPU/GPU 使用上的参数设置。例如，allow_soft_placement 选项可以把不适合在 GPU 上运行的 op 全部放到 CPU 上运行，gpu_options. allow_growth 可以设置逐步增加 GPU 显存的使用量。

例如，创建一个 Session 对象，采用默认数据流图：

```
sess = tf.Session()
sess = tf.Session(graph=tf.get_default_graph)
```

例如，创建 Session 对象，然后运行 Session，最后关闭 Session：

```
a=tf.constant([3,5,7,1])
b=tf.constant([2,4,6,8])
theresult=a+b
sess=tf.Session ()
print (sess.run(theresult))
sess.close
```

（3）Session 的数据注入机制

通常采用数据字典的方式来实现数据的注入功能。例如，创建占位符，然后在数据字典（例如 feed_dict）中为占位符注入数据，再传入数据流图：

```
x= tf.placeholder(dtype=tf.float32)
y= tf.placeholder(dtype=tf.float32)
sub = x-y
product = x*y
with tf.Session() as sess:
   sess.run(tf.global_variables_initializer()) #启动图后,变量初始化
   print('x + y =  {0}'.format(sess.run(sub,feed_dict={x:3,y:4})))
   print('x * y =  {0}'.format(sess.run(product,feed_dict={x:3,y:4})))
```

10. 5. 2 PyTorch

1. PyTorch 的发展历程

2017 年 1 月，Facebook 人工智能研究院（FAIR）推出了基于 Python 库的 PyTorch，它基于 Torch 张量库进行开发。而 Torch 的开发可以追溯到 2002 年。最初，Torch 使用 Lua 语言作为深度学习框架的描述语言，因为当时机器学习的主流语言是 Python，而 Lua 语言的使用受限，于是，Facebook 利用 Python 语言将 Torch 中的 Lua 语言进行移植，并于 2016 年发布了 PyTorch 0. 1. 1（alpha-1 版本）。由于 Torch 张量库具有强大的 GPU 支持功能，因此 PyTorch 框架可以为深度学习提供强大的开发功能。PyTorch 的工作流程与 Python 的科学计算库 Numpy 非常接近。此后，许多研究者将其作为开发框架，由于 PyTorch 提供便于使用的 API，能够方便地构建复杂的计算图，可以有效地与 Python 数据科学栈结合，提供构建动态计算图、修改计算图等功能，因此得到了广泛应用。

PyTorch 的发展经历了以下阶段：

- 2016 年发布 PyTorch 0.1.1，PyTorch 和 Torch 的底层都是 C 语言 API 库，同时，在前端代码的组织上，PyTorch 也借鉴了 Torch 的张量和模块等概念。
- 随着技术的不断发展，PyTorch 改进了并行计算和异构计算（CPU/GPU 混合）方面的性能，引入了多进程计算功能，逐渐集成基于 CuDNN 的 GPU 深度学习计算库。例如，在 PyTorch 0.2.0 实现了高阶导数、分布式计算功能。
- PyTorch 0.3.0 支持更多的损失函数和优化器，同时在计算性能上有了很大的进步。
- 在 PyTorch 0.4.0 中，对分布式计算的支持更加完善，增加了对 Windows 操作系统的支持，实现了张量和变量的合并。
- 在 PyTorch 1.0 版本中，在分布式计算方面对不同的后端有了完善的支持，包括 MPI 和 NCCL 等。在即时编译器方面新增了许多功能，并且可以把 PyTorch 的动态计算图编译成静态计算图，方便模型的部署。此外，加强了对 C++前端的支持，可以有效地提高模型的运行效率。由于 PyTorch Hub 功能的出现，可以实现并获得预训练深度学习模型，主要包括计算机视觉、自然语言处理、生成式模型和音频模型等，方便用户构建基线模型和复现深度学习模型的效果。
- PyTorch 1.1 可以支持 TensorBoard 对于张量的可视化功能。
- PyTorch 1.2 增强了 TorchScript 的功能，同时增加了 Transformer 模块，以及对视频、文本和音频的训练数据载入的支持。
- PyTorch 1.3 增加了移动端的处理，以及对模型的量化功能的支持。

2. PyTorch 功能简介

使用 PyTorch 的主要是两类人：利用 GPU 的性能进行计算的人以及为求高灵活性而快速学习深度学习计算的人。PyTorch 基于动态计算图的框架，适合对具有动态神经网络结构任务的学习。

（1）PyTorch 支持自动求导功能

PyTorch 的重要功能是具有自动求导的工具包 autograd，在运行时为张量的操作提供自动求导功能，即在反向传播中根据代码确定。

自动求导功能使用方便，只需要定义 forward 函数、backward 函数计算导数，并自动使用 autograd 功能。

（2）PyTorch 的张量

PyTorch 张量在概念上与 numpy 数组相同，提供很多在张量上运行的功能。张量可以跟踪计算图，也可用作科学计算的通用工具，但不能利用 GPU 来加速其数值计算。PyTorch 张量可以利用 GPU 加速计算，如果在 GPU 上运行 PyTorch Tensor，需要将其转换为新数据类型。

（3）PyTorch 的 nn 模块

PyTorch 中的 nn 包类似 TensorFlow 中的 Keras、TensorFlow-Slim 或者 TFLearn 之类的软件包，在构建神经网络时提供更高层次的抽象。nn 包定义了一组模块，等效于神经网络层，还定义了一组用于神经网络训练的损失函数。

（4）PyTorch 中的优化器

PyTorch 中的 optim 软件包抽象了优化算法的思想，并提供了常用优化算法，例如，可以使用复杂的优化器（例如 Adam 等）来训练神经网络。

（5）PyTorch 中常见的类

torch.Tensor 类是一个多维数组类，支持 backward 的自动求导操作，也可以保存张量的梯度。神经网络模块 nn.Module 以封装参数的方式，实现将参数移动到 GPU、导出、加载等功能。nn.Parameter 类作为一个属性分配给一个 Module 时，可以自动注册参数。

习题

一、基础知识

1. 什么是有监督学习？什么是无监督学习？
2. 什么是损失函数？
3. 什么是过拟合？什么是欠拟合？
4. 什么是机器学习？什么是深度学习？
5. 机器学习与深度学习之间是什么关系？
6. 简述深度学习技术的主要发展阶段和主要事件。
7. 深度学习的主要步骤是什么？
8. 简单说明低级特征、中级特征和高级特征的区别。
9. 卷积神经网络的优点是什么？
10. 什么是循环神经网络？有哪些常见的类型？请简单说明。

二、算法实现

1. 阅读如下代码，并说明在代码实例中 TensorFlow 对输入特征 hidden 是怎样进行卷积运算处理的。

```
hidden = conv2d(hidden, 64, (4, 4), (2, 2), trainable=is_train) #卷积运算,64 通道
hidden = batch_norm(hidden, train=is_train)
hidden = tf.nn.relu(hidden)
```

2. 读取如下代码，并说明在代码实例中 TyTorch 是如何实现卷积单元处理功能的。

  nn.Conv2d 是 TyTorch 中的二维卷积方法，常用 nn.Conv2d 实现图像的卷积运算。如果 6 和 16 分别是输入和输出通道的数量，下面是 TyTorch 中实现的一个卷积单元的操作，请充分利用网络资源，查阅资料并说明卷积单元实现的具体功能。

```
nn.Conv2d(6, 16, 5), #输入通道数为 6,输出通道数为 16,核的形状为 5×5
nn.BatchNorm2d(16),
nn.ReLU()
```

3. 阅读如下代码，并根据代码举例说明哪些特征是低级特征，哪些特征是中级特征，哪些特征是高级特征。

```
def build(self, input, name = 'Unet'):
    with tf.variable_scope(name):
        conv1_1 = tf_utils.conv2d(input, 64, 3, 3, 1, 1, name='conv1_1')
        conv1_1 = tf_utils.batch_norm(conv1_1, name = 'conv1_batch1')
        conv1_1 = tf.nn.relu(conv1_1, name='conv1_relu1')
        conv1_2 = tf_utils.conv2d(conv1_1, 64, 3, 3, 1, 1, name='conv1_2')
        conv1_2 = tf_utils.batch_norm(conv1_2, name = 'conv1_batch2')
        conv1_2 = tf.nn.relu(conv1_2, name='conv1_relu2')
        pool1 = tf_utils.max_pool_2x2(conv1_2, name = 'pool1')

        conv2_1 = tf_utils.conv2d(pool1, 128, 3, 3, 1, 1, name = 'conv2_1')
        conv2_1 = tf_utils.batch_norm(conv2_1, name = 'conv2_batch1')
```

```
conv2_1 = tf.nn.relu(conv2_1, name='conv2_relu1')
conv2_2 = tf_utils.conv2d(conv2_1, 128, 3, 3, 1, 1, name='conv2_2')
conv2_2 = tf_utils.batch_norm(conv2_2, name='conv2_batch2')
conv2_2 = tf.nn.relu(conv2_2, name='conv2_relu2')
pool2 = tf_utils.max_pool_2x2(conv2_2, name='pool2')

conv3_1 = tf_utils.conv2d(pool2, 256, 3, 3, 1, 1, name='conv3_1')
conv3_1 = tf_utils.batch_norm(conv3_1, name='conv3_batch1')
conv3_1 = tf.nn.relu(conv3_1, name='conv3_relu1')
conv3_2 = tf_utils.conv2d(conv3_1, 256, 3, 3, 1, 1, name='conv3_2')
conv3_2 = tf_utils.batch_norm(conv3_2, name='conv3_batch2')
conv3_2 = tf.nn.relu(conv3_2, name='conv3_relu2')
pool3 = tf_utils.max_pool_2x2(conv3_2, name='pool3')

conv4_1 = tf_utils.conv2d(pool3, 512, 3, 3, 1, 1, name='conv4_1')
conv4_1 = tf_utils.batch_norm(conv4_1, name='conv4_batch1')
conv4_1 = tf.nn.relu(conv4_1, name='conv4_relu1')
conv4_2 = tf_utils.conv2d(conv4_1, 512, 3, 3, 1, 1, name='conv4_2')
conv4_2 = tf_utils.batch_norm(conv4_2, name='conv4_batch2')
conv4_2 = tf.nn.relu(conv4_2, name='conv4_relu2')
pool4 = tf_utils.max_pool_2x2(conv4_2, name='pool4')

conv5_1 = tf_utils.conv2d(pool4, 1024, 3, 3, 1, 1, name='conv5_1')
conv5_1 = tf_utils.batch_norm(conv5_1, name='conv5_batch1')
conv5_1 = tf.nn.relu(conv5_1, name='conv5_relu1')
conv5_2 = tf_utils.conv2d(conv5_1, 1024, 3, 3, 1, 1, name='conv5_2')
conv5_2 = tf_utils.batch_norm(conv5_2, name='conv5_batch2')
conv5_2 = tf.nn.relu(conv5_2, name='conv5_relu2')

# *deconv
unconv6 = tf_utils.deconv2d(conv5_2, conv4_2.get_shape(), k_h=2, k_w=2, name='unconv6')
unconv6 = tf_utils.batch_norm(unconv6, name='unconv6_batch')
unconv6 = tf.nn.relu(unconv6, name='unconv6_relu')
merge6 = tf.concat(values=[conv4_2, unconv6], axis=-1)

conv7_1 = tf_utils.conv2d(merge6, 512, 3, 3, 1, 1, name='conv7_1')
conv7_1 = tf_utils.batch_norm(conv7_1, name='conv7_batch1')
conv7_1 = tf.nn.relu(conv7_1, name='conv7_relu1')
conv7_2 = tf_utils.conv2d(conv7_1, 512, 3, 3, 1, 1, name='conv7_2')
conv7_2 = tf_utils.batch_norm(conv7_2, name='conv7_batch2')
conv7_2 = tf.nn.relu(conv7_2, name='conv7_relu2')

unconv8 = tf_utils.deconv2d(conv7_2,
    conv3_2.get_shape(), k_h=2, k_w=2, name='unconv8')
unconv8 = tf_utils.batch_norm(unconv8, name='unconv8_batch')
unconv8 = tf.nn.relu(unconv8, name='unconv8_relu')
merge8 = tf.concat(values=[conv3_2, unconv8], axis=-1)

conv9_1 = tf_utils.conv2d(merge8, 256, 3, 3, 1, 1, name='conv9_1')
conv9_1 = tf_utils.batch_norm(conv9_1, name='conv9_batch1')
conv9_1 = tf.nn.relu(conv9_1, name='conv9_relu1')
conv9_2 = tf_utils.conv2d(conv9_1, 256, 3, 3, 1, 1, name='conv9_2')
conv9_2 = tf_utils.batch_norm(conv9_2, name='conv9_batch2')
```

```
conv9_2 = tf.nn.relu(conv9_2, name='conv9_relu2')

unconv10 = tf_utils.deconv2d(conv9_2,
    conv2_2.get_shape(), k_h=2, k_w=2, name='unconv10')
unconv10 = tf_utils.batch_norm(unconv10, name='unconv10_batch')
unconv10 = tf.nn.relu(unconv10, name='unconv10_relu')
merge10 = tf.concat(values=[conv2_2, unconv10], axis=-1)

conv11_1 = tf_utils.conv2d(merge10, 128, 3, 3, 1, 1, name='conv11_1')
conv11_1 = tf_utils.batch_norm(conv11_1, name='conv11_batch1')
conv11_1 = tf.nn.relu(conv11_1, name='conv11_relu1')
conv11_2 = tf_utils.conv2d(conv11_1, 128, 3, 3, 1, 1, name='conv11_2')
conv11_2 = tf_utils.batch_norm(conv11_2, name='conv11_batch2')
conv11_2 = tf.nn.relu(conv11_2, name='conv11_relu2')
unconv12 = tf_utils.deconv2d(conv11_2,
    conv1_2.get_shape(), k_h=2, k_w=2, name='unconv12')
unconv12 = tf_utils.batch_norm(unconv12, name='unconv12_batch')
unconv12 = tf.nn.relu(unconv12, name='unconv12_relu')
merge12 = tf.concat(values=[conv1_2, unconv12], axis=-1)

conv13_1 = tf_utils.conv2d(merge12, 64, 3, 3, 1, 1, name='conv13_1')
conv13_1 = tf_utils.batch_norm(conv13_1, name='conv13_batch1')
conv13_1 = tf.nn.relu(conv13_1, name='conv13_relu1')
conv13_2 = tf_utils.conv2d(conv13_1, 64, 3, 3, 1, 1, name='conv13_2')
conv13_2 = tf_utils.batch_norm(conv13_2, name='conv13_batch2')
conv13_2 = tf.nn.relu(conv13_2, name='conv13_relu2')
result = tf_utils.conv2d(conv13_2,
    self.flags.output_channel, 1, 1, 1, 1, name='unet_output')
return tf.nn.sigmoid(result)
```

4. 读取如下代码，并借助网络资源，说明在代码实例中损失函数是怎样计算得到的。

```
rec_loss = tf.reduce_mean(
        tf.squared_difference(hidden_image_holder, fake_image))
adv_disc_loss = tf.reduce_mean(tf.nn.sigmoid_cross_entropy_with_logits(
        labels=labels_disc, logits=adv_all_score))
adv_gene_loss = tf.reduce_mean(tf.nn.sigmoid_cross_entropy_with_logits(
        labels=labels_gene, logits=adv_fake_score))

tv_loss = tf.reduce_mean(tf.image.total_variation(fake_image))
gene_loss_ori = adv_gene_loss + rec_loss +tv_loss
disc_loss_ori = adv_disc_loss
```

三、知识拓展

1. 查阅资料，列出目前常见的 CNN 模型。
2. 查阅资料，列出目前常用的损失计算方法。

第 11 章 智能图像增强技术

在进行数字图像采样时，设备噪声信号的干扰、采样条件恶劣等因素会使得采样图像的质量降低，这些低质量的图像不仅影响人眼对信息的感知，也不利于对图像的分析、理解与识别。随着深度学习技术的发展，特别是卷积神经网络在图像编码方面的飞速发展，图像增强技术的研究也不断取得新的成果。

11.1 智能图像增强技术的发展

近些年，基于深度学习的图像增强技术的研究迅速发展，出现了一系列算法：

- 2008 年，Viren Jain 将 CNN 用于自然图像的去噪处理，在训练神经网络的过程中为了更加快速和准确地收敛，采取了逐层训练的方法，得到了低复杂度的去噪算法。
- 2010 年，Vincent 和 Pascal 等人构建了基于深度学习的堆叠式去噪自动编码器，利用多个自动编码器构成栈式的结构，称为多层的堆叠式自动编码器(Stacked AutoEncoder)，用于实现图像的去噪功能。2012 年，人们提出改进的栈式去噪自动编码器，用于图像的增强处理。
- 2015 年，Burger 等人研究了基于多层感知机(Multi Layer Perceptron，MLP)的神经网络去噪算法，得到了较好的去噪效果。同年，Kin 等人利用自动编码器，通过生成的带噪声图像的暗光图像，研究图像增强策略。
- 2016 年，基于编码(Encoding)和解码(Decoding)对称结构的深度学习框架被用于图像去噪的过程，编码和解码分别利用 5 层特征进行学习，并采用跨层链接，增加了细节特征，去噪效果明显。
- 2017 年，卷积神经网络的自动编码器算法被用于声呐图像去噪，在自动编码器结构中学习大量声呐图像特征，取得了很好的效果。
- 2018 年，人们利用自动编码器生成器将去噪和正则化相结合，采用对抗训练机制实现去噪功能。同年，"盲去噪"策略被提出，其主要思想是从带噪样本中学习去噪知识，从而得到去噪模型，用于自动编码器的学习。
- 2019 年，出现了基于自动编码器与 ResNet 相结合的策略，该研究实现了对视网膜光学相关断层扫描图像的去噪功能。
- 2020 年，基于注意力机制的卷积神经网络技术被用于图像去噪。该方法结合特征增强策略提出显著性特征，从而取出图像背景中的噪声。在此基础上，研究人员采用批重归一化策略，利用增加网络宽度的方法提高去噪学习算法的特征获取能力。
- 2021 年，Neighbor2Neighbor 方法被提出，该方法仅仅利用噪声图像实现对通用去噪网络的训练。同年，出现了 Noise2Noise 策略，该方法利用在同一场景采集的多幅噪声图像进行研究，实现对去噪模型的训练，得到了很好的学习效果。该方法无须估计噪声参数。

11.2 常见的自动编码器

1. 自动编码器

自动编码器(AutoEncoder，AE)是 1986 年由 Rumelhart 提出的。AE 采用神经网络设计、表达，利用无监督学习，可以将高维复杂数据通过神经网络编码，得到低维度的表达。

AE 由编码器函数 $h=f(x)$ 和生成重构的解码器 $r=g(h)$ 组成，如图 11-1 所示。

- 编码器函数 $h=f(x)$ 用于图像的编码，输入图像 x，输出低维空间编码 h。
- 解码器 $r=g(h)$ 用于图像的重构，输入低维空间编码 h，输出重构图像 r。

图 11-1　编码解码实例

应该注意的是，在理解 AE 时，自动编码的内容可以视为包含在网络拓扑及参数之中。AE 具有以下特点：

- 利用 AE 进行学习时，采用无监督和重构的策略，即编码之后再解码重构，利用重构误差最小（即重构结果与原输入图像之间的差异）进行约束。
- 编码过程是自动进行的，通过调整编码-解码网络的参数，在重构误差最小的约束下，得到网络的参数及输入图像的编码。
- 在 AE 学习中，损失计算为重构结果与原输入之间的差异。

在传统的机器学习中，对于图像、语音等高维数据，利用传统的统计学、机器学习方法难以获得较为理想的分析结果。为了对高维数据进行降维处理，传统的研究中常采用基于线性数据分析的处理方法，而利用 AE 可以有效实现数据的降维，并能够得到与 PCA 相似的降维结果。

实际上，AE 是神经网络的一种，图 11-2 所示是具有两层编码的 AE 的结构。2006 年，Hinton 对原型 AE 结构进行了改进，产生了深度自动编码器（Deep AutoEncoder，DAE）。网络拓扑结构的改变，增加了网络的深度，提高了学习特征的能力。

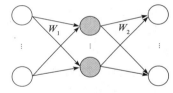

图 11-2　AE 的实例

2. 稀疏自动编码器

出于编码降维的需要，自动编码器的隐藏层节点数可能小于输入层的节点数，这样就会产生自动编码降维的效果，因而会产生类似于 PCA 的降维功能。为了得到有效的降维结果，自动编码器的维度应该与输入维度相当，因此，有必要在隐藏层采用一定的措施，在输出维度与输入维度相当的前提下，得到稀疏的编码结果。

稀疏自动编码器采用一层隐藏层的神经网络，使得输出等于输入，如图 11-3 所示，自动编码器输出层的节点数与输入层相等，隐藏层激活函数采用

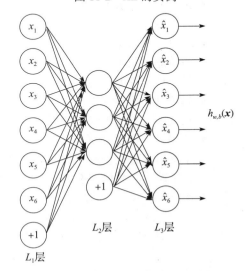

图 11-3　稀疏自动编码器的结构[一]

　　[一] 资料来源：Sparse Autoencoder，作者 Andrew Ng，2011 年。

Sigmoid。如果隐藏层的 Sigmoid 的输出结果为 1，意味着当前节点处于活跃状态；如果某些节点的 Sigmoid 函数的输出结果为 0，意味着当前节点处于不活跃状态，该节点被屏蔽。稀疏自动编码器对隐藏层的激活输出进行正则化处理，同一时间只有部分隐藏层神经元是活跃的，从而达到稀疏编码的目的。在设计中，引入 KL 离散度来控制节点，达到预设的稀疏结果。总之，稀疏编码的网络设计原则是：

- 在自动编码器结构的基础上，加上 L_1 的正则化限制。
- 每一层节点中大部分节点的 Sigmoid 值为 0，只有少数不为 0，从而实现稀疏编码的目的。
- 每次得到的表达编码尽量稀疏。

设计损失时，在 AE 损失的基础上，增加稀疏惩罚项：

$$J_{\text{sparse}}(W,\ b)=J(W,\ b)+\beta\sum_{j=1}^{s_2}\rho\log\frac{\rho}{\hat{\rho}_j}+(1-\rho)\log\frac{1-\rho}{1-\hat{\rho}_j} \tag{11-1}$$

其中，

$$\hat{\rho}_j=\frac{1}{m}\sum_{i=1}^{m}\left[a_j^{(2)}(x^{(i)})\right] \tag{11-2}$$

在式(11-1)中，s_2 为隐藏层神经元个数，ρ 为一个固定的超参数，用于表达稀疏程度，即当前损失是在一定稀疏表达的基础上实现图像去噪功能的。

3. 栈式堆叠自动编码器

在复杂数据的情况下，仅仅采用两层神经网络不能得到理想的特征提取结果。为获取显著的特征表达，应使用更深层的神经网络。栈式堆叠自动编码器采用多个 AE 级联构成，从而实现逐层特征提取，在维度较小的情况下得到显著特征。在网络训练时，采取逐层堆叠的方式进行，即通过逐层训练每个 AE 的结构，然后级联得到显著特征表达。

4. 收缩自动编码器

收缩自动编码器（Contractive AutoEncoder，CAE）是 AE 的变种，它是一种正则自动编码器，可提高模型训练的鲁棒性。CAE 在 AE 编码 $h=f(x)$ 的基础上添加了正则项，目的是在训练样本上学习到强收缩的映射特征。CAE 的本质是在 AE 网络损失中加入一个正则项，加入的惩罚项 $\Omega(h)$ 是 Frobenius 范数的平方（元素平方的和，也称为 F 范数），作用于与编码器的函数相关偏导数的雅克比矩阵。

$$\mathcal{J}_{\text{CAE}}(\theta)=\sum_{x\in D_n}(L(x,\ g(f(x)))+\lambda\parallel J_f(x)\parallel_F^2) \tag{11-3}$$

$$\mathcal{J}_{\text{AE+wd}}(\theta)=\left(\sum_{x\in D_n}L(x,\ g(f(x)))\right)+\lambda\sum_{ij}W_{ij}^2 \tag{11-4}$$

$J_f(x)$ 是隐藏层输出值关于权重的雅克比矩阵。

$\parallel J_f(x)\parallel_F^2$ 表示雅克比矩阵的 F 范数的平方，即对雅克比矩阵中每个元素求平方：

$$\parallel J_f(x)\parallel_F^2=\sum_{ij}\left(\frac{\partial h_j(x)}{\partial x_i}\right)^2=\sum_{i=1}^{d_h}(h_i(1-h_i))^2\sum_{j=1}^{d_x}W_{ij}^2 \tag{11-5}$$

11.3　去噪自动编码器实例

去噪自动编码器（Denoising AutoEncoder，DAE）是 2008 年由 Vincent 提出的，其设计思想为：采用无监督学习，通过原始数据的人为随机损坏来加入噪声，得到损坏数据 $\tilde{x}$，作为网络的输入数据，在编码-解码过程中重构并输出原始的未加入噪声的数据，通过对损坏数据到修复结果的学习，利用编码-解码的策略得到图像修复的编码规律。具体地，为输入图像数据加噪声之后，将其输入到编码器，再通过重构编码网络对图像进行重构，从而恢复出没有噪声的原始图像。网络结构及步骤设计如下。

1）图像加噪处理。将输入图像 x 加一定噪声后得到带噪图像 $\tilde{x}$，然后将其输入 DAE 中，如图 11-4 所示。

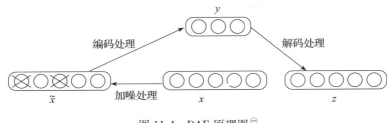

图 11-4　DAE 原理图 ⊖

2）带噪图像的编码处理。将上一步得到的带噪图像 $\tilde{x}$ 输入到 DAE 中，如图 11-4 所示，然后得到编码信息 y。

3）将上一步处理得到的编码信息 y 输入到解码器（重构网络），得到重构图像 z。

编码器和解码器均采用标准 Sigmoid 网络层次结构：

$$y = \text{Sigmoid}(\underbrace{w}_{d' \times d}\ \tilde{x} + \underbrace{b}_{d' \times 1})$$

$$z = \text{Sigmoid}(\underbrace{w'}_{d \times d'}\ y + \underbrace{b'}_{d \times 1}) \tag{11-6}$$

在网络训练时，采用交叉熵损失进行控制：

$$L_H(x,\ z) = -\sum_{k=1}^{d}\left[x_k \log z_k + (1-x_k)\log(1-z_k)\right] \tag{11-7}$$

其中，x_k 表示输入图像中第 k 个像素的概率密度，z_k 表示重构图像中第 k 个像素的概率密度。

11.4　栈式暗光自动编码器的图像增强实例

Lore K. G. 等研究人员于 2015 年提出一种基于栈式暗光自动编码的自然图像增强算法（A Deep Autoencoder Approach to Natural Low-Light Image Enhancement，即 LLNet）。该方法设计了栈式稀疏去噪自动编码器（Stacked Sparse Denoising Autoencoder，SSDA），用于识别低光照图像中的信号特征。

LLNet 算法具有以下特点：

- 利用深度神经网络构建 SSDA，而没有采用卷积层。
- 基于伽马校正和添加高斯噪声的方法合成图像，从中学习自适应增强和去噪的规律。
- 利用生成数据来模拟低光环境，训练网络。
- 利用所设计的 SSDA 可以实现自适应学习，从而针对自然低光环境实现去噪。
- 该方法不仅能够识别低光图像中的信号特征，而且可以对高动态范围图像（High-Dynamic Range，HDR）中像素颜色的不饱和部分进行自适应增强。

该方法根据 SSDA 框架进行设计，利用 SSDA 的去噪能力和深度网络的复杂模型结构建立

⊖　资料来源：Extracting and Composing Robust Features with Denoising Autoencoders，作者 Pascal Vincent 等，2008 年。

模型。算法的研究路线是：在训练数据生成时，搜集互联网中的数据并进行编辑修改，模拟低光环境构建数据集。研究中设计了两种网络结构：

- 同时实现对比度增强和去噪功能的网络 LLNet。
- 对比度增强和去噪分阶段学习的网络 S-LLNet。

算法在 AE 设计中采用深度神经网络，编码器及解码器均采用 3 层神经网络结构，噪声自动编码器（Denoising Autoencoder，DA）模块由两层隐藏单元组成，其中编码器通过无监督学习进行训练，解码器权重从编码器迁移，然后通过误差反向传播进行微调，如图 11-5a 所示。在串行结构的网络设计中，串行分阶段进行对比度增强模块和去噪模块的学习，利用合成的噪声图像，先经过对比度增强模块，然后将输出的结果利用去噪模块进行处理，如图 11-5b 所示；在并行的网络结构设计中，对比度增强和去噪同时进行学习，利用同一个编码–解码器进行处理，如图 11-5c 所示。

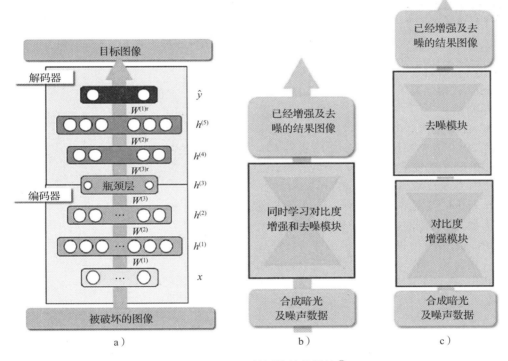

图 11-5　LLNet 的网络结构设计[⊖]

11.5　基于 CNN 的暗光图像增强实例

Chuang Zhu 等研究人员于 2017 年在"LLCNN：A Convolutional Neural Network for Low-Light Image Enhancement"中提出一种基于 CNN 的暗光图像增强方法。该方法的特点如下：

- 利用多尺度特征映射来有效避免梯度消失问题。
- 在增强图像的同时，尽量保持图像的纹理细节。

⊖　资料来源：A Deep Autoencoder Approach to Natural Low-light Image Enhancement，作者 Kin Gwn Lore，2017 年。

LLCNN 的网络结构为: 输入和输出部分分别为一个卷积单元, 中间由若干卷积模块组成, 卷积模块中均设置 64 通道学习特征, 如图 11-6 所示。在卷积模块的设计中, 采用两路输入的结构, 即模块的输入特征分别经过两路的卷积之后, 汇集进入一个残差结构, 如图 11-7 所示。具体来说, LLCNN 网络的卷积模块部分采用两阶段学习: 在第一阶段, 一路用 1×1 的卷积层处理, 另一路用 2 个 3×3 的卷积层处理, 两路结果相加作为第二阶段的输入, 特征数均为 64; 在第二阶段, 进入残差模块学习, 残差模块内部有两个卷积单元。

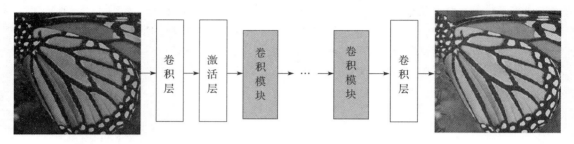

图 11-6　LLCNN 的网络结构

LLCNN 在设计卷积模块时, 受到残差网络和 Inception 结构的启发。下面对 Inception 结构进行简单介绍。

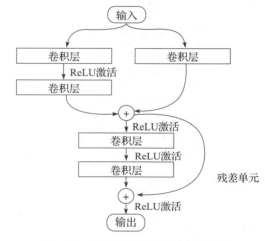

图 11-7　LLCNN 中的卷积模块设计

- Inception 结构由 GoogLeNet 引入, GoogLeNet 在 2014 年大规模视觉系统挑战赛 ILS-VRC14 中实现了鲁棒的分类和检测技术, 当时 GoogLeNet 称为 Inception v1。
- Inception v2 网络的特点是, 在 v1 的基础上加入了批归一化(Batch Normalization, BN)层, BN 中每一层的输出都将特征规一化到(0, 1)。在利用 VGG 设计时, 用 2 个 3×3 的卷积单元替代 Inception 模块中的 5×5 卷积单元, 降低了参数数量, 加速计算。

- Inception v3 网络的特点是, 将 7×7 卷积单元分解成两个一维的卷积单元(1×7, 7×1), 3×3 卷积单元也是一样(1×3, 3×1), 既可以加速计算, 又可以进一步增加网络深度。
- Inception v4 网络的特点是, 结合残差连接可极大地加快训练速度, 性能有所提升。

LLCNN 采用无监督学习策略。在训练时, 因为没有标签图像, 所以使用普通的自然图像作为目标图像, 其损失(破坏、加噪)之后的图像作为暗光图像, 利用网络生成的恢复结果图像与自然采集的目标图像进行比对, 计算损失(使其收敛为最小), 调整网络参数, 从而求得最佳的(恢复图像)网络编码。

损失函数的设计中采用了结构相似性指数(Structural Similarity Index, SSIM)计算方法。结构相似性是计算增强之后的图像 y 与自然采集清晰图像 x 之间的相似性:

○ 图 11-6~图 11-8 均来源于 A Convolutional Neural Network for Low-light Image Enhancement, 作者 Li Tao 等, 2017 年。

$$\text{SSIM}(x, y) = \frac{2\mu_x \mu_y + C_1}{\mu_x^2 + \mu_y^2 + C_1} \cdot \frac{2\sigma_{xy} + C_2}{\sigma_x^2 + \sigma_y^2 + C_2} \tag{11-8}$$

μ_x、μ_y、σ_x、σ_y 和 σ_{xy} 表示 x 和 y 的均值、方差以及它们的协方差，C_1 和 C_2 为常量，其值分别为 0.0001 和 0.001。

图 11-8 是 LLCNN 算法的实验结果，从结果可以看出，LLCNN 算法非常有效。

图 11-8　LLCNN 算法的图像增强结果

11.6　基于先验知识的图像去噪方法

Zhang K. 等研究人员于 2017 年提出了一种基于先验知识的图像去噪方法——Learning Deep CNN Denoiser Prior for Image Restoration。这种方法通过训练快速有效的 CNN 模型，并将生成模型集成到基于模型的优化方法中，从而实现了高斯去噪效果。

此项工作采用退化模型进行研究，先对图像进行退化处理，退化图像用变量 y 表示，然后设法通过网络学习得到高质量、清晰的图像 x。这一设计思想在实际设计中可以借鉴。

该研究中，图像的退化处理模型表示为：

$$y = Hx + v \tag{11-9}$$

其中，H 表示退化矩阵，v 表示加性高斯白噪声。

由于图像复原问题是一个病态逆向问题，需要采取约束方法进行解决，因此在基于贝叶斯理论研究时，采取的约束条件为：

$$\hat{x} = \underset{x}{\arg\min} \frac{1}{2} \| y - Hx \|^2 + \lambda \Phi(x) \tag{11-10}$$

其中，$\Phi(x)$ 是一个正则化项，λ 为平衡权重参数。

研究中采取生成学习方法进行优化，设计出的算法具有较好的通用性，例如，可以用于去模糊、超分辨率重构问题研究。

图像的去噪复原问题利用下列求解器解决：

$$\begin{cases} x_{k+1} = \underset{x}{\arg\min} \| y - Hx \|^2 + \mu \| x - z_k \|^2 \\ z_{k+1} = \underset{z}{\arg\min} \frac{\mu}{2} \| z - x_{k+1} \|^2 + \lambda \Phi(z) \end{cases} \tag{11-11}$$

根据研究的需要，可将 z_{k+1} 看作高斯滤波器（噪声级别 $\sqrt{\lambda/\mu}$）进行研究，并通过学习得到图像先验。

该方法的网络架构如图 11-9 所示。网络包含 7 个卷积单元，其中第 1 个卷积单元是膨胀卷积，之后进行激活处理，卷积核为 3×3；第 2~7 个卷积单元也为膨胀卷积，膨胀卷积之后进行批归一化和激活处理，膨胀卷积因子分别为 1、2、3、4、3、2 和 1，特征数量为 64。

在第一层中，卷积之后进行激活操作（Conv+ReLU），在卷积时采用 64 个核，空域的卷积核形状为 3×3，因而产生 64 个特征图，输出形状为 3×3×64。

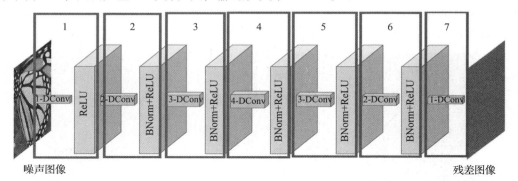

图 11-9　先验去噪网络架构[一]

在第 2~6 层中，卷积之后进行批归一化，再做激活操作，均采用 64 个核进行卷积，得到 3×3×64 的特征，在卷积和激活 ReLU 之间为批归一化处理。在最后一层进行卷积操作，卷积核为 3×3×64，利用 3 个核，并产生构建图像。

网络设计的特点如下：

● 使用膨胀卷积来实现，增大了感受野，但不增加计算量。

● 使用残差学习和批归一化处理来加速训练，模型训练收敛快。

● 噪声水平设置为不同的级别，这样模型可以很好地拟合图像先验。例如，噪声水平在 [0，50]，间隔为 2，训练并学习得到了 25 个不同水平级别的去噪特征。

网络输出为残差图像，即噪声图像，在网络最后一层创建清晰的结果。

损失定义为：

$$\ell(\boldsymbol{\Theta}) = \frac{1}{2N} \sum_{i=1}^{N} \| f(y_i; \boldsymbol{\Theta}) - (y_i - x_i) \|_{\mathrm{F}}^{2} \tag{11-12}$$

图 11-10 为基于先验知识的图像去噪方法在去模糊实验中的结果，从结果可以明显看出去模糊算法的有效性。

图 11-10　去模糊的实验结果

─　图 11-9 和图 11-10 均来源于 Learning Deep CNN Denoiser Prior for Image Restoration，作者 Kai Zhang，2017 年。

习题

一、基础知识

1. 自动编码器的基本结构是什么？
2. 编码器为什么可以用于图像的增强处理？
3. 什么是损失函数？在智能图像增强处理中，一般可以怎样定义损失函数？请举例说明。
4. 简述暗光自动编码增强算法的设计思想，可以利用一个具体实例进行说明。
5. 列举一些现有的前沿智能图像增强算法，说明其设计思想。
6. 在智能图像增强技术的算法中，编码和解码结构起到什么作用？
7. 如果采用有监督的深度学习方法进行图像增强处理，损失函数在监督学习中有何作用？
8. 通过一个具体的例子简单说明在智能图像增强处理时如何通过损失函数来监督和控制网络性能。
9. 请列出几种最新的智能图像增强处理算法，说明其主要的设计思想。
10. 如何利用先验知识对图像进行增强处理？请举例说明。

二、算法实现

设计基于 U-Net 结构的图像去噪算法，如果采用 PyTorch 框架，请在网上下载开源代码并进行参考；如果采用 TensorFlow 框架，其网络结构参见第 10 章习题中的"算法实现"部分的第 3 题。描述你的设计过程。设计提示如下：

1）数据集可以利用现有的高质量图像经过加噪声生成。

2）网络损失函数、优化方法、训练功能和预测功能可以参照如下实现：

- 网络损失函数：

```
cost = 1 - tf.reduce_mean(tf.image.ssim(Y_true, Y_pred, max_val=1.0))、
```

其中 Y_pred 为网络输出结果，Y_true 为高质量清晰图像。

- 优化方法：

```
optimizer = tf.train.AdamOptimizer(learning_rate=learning_rate).minimize(cost)
```

- 训练功能：

```
def train( feed_dict):
    sess.run(optimizer, feed_dict=feed_dict)
    loss = sess.run(self.cost, feed_dict=feed_dict)
    return loss
```

- 预测功能：

```
def predict( feed_dict):
    return sess.run(result, feed_dict=feed_dict)
```

三、知识拓展

1. 查阅文献，了解智能图像增强处理技术的发展动态。
2. 查阅文献，简单说明目前的热点话题，如"基于扩散模型的图像去噪技术"等。

第 12 章　智能图像语义分割技术

图像语义分割就是利用计算机算法将目标对象从图像中理解性地分离出来。语义分割是在像素级别上的分类，即属于同一类别的像素都要被归为一类，因此语义分割是从像素级别来理解图像的。例如，从图像中分割一个人物目标、一个物体或一个建筑。图像语义分割是在人工智能技术迅猛发展，并且深度学习技术水平显著提高的前提下产生的分割技术。目前，语义分割技术已在自动驾驶、医学影像辅助诊断等领域得到广泛使用。

对于语义分割，可以将同一目标的所有像素归为一类，背景像素归为一类，图 12-1a 是车的原图像实例，图 12-1b 是原图像的语义分割结果，图 12-1c 是一种分割形式，即将不同对象的像素归为不同的类，称为实例分割。再如，如果一张照片中有多个人，可以将不同人的像素归为不同的类，即实例分割。

 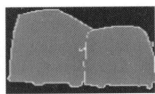 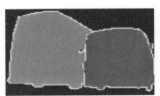

a）原图像　　　　　　　　　b）语义分割　　　　　　　　　c）实例分割

图 12-1　图像分割实例

现有的图像语义分割技术主要应用于自然图像分割、医学图像分割以及遥感图像的分割。大多数算法及数据集是针对自然图像的，近年来医学影像的语义分割取得了很大进步，公开的影像数据资源也越来越丰富。

12.1　智能图像语义分割技术的发展

随着技术的不断进步，出现了一系列智能图像语义分割算法：

- 在早期，图像的语义分割采用传统的机器学习方法，如随机森林分类与决策树分类等方法。
- 2012 年，AlexNet 出现，Krizhevsky、Alex 等采取滑动窗口的方式，利用周围像素对中心像素进行分类，即取每个像素为中心的小图像块输入卷积神经网络来预测该像素的语义标签。
- 2014 年，全卷积神经网络（Fully Convolutional Networks，FCN）出现，它在 AlexNet 结构的基础上去掉末端全连接层，引入了端到端的全卷积网络，大大地提高了分割的精度。
- 2015 年，基于编码器-解码器结构的分割技术得到发展，U-Net 网络被提出，可以用于获取上下文和位置信息，采用数据增强、加权损失等策略；同年，SegNet 将最大池化指数转移至解码器中，改善了分割分辨率。
- 2016 年，DeepLab V1 结合深度卷积神经网络和条件随机场模型，改善了分割结果。
- 2018 年，DeepLab V2 被提出，基于空洞空间金字塔池化（Atrous Spatial Pyramid Pooling，ASPP）结构，以不同采样率的空洞卷积进行采样，可以捕捉更多的图像上下文信息。

- 2019 年，DANet 引入双注意力机制（Dual Attention，DA）获取上下文关系，即对通道以及空间利用注意力策略进行学习。
- 2020 年，上下文感知的分割策略出现，用于语义分割的动态规划路径选择网络，可根据物体尺寸分布情况，动态生成网络拓扑、传输特征，网络计算成本较低。
- 2021 年，设计基于 Transformer 的语义分割网络，它将语义分割视为序列到序列的预测任务，通过 Transformer 的每一层建模全局上下文，增强了语义分割功能。

12.2　基于 AlexNet 的图像分类技术

传统的图像分割技术多数都基于机器学习的策略。例如，使用 TextonForest 和随机森林分类器进行语义分割。近年来，随着深度学习技术的发展，首先出现了基于图像块（patch）分类的方法，即利用像素的邻域块对每一个像素进行分类。

2012 年，Krizhevsky A. 等在"ImageNet Classification with Deep Convolutional Neural Networks"中提出了 AlexNet，用于实现图像的分类。AlexNet 结构具有 6000 万个参数以及 65 万个神经元，可以充分对图像特征进行学习。AlexNet 包括 5 个卷积层和 3 个全连接层，利用 softmax 函数将 ImageNet LSVRC-2010 数据集中的 120 万张高清图片分为 1000 个不同的类别。在研究中，收集、创建较大规模的数据集，采用了 Dropout 的正则化方法避免过拟合，采用 CNN 实现卷积操作取得了较好的结果。

网络结构的设计中，AlexNet 包含 5 个卷积单元和 3 个全连接层，结构如图 12-2 所示。其中第 1~5 个卷积单元主要进行卷积运算，第 6~8 层为全连接层。

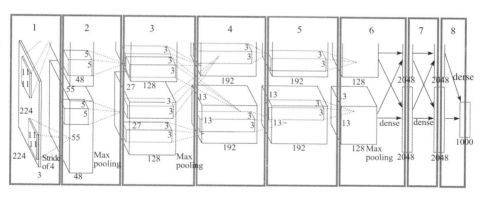

图 12-2　AlexNet 的网络结构[一]

- 第 1 个卷积单元为输入层，对于一幅 224×224×3 的图像，第一个卷积单元的卷积运算的核大小为 11×11×3。卷积的跨步位移为 4，224×224 经过卷积计算后变为 55×55 大小的特征。每个 GPU 上利用 48 个卷积核，得到 48 个特征，如图 12-3 所示。
- 第 2 个卷积单元输入特征形状为 55×55×48，处理为卷积和池化的过程，卷积核形状为 5×5×48，每个卷积运算后进行最大池化处理，使得卷积形状变为 27×27，如图 12-4 所示。AlexNet 算法在 2 个 GPU 上优化，第 2 个单元卷积运算中每个 GPU 利用 128 个卷积核处理，卷积过程如图 12-5 所示，共得到 128 个特征。

　一　资料来源：ImageNet Classification with Deep Convolutional Neural Networks，作者 Alex Krizhevsky 等，2012 年。

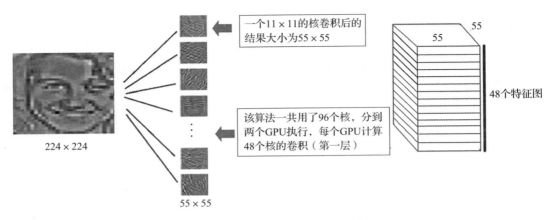

图 12-3　第 1 个卷积单元的卷积特征

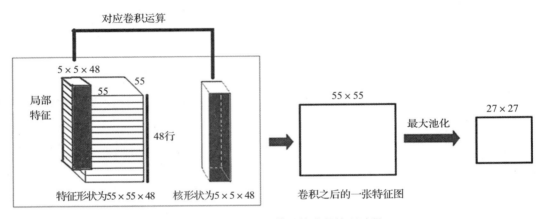

图 12-4　第 2 个卷积单元的卷积处理过程

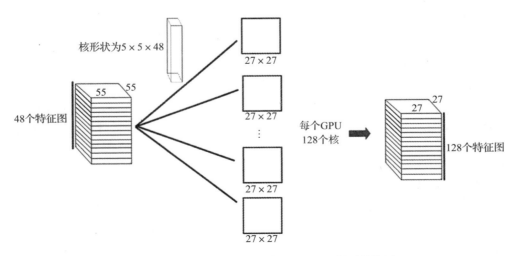

图 12-5　第 2 个卷积单元在每个 GPU 上得到的特征

在算法研究的过程中，池化的作用是在尽量不丢失图像特征的前提下对图像进行下采样。池化操作如图 12-6 所示。

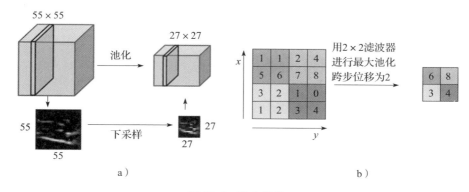

图 12-6　池化操作

- 在第 3 个卷积单元中，两个 GPU 共有 384 个卷积核，核的形状为 3×3×256，卷积后进行批归一化，然后进行最大池化处理，如图 12-7 所示。在第 4 个卷积单元中，有 384 个卷积核，核的形状为 3×3×192。在第 5 个卷积单元中，有 256 个卷积核，核的形状为 3×3×192，得到 256 个特征。

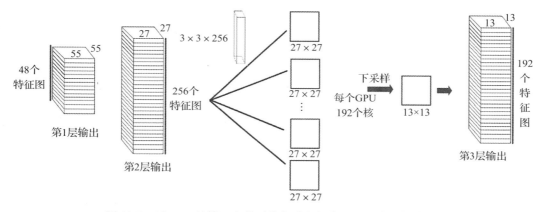

图 12-7　AlexNet 的第 3 个单元卷积后在每个 GPU 上得到的特征

- 第 6~8 层是三个全连接层，第 6 层及第 7 层均设计为 4096 个神经元，由两个 GPU 实现，每个 GPU 有 2048 个神经元，第 8 层为 1000 个神经元实现全连接。最后，网络回归后输出 1000 个种类的概率。

由上面的分析可以知道，AlexNet 网络结构的最后一层输出的是图像类别的概率，即完成图像的分类功能。例如，输入一幅猫的图像，输出 100 种可能出现的目标类别的概率，如果其中猫的概率最高，例如 0.932134，那么当前图像的类别为猫。

在 AlexNet 的网络结构中，由于图像经过 1~5 层卷积运算后，其细节特征已经丢失，因此，第 5 层输出的是高层的低分辨率的特征。我们曾经讲过，粗糙的低分辨率特征适合用于分类，但对于人类来说，细节已经丢失，无法进行感知。于是，人们在 AlexNet 的网络结构的启发下，进一步改进网络拓扑结构，提出全卷积的图像分割策略。

12.3 基于 FCN 的语义分割技术

2014 年，加州大学伯克利分校的 Long 等人提出 FCN(参见 Fully Convolutional Networks for Semantic Segmentation)分割方法。

FCN 网络设计借鉴了 AlexNet 网络的编码设计思想，同时避免了 AlexNet 网络的全连接结构中对输入图像尺寸的约束问题，可以对任意尺度的图像进行分割处理。

FCN 算法采用一种端对端网络拓扑结构，即输入图像后可以直接预测分割的结果；利用真实数据及标签进行监督，是监督学习方法；实现了像素级的预测，即得到每个像素的分类预测的概率图；通过在反卷积层中增大特征尺寸，可以得到同尺度的分割结果；结合不同卷积层之间的跨层连接以确保分割的鲁棒性和精确性。

由于像素级语义分割需要输出整幅图像每个像素的分类，要求网络输出的特征图是二维的，在 AlexNet 基础上需要替换掉全连接层，改为卷积层，即将最后三个全连接层替换为卷积层。

FCN 的设计原理如图 12-8 所示。对原图像经过第一个卷积单元处理(conv1+pool1)后，进行下采样，得到尺度缩为原来 1/2 的特征；经过第二个卷积单元处理(conv2+pool2)后，特征变为原来图像尺度的 1/4；经过第三个卷积单元处理(conv3+pool3)后，特征变为原来图像尺度的 1/8，此时，将特征映像用于跨层连接；经过第四个卷积单元处理(conv4+pool4)后，特征变为原来图像尺度的 1/16，此时将特征映像取出，用于跨层连接；最后，特征经过第五个卷积单元处理(conv5+pool5)后，特征缩小到原图像尺度的 1/32。

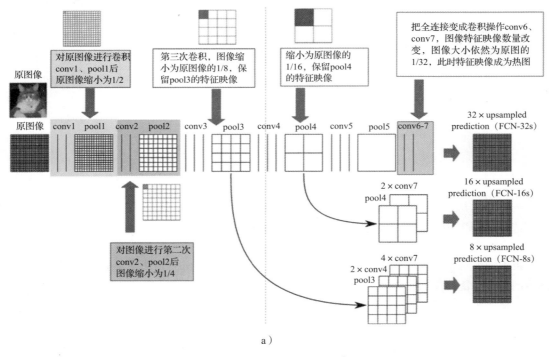

a)

图 12-8　FCN 的设计原理[一]

[一] 图 12-8 和图 12-9 均来源于 Fully Convolutional Networks for Semantic Segmentation，作者 Onathan Long 等，2014 年。

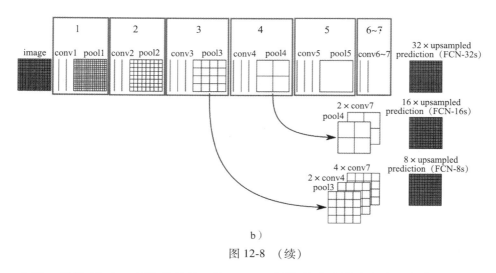

b）

图 12-8 （续）

之后，根据 AlexNet 网络的结构，将 AlexNet 网络的全连接变成卷积操作 conv6、conv7，改变图像特征图的数量，图像大小依然为原图的 1/32，此时特征图表示像素类别概率，此特征图称为热图。

在跨层连接的设计中，把 conv4 中的卷积核对上一次上采样之后的图像进行反卷积以补充细节；同时，把第五个结果特征进行再次反卷积以补充细节，连接到输出结果中就完成了整个图像的特征还原。

CNN 网络结构可以用于图像级的分类和回归任务，也可以用于像素级的分割。对于分类任务以及像素级的分割任务，可以从以下方面进行考虑：

1. 图像级的分类和回归任务

通常 CNN 网络在卷积层之后会连接若干个全连接层，将卷积层产生的特征图映射成一个固定长度的特征向量，上一节介绍的 AlexNet 就是基于这种设计思想。在 AlexNet 中，期望得到输入图像的一个数值概率，输出一个 1000 维的向量表示输入图像属于某一类（例如猫、狗等）的概率。其中，为了得到一个 0~1 之间的概率，网络设计利用 softmax 归一化得到。AlexNet 网络的框架结构如图 12-9 所示。从该框架结构可以看出，在图像的分类设计中，采用 CNN 不断逐层卷积，从细节的低层特征逐步通过卷积变为高层的粗糙特征。因为从人类感知角度看，粗糙特征有利于人类视觉对于形状特征的获取，便于对图像进行分类。

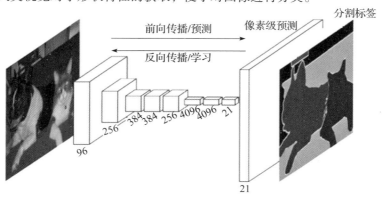

图 12-9　FCN 网络的框架结构

2. 图像的像素级分割问题

在设计时接受任意尺寸的输入图像,采用反卷积层对若干层卷积特征图进行逐级上采样,恢复到输入图像的尺寸。由于分割后的图像尺度一般与输入图像尺度相同,因此,需要通过逐级下采样、上采样过程,建立原始输入图像与每个像素预测标签(分类类别)之间的多层映像关系,FCN 就采用这样的思想。此外,FCN 利用标签数据作为监督,实现对图像的像素级分类,解决语义分割问题。对于 FCN 网络的框架结构,如图 12-9 所示。

FCN 的设计思路是将 AlexNet 网络作为网络的编码模块,用转置卷积(也称反卷积)层作为解码模块,将低分辨率特征图上采样至全分辨率,逐层使低分辨率的特征恢复为具有细节的特征,从而达到与输入图像分辨率相同的目的,得到分割图。

(1)上采样措施

池化操作通过局部区域的采样(平均池化或最大池化)获得下采样分辨率。上采样池化操作通过较低分辨率的局部信息重新采样,分配给高分辨率的邻域空间,如图 12-10 所示。

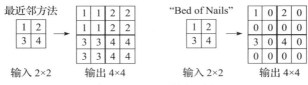

图 12-10 上采样示例

还有一种利用转置卷积进行上采样的处理,这里由于篇幅有限,不再详细阐述。

(2)FCN 损失函数的设计

损失函数是最后一层空域中的损失和,可以利用各层梯度损失的和计算出来:

$$\ell(x;\ \theta) = \sum_{ij} \ell'(x_{ij};\ \theta) \tag{12-1}$$

(3)FCN 的优缺点

首先,FCN 采用预训练的模型获取参数,即利用已经训练好的有监督预训练网络,无须从头训练,只需要微调即可,训练效率高。

FCN 采用跨层连接的方法,在低卷积层采用较小的上采样的步长,以便获得较为精细的局部特征;在较深的卷积层采用较大的步长,获取粗糙的特征,并且各层的损失是分别控制的,这样就可以得到像素级的分割结果。

但是,FCN 分割策略也存在一些问题:由于经过几层卷积的运算,并且结合了下采样的编码过程,因此再经过上采样得到的特征不能恢复原有的细节,上采样的过程中对于图像的细节恢复也难以达到和原采样一样的精细程度。

12.4 其他分割策略

在基于深度学习的图像分割技术的发展过程中,早期出现的主要方法为 AlexNet 和 FCN 等方法,在上面的介绍中,我们了解了基于 AlexNet 和基于 FCN 的图像分割方法。在 AlexNet 方法中,网络的最后三层设计为全连接结构,最后特征回归为类别的概率,因此,适用于图像的分类。对于 FCN 方法,由于卷积运算后采用对低分辨率的特征进行上采样的过程,致使分类结果的精细程度不够,对像素级类别的回归精度有待提高。

除了前面提到的方法,还有一些常见的编码-解码的分割技术,例如编码器-解码器结构和空洞卷积分割结构。

1. 编码器−解码器结构的分割方法

2015 年，Olaf Ronneberger 等人创新地提出了一种医学影像的分割策略"U-Net：Convolutional Networks for Biomedical Image Segmentation"，图 12-11 给出了 U-Net 的网络结构。

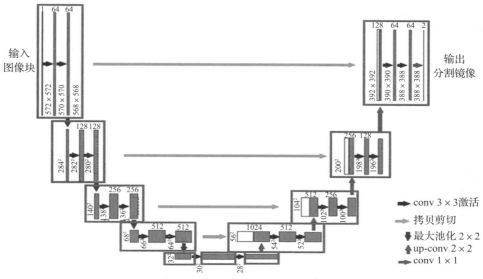

图 12-11　U-Net 的网络结构 [一]

在改进网络的设计中，每个卷积单元中都带有池化层，能够产生逐渐降低尺度的特征；在解码器中，通过反卷积逐层将特征尺度不断恢复到较高分辨率。编码器与解码器之间采用跨层连接，从而获取更为精细的特征。

2. SegNet 结构

Vijay Badrinarayanan 等人于 2016 年在"SegNet：A Deep Convolutional Encoder-Decoder Architecture for Image Segmentation"中提出了 SegNet 结构的图像分割算法。

SegNet 采用编码器−解码器结构，如图 12-12 所示。解码器采用最大池化指数转移方法，增强了分割的分辨率细节。与 FCN 网络在跨层连接时复制了编码特征相比，SegNet 网络在跨层连接时复制最大池化指数，因此，SegNet 网络在性能方面比 FCN 网络更加优越。

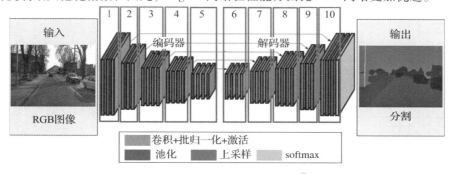

图 12-12　SegNet 的网络结构 [一]

⊖　资料来源：U-Net：Convolutional Networks for Biomedical Image Segmentation，作者 Olaf Ronneberger 等，2015 年。
⊖　资料来源：SegNet：A Deep Convolutional Encoder-Decoder Architecture for Image Segmentation，作者 Vijay Badrinarayanan 等，2017 年。

图 12-13 是 SegNet 的分割结果，从实验结果可以看出，该策略在分割细节方面具有很好的性能。

图 12-13　SegNet 方法的分割结果

3. 空洞卷积的分割方法

Fisher Yu 等研究人员在 2016 年提出了多尺度的有效分割策略"Multi-Scale Context Aggregation by Dilated Convolutions"。该方法采用空洞卷积方法进行设计。空洞卷积分割方法的设计思想是：空洞卷积层在不降低空间维度的前提下增大了感受野范围，如图 12-14 所示。这种方法具有获取的特征丰富、不降低有用信息且效率较高的特点。从现有的 VGG 分类网络获取已训练的网络参数，根据特征尺度不变的要求，移除相应的池化层，并且利用空洞卷积取代随后的卷积层。

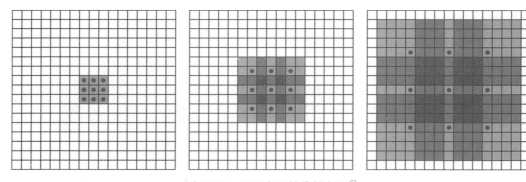

图 12-14　空洞卷积的分割方法[⊖]

空洞卷积的思想在之后出现的分割技术中多次被使用，DeepLab 及 ESPNet 就是其中的实

例，有的研究也称之为多孔卷积或者膨胀卷积。

　　DeepLab(v1 和 v2)利用空洞卷积，提出了在空间维度上实现金字塔型的空洞池化方法，并且使用了全连接条件随机场。空洞卷积在不增加参数数量的情况下增大了感受野，改善了分割分辨率。两种方法均可实现多尺度处理：多个重新缩放特征传递到 CNN 网络的并行分支，使用不同采样率的多个并行空洞卷积层，通过全连接条件随机场实现结构化预测。

　　RefineNet [⊖] 是一种精心设计编码器–解码器结构，所有组件遵循残差连接的设计方式。每个 RefineNet 模块包含一个组件，能对较低分辨率的特征进行上采样，融合多分辨率特征采用了残差连接的设计方式。图 12-15 是采用 RefineNet 方法的算法结构。

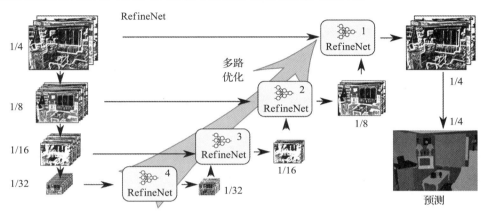

图 12-15　RefineNet 的算法结构

　　综上，近年基于深度学习的语义分割技术研究中，出现的主要网络方法包括：FCN 网络、SegNet 网络、空洞卷积、DeepLab(v1 和 v2)、RefineNet、PSPNet、大内核及 DeepLab v3 等，以及最近出现的基于 Transformer 的网络结构以及基于扩散模型结构的分割技术。总之，新的分割技术不断涌现，算法性能急速提升。

习题

一、基础知识

1. AlexNet 网络是编码–解码结构吗？为什么？

2. AlexNet 网络可以用于语义分割吗？为什么？

3. 请简单描述 AlexNet 网络的拓扑结构。

4. 如果利用 AlexNet 网络进行设计，实现语义分割功能，该怎样进一步设计？请说明设计思想。

5. 在图像语义分割中，编码和解码的结构起到什么作用？

6. 请简单描述 FCN 的网络拓扑结构。

7. 请简单描述利用 FCN 进行语义分割时，损失函数怎样定义的。

8. 如果采用有监督的深度学习方法进行语义分割，损失函数在有监督学习中的具体作用是什么？

9. 用一个具体例子说明如何在语义分割中通过损失来监督控制网络的性能。

⊖　参见 RefineNet：Multi-Path Refinement Networks for High-Resolution Semantic Segmentation，作者 Guosheng Lin 等，2016 年。

10. 请列出几种最新的智能图像语义分割的算法，说明其主要的设计思想。

二、算法实现

1. 设计基于 U-Net 结构的图像分割算法，如果采用 PyTorch 架构，请在网上下载开源代码并参考；如果采用 TensorFlow 框架，网络结构参见第 10 章习题中的"算法实现"部分的第 3 题。描述你的设计过程。设计提示如下：

   1）在网上下载公开数据集，需要带有标签。

   2）可以采用上述的 U-Net 结构。

   3）如果采用 TensorFlow 设计，损失函数可以参考如下定义：

   ```
   loss = tf.reduce_mean(tf.nn.sparse_softmax_cross_entropy_with_logits(
   logits = pred, labels = label))
   ```

   其中，pred 是网络输出的分割结果，label 为数据的标签。

   优化器设计可以参考如下代码：

   ```
   global_step = tf.Variable(0, trainable=False)
   learning_rate = tf.train.polynomial_decay(args.learning_rate,
       global_step, args.iteration, power=0.9)
   tf.summary.scalar("learning_rate", learning_rate)
   train_op = tf.train.MomentumOptimizer(learning_rate, 0.9).minimize(loss,
       global_step=global_step)
   ```

2. 阅读下面基于 TensorFlow 的分割函数，说明在下列代码中是如何利用 FCN 实现语义分割功能的。如果采用 PyTorch 框架，请在网上下载开源代码作为参考。

   ```
   def Segmentation(image, num_of_class, weights, keep_prob):
       with tf.variable_scope(Seg'):
           # downsampling
           # Conv1
           conv1_1 = conv_layer('conv1_1', image, 3, 3, 3, 64, 1, 1, 'SAME', tf.nn.relu,
                               weights['conv1_1'][0], weights['conv1_1'][1])
           conv1_2 = conv_layer('conv1_2', conv1_1, 3, 3, 64, 64, 1, 1, 'SAME', tf.nn.relu,
                               weights['conv1_2'][0],weights['conv1_1'][1])
           pool1 = pool_layer('pool1', conv1_2, 2, 2, 2, 2, 'SAME', tf.nn.avg_pool)

           # Conv2
           conv2_1 = conv_layer('conv2_1', pool1, 3, 3, 64, 128, 1, 1, 'SAME', tf.nn.relu,
                               weights['conv2_1'][0], weights['conv2_1'][1])
           conv2_2 = conv_layer('conv2_2', conv2_1, 3, 3, 128, 128, 1, 1, 'SAME', tf.nn.relu,
                               weights['conv2_2'][0], weights['conv2_2'][1])
           pool2 = pool_layer('pool2', conv2_2, 2, 2, 2, 2, 'SAME', tf.nn.avg_pool)

           # Conv3
           conv3_1 = conv_layer('conv3_1', pool2, 3, 3, 128, 256, 1, 1, 'SAME', tf.nn.relu,
                               weights['conv3_1'][0], weights['conv3_1'][1])
           conv3_2 = conv_layer('conv3_2', conv3_1, 3, 3, 256, 256, 1, 1, 'SAME', tf.nn.relu,
                               weights['conv3_2'][0], weights['conv3_2'][1])
           conv3_3 = conv_layer('conv3_3', conv3_2, 3, 3, 256, 256, 1, 1, 'SAME', tf.nn.relu,
                               weights['conv3_3'][0], weights['conv3_3'][1])
           conv3_4 = conv_layer('conv3_4', conv3_3, 3, 3, 256, 256, 1, 1, 'SAME', tf.nn.relu,
                               weights['conv3_4'][0], weights['conv3_4'][1])
           pool3 = pool_layer('pool3', conv3_4, 2, 2, 2, 2, 'SAME', tf.nn.avg_pool)
   ```

```
# Conv4
conv4_1 = conv_layer('conv4_1', pool3, 3, 3, 256, 512, 1, 1, 'SAME', tf.nn.relu,
                        weights['conv4_1'][0], weights['conv4_1'][1])
conv4_2 = conv_layer('conv4_2', conv4_1, 3, 3, 512, 512, 1, 1, 'SAME', tf.nn.relu,
                        weights['conv4_2'][0], weights['conv4_2'][1])
conv4_3 = conv_layer('conv4_3', conv4_2, 3, 3, 512, 512, 1, 1, 'SAME', tf.nn.relu,
                        weights['conv4_3'][0], weights['conv4_3'][1])
conv4_4 = conv_layer('conv4_4', conv4_3, 3, 3, 512, 512, 1, 1, 'SAME', tf.nn.relu,
                        weights['conv4_4'][0], weights['conv4_4'][1])
pool4 = pool_layer('pool4', conv4_4, 2, 2, 2, 2, 'SAME', tf.nn.avg_pool)

# Conv5
conv5 = conv_layer('conv5', pool4, 7, 7, 512, 4096, 1, 1, 'SAME', tf.nn.relu)
drop5 = dropout_layer('drop5', conv5, keep_prob)

# Conv6
Conv6 = conv_layer('conv6', drop5, 1, 1, 4096, 1024, 1, 1, 'SAME', tf.nn.relu)
drop6 = dropout_layer('drop6', conv6, keep_prob)

# Conv7
Conv7 = conv_layer('conv7', drop6, 1, 1, 1024, num_of_class, 1, 1, 'SAME', tf.identity)
# upsampling
# Deconv1
deconv1_shape = tf.shape(pool4)
deconv1_out_channels = pool4.get_shape()[3].value
deconv1 = deconv_layer('deconv1', conv8, 4, 4, deconv1_out_channels, num_of_class,
                        deconv1_shape, 2, 2, 'SAME')
fuse1 = tf.add(deconv1, pool4, name='fuse1')
# Deconv2
deconv2_shape = tf.shape(pool3)
deconv2_out_channels = pool3.get_shape()[3].value
deconv2 = deconv_layer('deconv2', fuse1, 4, 4,
            deconv2_out_channels, deconv1_out_channels,
                        deconv2_shape, 2, 2, 'SAME')
fuse2 = tf.add(deconv2, pool3, name='fuse2')
# Deconv3
deconv3_shape = tf.shape(image)
deconv3_shape = tf.stack([deconv3_shape[0], deconv3_shape[1],
            deconv3_shape[2], num_of_class])
deconv_result = deconv_layer('deconv3', fuse2, 16, 16, num_of_class,
            deconv2_out_channels, deconv3_shape, 8, 8, 'SAME')
prediction = tf.expand_dims(tf.argmax(deconv_result, dimension=3,
            name='pred_annotations'), dim=3)
return deconv_result, prediction
```

三、知识拓展

查阅文献，了解智能图像语义分割技术的最新技术进展，并简单说明出现的新技术。

第 13 章 智能图像彩色化处理技术

智能图像彩色化处理就是利用人工智能手段，对图像进行彩色化处理，从而把一幅灰度图像或者多波段图像转变为彩色图像的处理过程，即利用深度学习技术，通过建立神经网络结构，根据彩色化处理的要求进行特征分析，获得彩色化处理的方案。

13.1 智能图像彩色化处理技术的发展

在图像的伪彩色化技术研究中，彩色图像与灰度图像之间的转换是一个不可逆的过程，同时，一幅灰度图像也可以对应多种彩色化方案，这都为彩色化处理问题的研究带来了一定复杂性。对图像进行彩色化处理，一方面可以增加图像的真实感，提高图像的艺术性，也可以提高图像内容的可辨识度。传统的图像伪彩色化方法主要有灰度分层法和灰度变换法。这些处理方法主要根据图像的局部灰度特征进行映射处理，其主要问题在于，对图像的灰度映射并没有考虑图像的语义信息，即不涉及对图像的理解。因此，传统的处理方法往往不能获得理想的处理效果。近年来，出现了一系列基于深度学习的彩色化处理技术：

- 2015 年，在国际会议（International Conference on Computer Vision，ICCV）上发表了一篇关于基于深度学习的图像染色方法 Deep Colorization，该方法的特点是全自动上色，并且着色速度具有一定优越性。

- 2016 年，Colorful Image Colorization 中提出了自监督学习的彩色化方法，解决了着色处理中的方案不确定问题，也给出了一种着色评估的有效策略。

- 2017 年，在彩色化处理的工作 Unsupervised Diverse Colorization via Generative Adversarial Networks 中，采用条件生成的网络结构进行探索，在每层特征中采用图像灰度信息作为彩色化的条件约束，取得了真实感的彩色化效果。同年，典型的彩色化处理方案 Learning Diverse Image Colorization 被提出，这个研究可以产生空域连续性的色彩效果，它采用自动变分编码器对低维度特征进行学习，建立与图像灰度之间的条件关系模型。

- 2018 年，人们针对图像结构不一致的问题，在 Structural Consistency and Controllability for Diverse Colorization 中研究了通用结构的彩色化方法。

- 2019 年，人们在 Coloring With Limited Data：Few-Shot Colorization via Memory Augmented Networks 中研究了小样本的彩色化方法，该方法在标签有限的情况下，可以产生高质量的彩色化结果。同年，也提出了一种利用自正则化手段产生全自动视频的着色方法，参见 Fully Automatic Video Colorization with Self-Regularization and Diversity。

- 2020 年，基于实例感知的彩色化方法 Instance-aware Image Colorization 被提出。该方法利用目标检测器获取目标图像，使用实例着色网络来提取目标特征，根据这些特征进行颜色生成。

- 2021 年，一种基于自注意力的方法 Colorization Transformer 被提出，其使用 Transformer 产生灰度图像的低分辨率粗糙色彩，进一步采用条件 Transformer 层来有效调节灰度输入，学习彩色化的特征。

此外，在近些年产生的基于深度学习的彩色化处理技术中，从现有的智能处理算法来看，主要有全自动图像着色、无须用户进行交互的全自动的彩色化方法和用户引导的策略。在用户引导的技术研究中，出现了根据用户交互引导的方法、用户指定颜色板的引导策略、用户提供参考色图像的彩色化处理、用户指定色块的彩色化处理以及基于自然语言描述引导的彩色化措施。其中，用户引导的上色和基于样本的上色是两种常见的用户引导的彩色化策略。

在用户引导的上色中，需要用户在待上色的灰度图像中提供彩色的涂抹引导信息，然后，在彩色化过程中利用最小二乘优化方法将引导的涂抹颜色传播到目标图像，该方法需要在引导过程中交互，耗时耗力。基于样本的上色主要是从用户提供的参考样例中，建立颜色和灰度的映射关系，然后利用学习到的特征对灰度图像进行彩色化处理。该方法无须用户提供复杂的交互信息，可以简化交互的复杂过程。

13.2　基于深度神经网络的彩色化方法

2015 年，在 ICCV 上，Zezhou Cheng 等研究人员提出一种图像自动彩色化处理的方法 Deep Colorization。该工作是首次提出的基于深度学习的图像彩色化策略，通过建立深度神经网络，逐层学习、分析图像的特征，从而获得较为满意的彩色化处理结果。

该方法是一种高质量的全自动着色方法，它利用大规模数据集进行建模，并对彩色化问题进行建模描述，设计深度神经网络进行特征学习，采用联合双边滤波进行后处理。

使用该方法进行彩色化处理的主要步骤为：

1）训练：使用大规模图像数据集训练神经网络，得到学习的特征。

2）预测：使用学习的神经网络对目标灰度图像进行彩色化的着色结果。

在网络设计中，采用深度神经元学习网络。

对于有监督学习的样例 $\Lambda = \{\vec{G}, \vec{C}\}$，彩色化的处理就是求取一个复杂映射函数 F，它可以通过特征学习，实现将灰度图像 $\vec{G}$ 中的灰度值映射到相应的 $\vec{C}$ 中的色度值。

算法的整体框架分割特征学习的初始化处理部分和双边滤波的后处理部分，如图 13-1 所示。首先，利用神经网络学习图像的灰度特征与彩色特征之间的对应关系，得到色度分量。然后，为了消除图像潜在的伪影成分，以原始灰度图像为引导，联合双边过滤技术对于结果进行优化，得到更优的颜色结果。

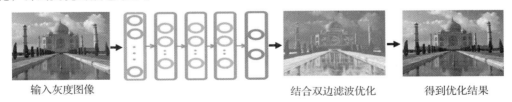

输入灰度图像　　　　　　　　　　　结合双边滤波优化　　　得到优化结果

图 13-1　算法主要流程框架⊖

深度神经网络由一个输入层、三层隐藏层和一个输出层组成。每层可包含不同数量的神经元。输入层的神经元的数量等于(从灰度图像)提取特征的维数；输出相应颜色值的 U 和 V 通道；隐藏层神经元个数为输入层神经元个数的一半；隐藏层或输出层中的每个神经元都与下一层的所有神经元相连，并且每个连接都具有一个相关权重。具体地，输入层中含有 128 个神经元，对应 49 维的低级特征、32 维的中级特征和 47 维高级语义特征。输出层包含 2 个神经元，

⊖　图 13-1 和图 13-2 均来源于 Deep Colorization，作者 Zezhou Cheng，2015 年。

分为该像素的 U 和 V 色度分量的值。

训练深度学习模型时，采用的损失函数如下：

$$\underset{\Theta \subseteq r}{\arg\min} \sum_{p=1}^{n} \parallel F(\Theta, \ x_p) - c_p \parallel^2 \tag{13-1}$$

由于采用有监督学习，c_p 是彩色化的像素颜色标签，$F(\Theta, \ x_p)$ 是网络的输出结果。

该算法的彩色化处理在 LUV 色彩空间中进行研究，因此，网络输出得到 U 和 V 的色度分量。

在实验中，神经网络训练采用 Sun Database 数据集，其中含有 2688 张图像。将每张图像分割成若干个对象区域，共使用 47 个对象类别（例如建筑、汽车、海洋等），以确保实验取得较为理想的结果。

虽然利用该方法对图像进行着色能够得到基本正确的结果，但是产生的颜色呈现饱和度偏低的现象（图 13-2 是该方法的部分彩色化结果），主要是由于损失的控制中采用预测结果和真实图片间的欧氏距离导致的。

图 13-2　彩色化结果

13.3　基于卷积神经网络的彩色化方法

2016 年，加利福尼亚大学的 Richard Zhang 在 ECCV 国际会议中提出一种基于 CNN 的图像彩色化方法 Colorful Image Colorization。该方法的主要特点是：采用卷积神经网络设计，克服了对用户交互的依赖和不饱和的着色问题，实现了自动图像着色，确保了颜色的多样性和生动性，将图像着色任务转化为一个自监督学习的任务，能够获得令人满意的结果。

该算法的主要设计思想为：采用 CIE Lab 颜色空间，建立 CNN，将现有彩色图像的 L 通道作为网络的输入信息，L 通道张量的形状为 $X \in R^{H \times W \times 1}$，并且使网络的输出对应色彩的 a 和 b 的分量，即输出张量的形状为 $Y \in R^{H \times W \times 2}$，其中图像的分辨率为 $W \times H$。

卷积神经网络中采用编码器-解码器结构，网络输出的是每个像素对应 a 和 b 通道的概率分布，之后转成 ab 通道的具体值。如图 13-3 所示。

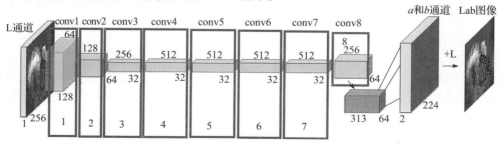

图 13-3　彩色化网络设计的框架 ⊖

⊖　图 13-3 和图 13-4 均来源于 Colorful Image Colorization，作者 Richard Zhang 等，2016 年。

在网络结构中，卷积模块 1~7 为编码单元，卷积模块 8 采取解码运算。在卷积模块 1~8 中，特征的个数分别为 64、128、256、512、512、512、512、256。在卷积模块 2 和 3 中，除了卷积以外，采用激活和批归一化运算。特征的尺度变化采用空域的上采样及下采样运算来实现，例如，第一个卷积模块的运算使得特征尺度从 256×256 变为 128×128，采用空域的下采样实现。

研究中，对像素的 a 和 b 分量进行量化处理，即量化到 313 个区间，每一个区间有一个中心 (a, b)。那么，对于每个像素的彩色化预测，就转为对每个像素进行分类的问题，类别的种类为 313。具体地，将待量化的 a、b 分量与每个区间的中心 (a, b) 进行相似性的距离计算，再将这些距离归一化为 0~1 之间的概率，得到最后的结果。在模型输出时，得到每个像素的 313 个可能颜色的概率，进一步得到 313 个区间的概率。在网络的损失设计中，由于将 ab 通道的输出空间以 10 为步长量化为 313 类，因此，计算损失时将标签色值也转换到 313 范围的概率空间中，然后进行计算。

在实验中，采用 ImageNet 训练集中的 130 万个数据集训练，由 1 万幅图像构成验证集进行测试，验证了该算法的有效性。图 13-4 是该算法的彩色化处理的结果，在两组结果中，左侧图像为样本标签，右侧图像为彩色化处理的结果。

图 13-4　彩色化处理的结果

13.4　用户引导的实时彩色化方法

在图像的彩色化处理方法中，用户引导的彩色化方法可以根据用户的需求定制彩色化的结果，这种彩色化的模式由 Levin 等人在 2004 年提出。但在实际的应用中，需要用户多次交互，产生不便彩色化的问题。UC Berkeley 的 Richard Zhang 提出了基于深度学习的用户引导实时彩色化方法（Real-Time User-Guided Image Colorization with Learned Deep Priors），2017 年在 *ACM Transactions on Graphics* 上发表了相关论文。

该方法的特点是，通过基于深度学习的用户引导彩色化方法，根据用户提示进行着色处理。与现有的手动定义规则方法相比，该方法从大量数据出发，利用所建立的神经网络，在学习过程中融合低级的细节特征和来自用户引导的高级语义特征的信息，从而设计出有效的网络结构，得到快速彩色化处理的结果。研究时，利用多达 100 万幅图像作为输入训练的样本，进行了充分的实验。该方法不仅可以用于对灰度图像进行彩色化处理，还可以用于对彩色图像进行处理。

在该研究中，采用 Lab 色彩空间开展工作，设输入灰度图像张量的形状为 $X \in R^{H \times W \times 1}$，输出

a 和 b 颜色，输出张量的形状为 $Y \in R^{H \times W \times 2}$，其中图像的分辨率为 $W \times H$。

该方法设计的网络结构为两种：局部网络和全局统计网络。如图 13-5 所示。图中的网络部分为主干网络：

- 全局统计网络：先经过编码部分，然后进入主干网络，再预测颜色。
- 局部网络：用户稀疏输入后，经过网络层，利用主干网进行编码，然后预测颜色和颜色分布。

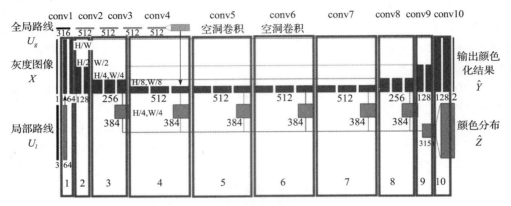

图 13-5　算法的系统架构图[一]

主干网采用编码和解码的卷积神经网络结构。从通道数目进行分类，一共有 10 个神经网络单元，每个单元具有的卷积层分别为 2、2、3、3、3、3、3、3、2、2，卷积运算呈对称结构。分辨率的变化采用上采样操作来实现。每个单元块包含 2 个或者 3 个卷积单元，由卷积和激活构成。

在设计网络结构时，主要分支 F 使用 U-Net 架构。在 conv1～conv4 的编码特征学习阶段，在每个阶段中，特征张量在空间尺度上进行下采样，特征尺度逐渐减半，而在特征维度（特征数）上不断加倍；在解码的 conv7～conv10 阶段，每个卷积单元处理后，不断通过上采样使特征恢复原输入图像的尺度。在卷积时，采用的核大小为 3×3，并且进行了批归一化的处理。

采用有监督学习，真值标签为 $Y \in R^{H \times W \times 2}$，损失函数采用网络输出的颜色 $L(F(X, U; \theta))$ 与真值标签 Y 之间的差异进行定义。其中 U 为用户交互引导的输入，θ 为网络的训练参数。

在训练过程中采用了预训练的方法，如图 13-5 所示，conv1～conv8 层的参数采用预训练的参数，然后进行微调处理，而 conv9、conv10 层参数是研究中训练得到的。为了使得到的颜色在有效范围之内，网络在输出层加入 tanh 层处理。图 13-6 是使用该方法得到的彩色化处理的结果。在每组结果中，左侧是输入的图像，右侧是彩色化的结果。

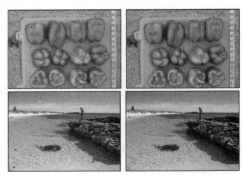

图 13-6　算法的彩色化处理结果

○ 图 13-5 和图 13-6 均来源于 Efros：Real-time User-Guided Image Colorization with Learned Deep Priors，作者 Richard Zhang 等，2017 年。

习题

一、基础知识

1. 用一个具体实例说明如何基于卷积神经网络实现图像彩色化处理。

2. 在智能彩色化处理技术中，举例说明常见的用户引导的方式有哪几种，并说明每种方式的优缺点。

3. 常见的色彩空间有哪几种？本章介绍的几种算法分别采用什么色彩空间进行图像彩色化研究？

4. 在智能彩色化处理技术中，编码和解码的结构起到什么作用？

5. 如果采用有监督的深度学习方法进行图像彩色化处理，损失函数的具体作用是什么？

6. 说明本章中基于卷积神经网络的彩色化方法实例的主要思想。

7. 用户引导的彩色化方法有哪些优点？

8. 说明本章中用户引导的彩色化方法实例的主要思想。

9. 用一个具体的例子说明如何在图像智能彩色化处理中通过监督控制网络的性能？

10. 查阅文献，列出几种最新图像智能彩色化算法，并说明算法的主要设计思想。

二、算法实现

设计基于 U-Net 结构的图像彩色化算法，网络结构参见第 10 章习题中的"算法实现"部分的第 3 题，描述你的设计过程。如果采用 PyTorch 框架设计，可以在网上下载开源代码作为参考。如果采用 TensorFlow 框架，设计提示如下。

1）数据集的构建。选择现有的自然彩色图像，将其读入后，先进行色彩空间的转换，然后将三个通道分别处理为输入数据和标签数据，参考代码如下：

```
imgs = []
labels = []
for i in range(N):
    img = cv2.imread(img_path) # img_path 文件路径
    img = cv2.cvtColor(img, cv2.COLOR_BGR2LAB)
    img = img.astype(np.float32)
    img = np.multiply(img, 1.0 / 255.0)
    input = img[:, :, 0]
    input = np.reshape(input, (input.shape[0], input.shape[1], 1))
    lable = img[:, :, 1:]
    imgs.append(input)
    labels.append(lable)
```

2）损失函数的参考设计如下：

```
self.loss = 1 - tf.reduce_mean(tf.image.ssim(self.Y_pred, self.Y_true, max_val=1.0))
cost = tf.reduce_mean(self.loss)
optimizer=tf.train.AdamOptimizer(learning_rate= learning_rate).
minimize(cost, var_list=unet_vars)  # unet_vars 为训练变量的 list
```

3）在训练中，启动优化器的功能可以设计如下：

```
sess.run(self.optimizer, feed_dict=feed_dict)  # feed_dict 为注入的数据字典
```

三、知识拓展

查阅文献，了解图像智能彩色化处理技术的发展动态，列举目前图像智能彩色化处理技术中的瓶颈问题。

第 14 章 智能图像风格化处理

图像的风格化处理，即风格迁移，是指对图像进行处理以生成具有艺术效果的图像的一种定制处理技术，就是利用算法学习现有图像的风格，再将其移植到另一幅目标图像上。一般来说，需要输入内容图像和风格图像，内容图像按照风格图像生成定制的风格。在过去几十年的研究中，出现了一些风格化处理的技术和方法。在传统的迁移技术中，存在的问题是算法缺少通用性，即某些算法只能处理特定的图像场景，限制了风格迁移技术的广泛应用。近年来，随着人工智能技术的发展，出现了基于深度学习的风格化处理技术，为图像风格化处理提供了有效的技术手段。目前，风格化处理技术已经广泛应用于节目制作、特效生成、游戏制作等领域。

利用风格迁移技术可以将普通用户的照片自动变换为艺术风格，如图 14-1 所示。

图 14-1 图像风格化处理实例[⊖]

14.1 智能图像风格化处理技术的发展

近些年，出现了一系列基于深度学习的风格化处理技术。

- 2015 年，Gatys 等提出了 A Neural Algorithm of Artistic Style 算法，该算法可以从一张白噪声图片出发，利用生成算法不断生成目标图像。在此期间，不断对生成的特征进行约束，使学习得到的内容特征与输入图像的内容接近，使学习得到的风格特征与输入的风格图像特征接近，从而获得风格迁移后的图像。

- 在此基础上，2016 年，Justin Johnson 等研究了 Perceptual Losses for Real-Time Style Transfer and Super-Resolution 中的算法。在考虑内容及风格的基础上，对结果进行了平滑处理，克服了之前 Gatys 等人研究中的费时问题，达到了快速生成的目标。

- 2017 年，H. Huang 等人探索了 Real-Time Neural Style Transfer for Videos，利用前馈网络完成视频风格迁移，基于前馈卷积神经网络设计，避免了动态计算光流问题。同年，L. Zhang 等在对 Style2paints 方法（Style Transfer for Anime Sketches with Enhanced Residual

---

　⊖　资料来源：Style Mixer：Semantic-aware Multi-Style Transfer Network，作者 Zixuan Huang，2019 年。

U-Net and Auxiliary Classifier GAN)的探索中，基于改进的残差型 U-Net 和带辅助分类器的 GAN 结构，实现了基于色彩参考图的自动上色功能。同年，Carlos Castillo 等研究了基于语义分割策略的特定对象风格迁移技术。

- 2018 年，Mannat Kaur 和 Swapnil Satapathy 发表了论文 Targeted Style Transfer Using Cycle Consistent Generative Adversarial Networks with Quantitatives Analysis of Different Loss Functions，提出了循环一致性生成对抗网络 CycleGAN，实现鲁棒的图像生成效果和风格迁移，该方法能够在确保风格迁移的同时，使对象的几何形状和空间关系不受影响。

- 2019 年，D. Kotovenko 等发表了 A Content Transformation Block for Image Style Transfer，提出利用低层特征传递纹理信息，利用高层特征获得内容。

- 2020 年，M. Arar 等在无域标签的情况下，研究 Unsupervised Multi-Modal Image Registration via Geometry Preserving Image-to-Image Translation，生成不同时间段的高分辨率且不同风格的场景图像，获得了时间变化的效果。同年，P. Zhang 等研究了基于样例的风格迁移方法，通过建立内容图像与目标风格图像之间的密集对应，使生成图片精细匹配定制的风格。

- 2021 年，F. Han 等在 Exemplar-Based 3D Portrait Stylization 的研究中，提出 3D 人脸风格迁移化的框架，该方法只需要一张任意风格的图像，便可以生成一定几何形状和纹理风格化的三维人脸模型，同时保留原始内容的特征。

14.2 基于卷积神经网络的风格迁移技术

1. 算法设计思想

2015 年，Gatys 等在计算机视觉与模式识别国际会议(Computer Vision and Pattern Recognition，CVPR)中提出了 A Neural Algorithm of Artistic Style 技术。该研究是一种基于深度神经网络的人工智能策略，利用该方法可以生成高感知品质的艺术图片，使用神经网络重新生成内容和风格结合的图像。

该方法的主要特点是，从一张白噪声图像出发，利用神经网络的编码和解码方法，学习图像的不同层次特征，利用内容图像和风格图像作为特征学习过程中不同层级特征的约束条件，控制生成图像的风格及内容。

具体来说，在神经网络不同层级学习特征时，利用生成图像的特征与目标图像的特征进行比较，作为网络生成图像的损失控制，将提取的内容特征与内容图像的编码特征进行比较，提取的风格特征与风格图像的编码特征进行比较。

为了确保生成的图像的质量，采用像素级的损失定义方法。同时，采用梯度下降方法，在网络反向传播时进行控制。在网络多次迭代之后，即得到特定风格和内容的图像。

2. 网络结构设计

该方法在网络结构上采用 VGG-Network 19 层的网络结构中的部分卷积层实现，VGG 的结构如图 14-2 所示。其中的 16 层为卷积层，5 层为池化层，没有采用全连接层，并且在 VGG-19 的网络结构基础上，将最大池化修改为平均池化层，得到了较为满意的生成结果。

设计时，从随机白噪声图像出发，利用梯度下降方法，找到与原图特征(内容或者风格)相匹配的目标结果，它们会使损失较小，因此，得以保留下来。

ConvNet配置					
A	A-LRN	B	C	D	E
11权重层	11权重层	13权重层	16权重层	16权重层	19权重层
输入（224×224的RGB图像）					
conv3-64	conv3-64	conv3-64	conv3-64	conv3-64	conv3-64
	LRN	conv3-64	conv3-64	conv3-64	conv3-64
最大池化					
conv3-128	conv3-128	conv3-128	conv3-128	conv3-128	conv3-128
		conv3-128	conv3-128	conv3-128	conv3-128
最大池化					
conv3-256	conv3-256	conv3-256	conv3-256	conv3-256	conv3-256
conv3-256	conv3-256	conv3-256	conv3-256	conv3-256	conv3-256
			conv1-256	conv3-256	conv3-256
					conv3-256
最大池化					
conv3-512	conv3-512	conv3-512	conv3-512	conv3-512	conv3-512
conv3-512	conv3-512	conv3-512	conv3-512	conv3-512	conv3-512
			conv1-512	conv3-512	conv3-512
					conv3-512
最大池化					
conv3-256	conv3-512	conv3-512	conv3-512	conv3-512	conv3-512
conv3-256	conv3-512	conv3-512	conv3-512	conv3-512	conv3-512
			conv1-512	conv3-512	conv3-512
					conv3-512
最大池化					
FC-4096					
FC-4096					
FC-1000					
softmax					

图 14-2　VGG-19 网络结构[一]

3. 损失的定义

损失的定义主要包括内容一致性匹配损失和风格一致性匹配损失：

$$\mathcal{L}_{\text{total}}(\vec{p},\vec{a},\vec{x})=\alpha\mathcal{L}_{\text{content}}(\vec{p},\vec{x})+\beta\mathcal{L}_{\text{style}}(\vec{a},\vec{x}) \tag{14-1}$$

其中，α 和 β 是内容和风格的损失权重，用于控制生成风格的外观。

对于内容一致性匹配损失，定义为二次误差损失项：

$$\mathcal{L}_{\text{content}}(\vec{p},\vec{x},l)=\frac{1}{2}\sum_{i,j}(F^l_{ij}-P^l_{ij})^2 \tag{14-2}$$

其中，F^l_{ij} 表示第 l 层网络对生成图像学习得到的编码特征，P^l_{ij} 表示第 l 层网络对内容图像学习得到的编码特征。

对于生成图像 $\vec{x}$，可以计算得到反向传播的梯度，对网络参数进行调整。改变初始化随机图像 $\vec{p}$，使得在 l 层产生的响应与源图像内容特征一致。

对于风格一致性匹配损失的定义，利用计算特征之间的 $\text{Gram}(G^l_{ij})$ 矩阵得到。其中，G^l_{ij} 为第 l 层的第 i 个和第 j 个特征映射的内积 $G^l_{ij}=\sum_k F^l_{ik}F^l_{jk}$。

〔一〕　资料来源：Very Deep Convolutional Networks for Large-Scale Image Recognition，作者 Karan Simonyan 等，2015 年。

风格一致性匹配损失的定义为生成图像的 Gram 矩阵 G_{ij}^l 与输入原风格图像的 Gram 矩阵 A_{ij}^l 之间的均方距离，使之最小。因此，第 l 层的损失定义为

$$E_l = \frac{1}{4N_l^2 M_l^2} \sum_{i,j} (G_{ij}^l - A_{ij}^l)^2 \tag{14-3}$$

图 14-3 是利用该方法生成的风格迁移的结果。从该结果可以看出，此方法是一种非常有效的策略。

图 14-3 风格迁移的实验结果 ⊖

14.3 基于感知的实时风格迁移方法

1. 算法的设计思想

2016 年，Justin Johnson 等提出了一种基于感知的实时风格迁移方法（Perceptual Losses for Real-Time Style Transfer and Super-Resolution），克服了 Gatys 等人研究中的费时生成的问题，实现了快速性。

该方法的特点是，采用预训练的网络模型参数获取高层级特征，定义并优化感知损失函数，从而产生高质量的风格化结果。利用感知损失函数训练前馈网络实现迁移结果。并且，输入低分辨率图像，可得到高分辨率的迁移结果，只进行一次网络前向传播计算，速度非常快，可以达到实时效果。

在实施策略方面，利用训练前馈卷积神经网络，采用逐层逐像素级损失函数进行控制，得到初始化的网络特征结构。在此基础上，定义并优化感知损失函数，得到更优的结果。该方法

⊖ 资料来源：A Neural Algorithm of Artistic Style，作者 Leon A. Gatys，2015 年。

克服了当时方法中每次输入新的图像时，都需要对网络进行重新初始化训练的问题，实现了快速生成的目的。

2. 网络结构设计

该方法的网络结构由图像转换网络和损失控制网络两部分构成，如图 14-4 所示。

图像转换网络部分采用深度残差网络，其功能是把输入的图像 x 通过映射 $\hat{y}=f_w(x)$ 转换成输出图像 $\hat{y}$，损失函数利用和目标图像 y_i 之间的差异计算 $l_i(\hat{y}, y_i)$。

图像转换网络的损失利用下面的公式计算：

$$W^* = \operatorname*{argmin}_{w} E_{x, \{y_i\}} \left[\sum_{i=1} \lambda_i l_i(\hat{y}, y_i) \right] \tag{14-4}$$

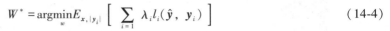

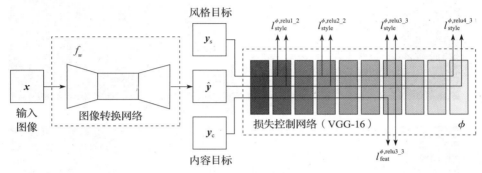

图 14-4　网络的结构[⊖]

也就是说，在使转换误差最小的情况下求出最佳的网络参数。训练时，采用随机梯度下降机制控制训练过程，使 W^* 保持下降趋势。

在损失控制网络中，利用预训练的网络来计算损失，其损失采用由特征损失 l_{feat}^{ϕ} 和风格损失 l_{style}^{ϕ} 定义。特征损失由生成的内容确定其定义形式。

网络设计的基本思路是先利用图像转换网络构建内容，再融入风格。对于每一幅输入图像 x，有一个内容目标 y_c 和一个风格目标 y_s，网络的结构功能为：

- 对于图像转换网络，输入为 x，输出为构建内容 $\hat{y}$。
- 对于风格转换过程，不断改进合成结果，利用风格损失进行控制，这时合成内容的输出结果为融入风格特征的结果 y_c。
- 对于超分辨率重建功能，网络输入为 x，输出结果为分辨率改进的 y_c。

3. 损失函数的定义

对于图像转换网络，为了确保其性能，训练时，对于特征（内容）损失的设计不做逐像素对比，而是用 VGG 计算得到高级特征（内容）表示：

$$l_{\text{style}}^{\phi, j}(\hat{y}, y) = \frac{1}{C_j H_j W_j} \| \phi_j(\hat{y}) - \phi_j(y) \|_2^2 \tag{14-5}$$

C_j、H_j 和 W_j 分别表示 VGG 网络的第 j 层特征的尺度。$\phi_j(\hat{y})$ 是第 j 层生成图像的特征，$\phi_j(y)$ 是网络第 j 层从内容图像学习到的监督特征。

对于风格重建的损失函数设计，为了计算 Gram 矩阵，先计算 VGG 网络的第 j 层 C_j 个特征的任意两个特征 H_j 和 W_j 的内积：

⊖ 资料来源：Perceptual Losses for Real-Time Style Transfer and Super-Resolution，作者 Justin Johnson 等，2016 年。

$$G_j^{\phi}(\boldsymbol{x})_{c,c'} = \frac{1}{C_j H_j W_j} \sum_{h=1}^{H_j} \sum_{w=1}^{W_j} \phi_j(\boldsymbol{x})_{h,w,c} \phi_j(\boldsymbol{x})_{h,w,c'} \tag{14-6}$$

然后，利用 Gram 矩阵网络的第 j 层损失：

$$G_{\text{style}}^{\phi,j}(\hat{\boldsymbol{y}},\ \boldsymbol{y}) = \left\| G_j^{\phi}(\hat{\boldsymbol{y}}) - G_j^{\phi}(\boldsymbol{y}) \right\|_{\text{F}}^2 \tag{14-7}$$

最后，利用不同层损失之和计算得到最后的风格损失。

在定义损失时，处理上述内容和风格的感知损失，还定义了两种简单损失函数，即像素损失和全变差正则化损失。对于全变差正则化损失，为使输出图像平滑而定义正则化的约束项。

像素损失是利用输出图像像素 $\hat{\boldsymbol{y}}$ 和目标图像像素 $\boldsymbol{y}$ 之间的标准差计算得到的，对尺度为 C、H 和 W 的图像，像素损失定义为：

$$l_{\text{pixel}}(\hat{\boldsymbol{y}},\ \boldsymbol{y}) = \frac{\left\| \hat{\boldsymbol{y}} - \boldsymbol{y} \right\|_2^2}{\text{CHW}} \tag{14-8}$$

4. 网络的设计

在图像转换网络的深度残差网络结构中，网络由 5 个残差模块组成，不采用池化层，在图像分辨率控制中采用跨步控制及上采样和下采样处理。卷积单元处理后采用空间批归一化处理和非线性激活函数，输出前采用 tanh 确保输出结果的范围位于 0~255 之间。网络设计的特征如下：

- 精细特征感知结构：在卷积单元中采用卷积核结构，第一层和最后一层设计为 9×9，其他单元中均采用卷积核结构 3×3，从而得到更加精细的特征结构。
- 支持动态尺度的输出和输入：在设计网络结构时，由于图像转换网络采用全卷积的结构，因此，使得网路对特征的感知支持任意的尺寸。在风格迁移过程中，输出尺度和输入尺度一致，其尺度为 256×256×3，为三通道 RGB 图像，而对于图像超分辨率重建来说，图像转换网络可以支持定制尺度的输出。
- 计算代价小：上采样及下采样机制使得网络能够在获取足够特征的前提下，具有轻量的计算代价。有效的下采样机制使得每个输出目标像素都能够感知到输入图像对应的大面积有效的感受野，使生成结果更符合感知的规律。而且，经过下采样后，再经过 3×3 卷积运算，使得对于原特征对应原感知特征的感受野尺度大大增加。

图 14-5 给出了该研究策略的实验结果，其中每行的第一幅图像是原内容图像，第二幅图像是输入的风格图像，第三幅图像是该策略的实验输出结果。

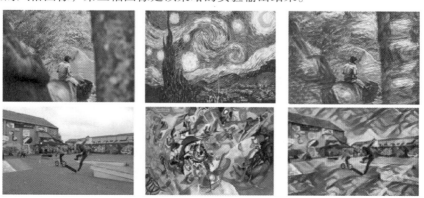

图 14-5　基于感知风格迁移的实验结果 ⊖

⊖　资料来源：Perceptual Losses for Real-Time Style Transfer and Super-Resolution，作者 Justin Jonnson 等，2016 年。

习题

一、基础知识

1. 什么是图像的风格化？请举例说明。

2. 请列出现有风格化处理的最新研究文献。

3. 通过一个具体实例，阐述基于卷积神经网络的风格化处理算法的主要设计思想。

4. 目前在智能图像风格化处理技术中，采取什么措施可以提高风格化处理的速度？请具体说明。

5. 在智能图像风格化处理技术中，编码和解码的结构有什么作用？

6. 如果采用有监督的深度学习方法进行图像风格化处理，损失函数在监督学习中的具体作用是什么？

7. 以一个具体例子说明如何在图像风格化处理中通过监督控制网络的性能。

8. 在智能图像风格化处理技术中，内容特征和风格特征起到什么控制作用？请从特征分析角度详细说明。

9. 从最新的智能图像风格化处理技术的研究论文中选取 1 篇，说明其主要的设计思想。

10. 怎样控制智能图像风格化处理的结果，使其保留更多的内容特征？

二、算法实现

阅读以下 TensorFlow 代码（或者从网上下载 PyTorch 代码），给出智能图像风格化算法的设计思想，采用 VGG-19 网络结构，参考以下提示信息，写出主要的设计思路。

1) VGG-19 的网络结构代码如下：

```
def VGG( bgr):
    self.conv1_1 = self.conv_layer(bgr, "conv1_1")
    self.conv1_2 = self.conv_layer(self.conv1_1, "conv1_2")
    self.pool1 = self.avg_pool(self.conv1_2, 'pool1')

    self.conv2_1 = self.conv_layer(self.pool1, "conv2_1")
    self.conv2_2 = self.conv_layer(self.conv2_1, "conv2_2")
    self.pool2 = self.avg_pool(self.conv2_2, 'pool2')

    self.conv3_1 = self.conv_layer(self.pool2, "conv3_1")
    self.conv3_2 = self.conv_layer(self.conv3_1, "conv3_2")
    self.conv3_3 = self.conv_layer(self.conv3_2, "conv3_3")
    self.conv3_4 = self.conv_layer(self.conv3_3, "conv3_4")
    self.pool3 = self.avg_pool(self.conv3_4, 'pool3')

    self.conv4_1 = self.conv_layer(self.pool3, "conv4_1")
    self.conv4_2 = self.conv_layer(self.conv4_1, "conv4_2")
    self.conv4_3 = self.conv_layer(self.conv4_2, "conv4_3")
    self.conv4_4 = self.conv_layer(self.conv4_3, "conv4_4")
    self.pool4 = self.avg_pool(self.conv4_4, 'pool4')

    self.conv5_1 = self.conv_layer(self.pool4, "conv5_1")
    self.conv5_2 = self.conv_layer(self.conv5_1, "conv5_2")
    self.conv5_3 = self.conv_layer(self.conv5_2, "conv5_3")
    self.conv5_4 = self.conv_layer(self.conv5_3, "conv5_4")
    self.pool5 = self.avg_pool(self.conv5_4, 'pool5')
```

2）从网上查找 VGG-19 的参数，利用上面的结构构建网络，并选择 VGG-19 的部分层次特征参数进行控制。例如，内容及风格的特征可以选择如下：

```
CONTENT_LAYER = 'conv4_2';
STYLE_LAYERS = ['conv1_1','conv2_1', 'conv3_1', 'conv4_1', 'conv5_1']
```

3）分别构建内容和风格的控制特征：

```
content_vgg = vgg19.Vgg19(vgg_path)
content = tf.placeholder("float", content_img.shape)
content_vgg.build(content)
style_vgg = vgg19.Vgg19(vgg_path)
style = tf.placeholder("float", style_img.shape)
style_vgg.build(style)
```

4）在生成图像的优化过程中，利用合成损失进行控制：

```
noise = tf.truncated_normal(content_img.shape, stddev=0.1*np.std(content_img))
image = tf.Variable(noise)
image_vgg = vgg19.Vgg19(vgg_path)
image_vgg.build(image)

optimizer = tf.train.AdamOptimizer(LR).minimize(loss)
loss = ALPHA*content_loss + BETA*style_loss
```

其中，content_loss 和 style_loss 分别为内容和风格损失，可以利用 L2 损失进行计算，ALPHA 和 BETA 是损失的权重。

三、知识拓展

查阅文献，了解智能图像风格化技术的发展动态，说明目前该技术发展的特点及趋势。

第 15 章　智能图像的修复处理

我们在前面的内容中曾经指出，图像的重建与修复是指对低质图像的恢复过程。其中，图像修复一般指对图像丢失或损坏的部分进行修补，使图像恢复原貌；而图像重建具有更一般的复原含义，对图像破损、因信号干扰导致的降质，以及由于采集设备低质量而导致的劣质图像都需要通过图像重建进行修复。常见的图像损坏包括目标遮挡、文本遮挡、噪声、照片划痕、图像采集带来的高光效应等。图 15-1 给出了损坏图像的实例。

图 15-1　损坏图像的实例[○]

对图像中的破损部分进行修补的传统技术主要有图像补绘（Image Inpainting）和空洞填充（Region Filling），其原理是利用替换或者填充手段，按照不同的规则，将非破损区域的像素信息填充或者编辑到破损区域，以达到修补后的外观一致性。这些技术已经被广泛应用于消除图像的文字破损和水印等障碍信息、修复图像的裂痕及破损痕迹，以及编辑、移除图像内容等实际工作中。

Alexandru Telea 等人在 2004 年提出了一种快速行进的恢复措施（An Image Inpainting Technique Based on the Fast Marching Method），该方法从破损边缘出发，逐步向破损中心区域不断行进并补绘。待修复像素的颜色通过利用其周围信息完备的像素加权得到。同年，A. Criminisi 等提出了一种基于样例的破损图像的孔洞填充方法（Region Filling and Object Removal by Exemplar-Based Image Inpainting），该方法优先考虑周围像素的可信度，同时优先修补图像梯度变化剧烈的位置。

总之，这些传统的技术都是根据某种规则，利用现有的已知信息，对破损像素或者区域利用一定算法进行修补。

近年来，随着人工智能技术的发展，出现了基于深度学习的图像修复技术。在这里我们着重介绍基于深度学习的 Inpainting 技术以及基于深度学习的超分辨率复原技术。

15.1　智能图像修复技术的发展

近年来，出现了一些基于深度学习的图像补绘技术，它们与传统图像修复方法有本质区别。这些新技术基于深度学习机制，使得模仿人类神经及大脑的信息理解成为可能。因此，目

　　○　资料来源：A Comparative Study of Different Inpainting Techniques，作者 Amol Pawar 等，2014 年。

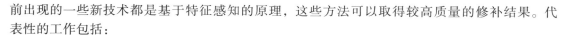

前出现的一些新技术都是基于特征感知的原理，这些方法可以取得较高质量的修补结果。代表性的工作包括：

- 2016 年，Deepak Pathak 等提出了一种基于上下文信息感知的图像补绘方法（Context Encoders：Feature Learning by Inpainting），该方法采用无监督学习，设计基于 CNN 的编码和解码结构，有效实现图像的重绘修补。

- 2017 年，Chao Yang 等提出了结合图像内容和纹理进行约束优化的多尺度补绘方法（High-Resolution Image Inpainting using Multi-Scale Neural Patch Synthesis），该方法不仅考虑了上下文的感知信息，而且根据神经网络的中间层特征的相似性选取最优的匹配块，获得了满意的修补结果。同年，Satoshi Iizuka 等提出一种新颖的图像补全方法（Globally and Locally Consistent Image Completion），该方法通过填充任何形状的缺失区域来完成任意分辨率图像的修补，并且得到局部和全局一致性的结果。

- 2018 年，Guilin Liu 等提出一种有效算法（Image Inpainting for Irregular Holes Using Partial Convolutions），可以修补任意形状的破损区域。该算法通过部分卷积和掩模更新代替卷积层，从而获得较好的修补结果。该算法通过 25000 个测试样本验证了性能。同年，Jiahui Yu 等人利用生成对抗网络研究了一种带有内容感知层的前馈全卷积神经网络算法（Generative Image Inpainting with Contextual Attention），利用周围的图像特征作为参考，并在人脸图像、自然图像、纹理图像等数据集上测试，均获得了较好的预测结果。

- 2019 年，Kamyar Nazeri 提出了一种基于二阶段生成对抗网络的边缘补全图像修复方法（EdgeConnect：Generative Image Inpainting with Adversarial Edge Learning）。该方法借助启发式生成模型得到缺失部分的边缘信息，再将其作为先验，实现图像修复。同年，Hongyu Liu 等提出一种基于深度生成模型的图像修复方法（Coherent Semantic Attention for Image Inpainting），采用相关语义注意力层，建立保持上下文结构的语义关联模型，利用 U-Net 网络架构，设计一致性损失，有效实现破损部分信息的预测。

- 2020 年，Ziyu Wan 等提出一种模糊、褶皱照片的修复算法（Bringing Old Photos Back to Life），该方法用变分自动编码器将图像变换到隐藏空间，在隐藏空间进行图像修复处理。

- 2021 年，Syed Waqas Zamir 等人提出基于注意力机制的多阶段图像重建算法（Multi-Stage Progressive Image Restoration），该方法采用编码–解码的网络结构，对不同层级特征进行融合，实现高分辨率的重建。

15.2　基于上下文信息编码的图像重绘修补算法

1. 算法设计思想

Deepak Pathak 等人于 2016 年在 CVPR 国际会议上提出一种基于上下文信息感知的图像补绘方法（Context Encoders：Feature Learning by Inpainting）。该方法采用有监督学习，利用编码和解码结构的 CNN，对周围像素的上下文信息进行特征学习，从而推断缺失像素的色彩信息。

为了解决缺失区域较大时难以利用相邻区域像素的信息进行修补的问题，该方法充分结合上下文信息以及语义信息，采用通道级全连接的策略，从而实现图像的修补功能。采用编码–解码网络结构（框架如图 15-2 所示）和 GAN 结构。GAN 的作用是生成修补的图像。由于采用有监督学习，因此在设计判别器时，利用真值标签图像作为判别的依据。当网络生成结果与真值标签图像一致时，即判别器无法区分生成的结果与真图像之间的差异时，就停止对网络参数的训练。

2. 网络结构

网络结构分为两大部分：编码-解码和 GAN，这两个网络部分有交叉。编码-解码部分输出的特征作为 GAN 的输入特征，即对输入图像通过编码-解码部分进行编码和解码后，解码还原的图像作为 GAN 生成器的生成结果。也就是说，编码-解码部分可以被看作 GAN 网络的生成器，如图 15-3 所示。

图 15-2 编码-解码结构 　　　　　图 15-3 编码-解码和 GAN 交叉的结构

在算法设计中，编码-解码部分的设计基于 AlexNet 编码结构进行了修改，如图 15-4 所示。

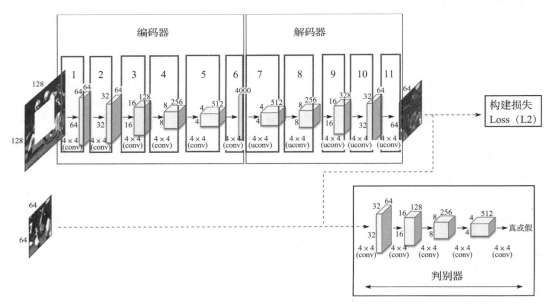

图 15-4 网络结构[一]

网络设计结合了 CNN 和 GAN 的结构，但是做了一些修改：去掉了 AlexNet 的全连接层，设计为卷积层；取消现有 AlexNet 中的池化层，采用转置卷积进行上采样；在判别网络中，利用跨步位移降低特征维度，因为跨步位移为 2，卷积后特征维度变为一半，不采用池化处理，

　　　㊀ 图 15-4~图 15-9 均来源于 Context Encoders：Feature Learning by Inpainting，作者 Deepak Pathak 等，2016 年。

生成器和判别器均使用批归一化处理，并且生成网络最后一层利用 tanh 将输出限制在 [0，255]范围之内，判别器使用 LeakyReLU 作为激活函数。

在此结构中，编码器和解码器结构分别由 6 层和 5 层卷积组成，如图 15-4 所示。在编码器的结构中，前 5 层编码的卷积核形状均为 4×4，卷积核的个数（即特征的通道数）分别为 64、32、128、256、512，编码后的特征在第 6 层全链接到 4000 个神经元，得到分量的低维编码。在解码器中，除了第 1 个全链接层外，其他 4 层卷积的结构中，特征的通道数（卷积核的个数）分别为 256、128、64 和 1。

具体地，编码器设计为 6 层（第 1 层～第 6 层）卷积编码结构，第 1 层～第 5 层由卷积运算处理，如图 15-5 所示。卷积核的形状分别为 4×4×64、4×4×64、4×4×128、4×4×256、4×4×512。

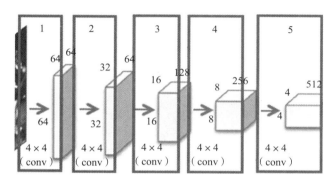

图 15-5　编码器的第 1 层～第 5 层

第 6 层为全链接层，链接的神经元个数为 4000 个。解码器设计为 5 层，如图 15-4 所示，其中，第 7 层为全链接层，输入特征是 4000 个分量的编码，链接输出为 4×4×512 个分量的特征，再将特征形状变为 4×4×512；第 8 层～第 11 层（如图 15-6 所示）实现反卷积的运算，卷积核的形状分别为 4×4×256、4×4×128、4×4×64、4×4×1，最后一层卷积之后得到的图像尺度为 64×64。在编码和解码阶段，特征尺度利用卷积及反卷积中水平及垂直方向的跨步位移进行控制，卷积时，跨步位移为 2，得到下采样的特征结果；反卷积时，跨步位移为 2，得到上采样的特征结果。

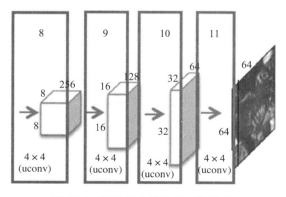

图 15-6　解码器的第 8 层～第 11 层

采用通道级全连接层，从本质看属于全连接的机制。但是，为了减少训练参数的规模，并非采用像素特征级的全连接,而是采用通道之间的全连接,如图 15-7 所示。这样设计既可以避免训练参数过多的问题,也可以使得不同层得到足够的特征。

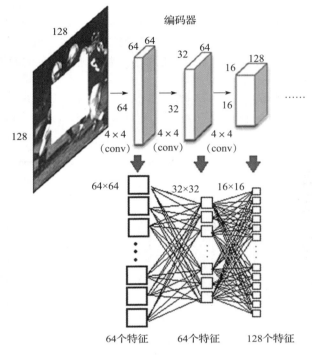

图 15-7 通道之间的全连接

3. 损失的定义

(1)重建损失

在编码-解码结构的网络部分中,采用输出图像与目标图像对应填补区域的 L2 损失作为缺失区域的损失,捕获缺失区域的整体结构,让重建结果与周围的信息一致:

$$L_{rec}(x) = \| \hat{M} \odot (x - F((1-\hat{M}) \odot x)) \|_2 \tag{15-1}$$

其中,$\odot$ 表示逐像素相乘,$\hat{M}$ 为网络输出的修补结果的掩膜。

(2)判别损失

该方法采用交叉熵作为判别损失,使预测结果更加真实。

$$L_{adv} = \max_D E_{x \in \mathcal{X}} [\log(D(x)) + \log(1 - D(F((1-\hat{M}) \odot x)))] \tag{15-2}$$

(3)重建损失与判别损失相结合

图像的修补结果既需要考虑修补结果的语义的正确性,也要做到修补区域与周围区域具有相关性。因此,损失定义为:

$$L = \lambda_{rec} L_{rec} + \lambda_{adv} L_{adv} \tag{15-3}$$

其中,λ_{rec} 和 λ_{adv} 分别为重建损失和判别损失的权重。

在实验过程中,为了得到各种形状的缺失数据,设计了不同的前景缺失形状,包括中心矩形区域的缺失区域类型(如图 15-8a 所示)、随机生成块的缺失区域类型(如图 15-8b 所示)以及随机缺失区域类型(如图 15-8c 所示)。

a）　　　　　　　　　　　b）　　　　　　　　　　　c）

图 15-8　设计不同的前景缺失形状

图 15-9 是利用上下文信息编码的图像修补算法的实验结果。

图 15-9　基于上下文信息编码的图像修补算法的实验结果（来源：Context Encoders：Feature Learning by Inpainting，2016）

15.3　基于全局与局部一致性的图像修补算法

1. 算法设计思想

在上一节中，我们介绍了基于上下文信息的修补算法，该算法利用编码器和解码器来实现图像的修补，可以修复具有较大缺失区域的图像。然而，该方法存在的主要问题是修复好的图像存在局部模糊的情况，即利用基于真实图像和上下文信息进行修补时，人眼可以辨别出其结果与真实图像之间的差异。针对这一问题，2017 年，Waseda 大学的学者 Satoshi Iizuka 等人提出一种基于全局和局部一致性控制的图像修补算法（Globally and Locally Consistent Image Completion）。该方法利用 GAN 结构进行修补，在设计判别器时，采用全局判别器（Global Discriminator，简写为 G-Dis 网络）和局部判别器（Local Discriminator，简写为 L-Dis 网络），两种判别器保证生成的图像符合全局语义。除此之外，这两种判别器可以提高局部区域的清晰度和对比度。

2. 网络结构

网络的设计结合了 CNN 和 GAN 的结构。网络结构可分为两部分：补全网络（Completion Network，C-Net）和上下文判别网络，并设计 G-Dis 网络和 L-Dis 网络。与基于上下文信息编码的图像修补方法类似，C-Net 和两个判别器之间有特征交互，即 C-Net 输出的特征作为 G-Dis 网络和 L-Dis 网络的输入特征，对输入图像通过 C-Net 部分进行编码和解码后，解码还原

图 15-10　补全网络和判别器的关系结构

的图像作为 GAN 的生成器的生成结果，然后输入到 G-Dis 网络和 L-Dis 网络。也就是说，C-Net 可以看作 GAN 网络的生成器，如图 15-10 所示。

C-Net 采用编码–解码结构，如图 15-11 所示。

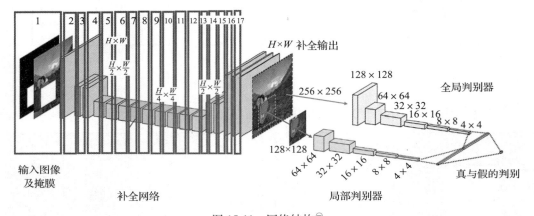

图 15-11　网络结构[⊖]

C-Net 中包括 17 层卷积运算单元，其中编码器和解码器结构分别由卷积和反卷积组成，各部分的作用如下：

①第 1 层进行卷积和激活处理，特征通道数为 64，跨步位移为 2，卷积核为 5×5×64。

②第 2 层和第 3 层进行卷积和激活处理，特征通道数分别为 128 和 64，第 2 层跨步位移为 2，第 3 层跨步位移为 3，第 3 层卷积后特征尺度不变，卷积核为 3×3×128。

③第 4 层至第 6 层进行卷积运算，特征通道数均为 256，跨步位移分别为 2、1、1，卷积核为 3×3×256。

④第 7 层至第 10 层各层均进行膨胀卷积运算，特征通道数均为 256，跨步位移均为 1，卷积核为 3×3×256，膨胀卷积运算间距分别为 2、4、8、16。

⑤第 11 层至第 12 层均进行卷积运算，特征通道数均为 256，跨步位移均为 1，卷积核为 3×3×256。

⑥第 13 层至第 15 层进行反卷积运算，特征通道数均为 128、128 和 64，跨步位移分别为 2、1 和 2，卷积核分别为 4×4×128、3×3×128 和 4×4×64。

⑦第 16 层和第 17 层进行卷积运算，特征通道数分别为 32 和 3，卷积核分别为 3×3×32 和 3×3×3，跨步位移均为 1。

⊖ 图 15-11 和图 15-12 均来源于 *Globally and Locally Consistent Image Completion*，作者 Satoshi Iizuka 等，2017 年。

对于 G-Dis 网络和 L-Dis 网络的设计：G-Dis 网络将完整图像作为输入，识别场景的全局一致性；L-Dis 网络以填充区域为中心，取原图像的 1/4 大小作为依据，判别局部一致性。通过 G-Dis 网络和 L-Dis 网络，最终网络不但可以实现全局外观一致，并且能够优化细节，最终产生更好的填补效果。

在 L-Dis 网络中，采用 5 个卷积单元，每个卷积单元分别进行卷积和激活运算。5 个卷积单元中的卷积运算通道数分别为 64、128、256、512 和 512，跨步位移均为 2，使得每次卷积后特征尺度下降为一半，卷积核分别为 5×5×64、5×5×128、5×5×256、5×5×512、5×5×512。

G-Dis 网络与 L-Dis 网络结构相似，采用 6 个卷积单元，每个卷积单元分别进行卷积和激活运算，6 个卷积单元中的卷积运算通道数分别为 64、128、256、512、512 和 512，跨步位移均为 2，使得每次卷积后特征尺度下降为一半，卷积核分别为 5×5×64、5×5×128、5×5×256、5×5×512、5×5×512 和 5×5×512。

3. 损失的定义

生成网络使用加权平均方差（Weighted Mean Squared Error）作为损失函数，采用加权平均损失计算补全的损失，计算原图像与生成图像像素之间的差异作为生成器的损失控制，其定义为：

$$L(x, M_c) = \| M_c \odot (C(x, M_c) - x) \|^2 \tag{15-4}$$

其中，$\odot$ 表示像素级的相乘运算。

G-Dis 网络与 L-Dis 网络的损失采用交叉熵作为判别损失，使预测结果更加真实，其损失定义形式与式（15-2）类似。

图 15-12 是基于全局与局部一致性的图像修补算法的实验结果。

图 15-12　全局与局部一致性的图像修补算法的实验结果（来源：Globally and Locally Consistent Image Completion，2017）

习题

一、基础知识

1. 什么是图像的修复技术？
2. 请列出现有的关于图像修复技术的最新文献。
3. 请简述基于上下文信息编码的图像修补算法的主要设计思想。
4. 在基于上下文信息编码的图像修补算法中，可以采取哪些措施提升图像修复的效果？请具体说明。

5. 在智能图像修复处理技术中，编码和解码结构起什么作用？

6. 采用有监督的深度学习方法进行智能图像修复处理时，损失函数在监督学习中的具体作用是什么？

7. 选取一种智能图像修复处理技术，说明其设计思想。

8. 简述基于全局一致性与局部一致性的图像修补算法的主要设计思想。

9. 在基于全局一致性与局部一致性的图像修补算法中，局部一致性是怎样控制的？

10. 请简述基于全局一致性与局部一致性的图像修补算法的损失函数是怎样设计的。

二、算法实现

阅读以下 TensorFlow 代码（或者从网上下载 PyTorch 代码），说明基于上下文信息编码的图像修补算法的实现方法。

```python
def generator(masked_image, batch_size, image_dim, is_train=True, no_reuse=False):
  with tf.variable_scope('generator128') as scope:
    if not (is_train or no_reuse):
      scope.reuse_variables()
    layer_num = 1
    with tf.variable_scope('hidden' + str(layer_num)):
      hidden = conv2d(masked_image, 64, (4, 4), (2, 2), trainable=is_train)
      hidden = tf.nn.relu(batch_norm(hidden, train=is_train))
    layer_num += 1
    with tf.variable_scope('hidden' + str(layer_num)):
      hidden = conv2d(hidden, 64, (4, 4), (2, 2), trainable=is_train)
      hidden = tf.nn.relu(batch_norm(hidden, train=is_train))
    layer_num += 1
    with tf.variable_scope('hidden' + str(layer_num)):
      hidden = conv2d(hidden, 128, (4, 4), (2, 2), trainable=is_train)
      hidden = tf.nn.relu(batch_norm(hidden, train=is_train))
    layer_num += 1
    with tf.variable_scope('hidden' + str(layer_num)):
      hidden = conv2d(hidden, 256, (4, 4), (2, 2), trainable=is_train)
      hidden = tf.nn.relu(batch_norm(hidden, train=is_train))
    layer_num += 1
    with tf.variable_scope('hidden' + str(layer_num)):
      hidden = conv2d(hidden, 512, (4, 4), (2, 2), trainable=is_train)
      hidden = tf.nn.relu(batch_norm(hidden, train=is_train))
    layer_num += 1
    with tf.variable_scope('hidden' + str(layer_num)):
      hidden = tf.reshape(hidden, [batch_size, 4 * 4 * 512])
      hidden = fully_connect(hidden, 4000, trainable=is_train)
      hidden = tf.nn.relu(batch_norm(hidden, train=is_train))
    layer_num += 1
    with tf.variable_scope('hidden' + str(layer_num)):
      hidden = fully_connect(hidden, 4 * 4 * 512, trainable=is_train)
      hidden = tf.reshape(hidden, [batch_size, 4, 4, 512])
      hidden = tf.nn.relu(batch_norm(hidden, train=is_train))
    layer_num += 1
    with tf.variable_scope('hidden' + str(layer_num)):
      hidden = transconv2d(hidden, output_channel=256,
                           kernel=(4, 4), stride=(2, 2), trainable=is_train)
      hidden = tf.nn.relu(batch_norm(hidden, train=is_train))
    layer_num += 1
```

```
      with tf.variable_scope('hidden' + str(layer_num)):
         hidden = transconv2d(hidden, output_channel=128,
                              kernel=(4, 4), stride=(2, 2), trainable=is_train)
         hidden = tf.nn.relu(batch_norm(hidden, train=is_train))
      layer_num += 1
      with tf.variable_scope('hidden' + str(layer_num)):
         hidden = transconv2d(hidden, output_channel=64,
                              kernel=(4, 4), stride=(2, 2), trainable=is_train)
         hidden = tf.nn.relu(batch_norm(hidden, train=is_train))
      layer_num += 1
      with tf.variable_scope('hidden' + str(layer_num)):
         hidden = transconv2d(hidden, output_channel=image_dim,
                              kernel=(4, 4), stride=(2, 2), trainable=is_train)
         hidden = tf.nn.tanh(hidden)
      return hidden


def discriminator(inpaint, batch_size, reuse=False, is_train=True):
   with tf.variable_scope('discriminator128') as scope:
      if reuse:
         scope.reuse_variables()
      layer_num = 1
      with tf.variable_scope('hidden' + str(layer_num)):
         hidden = conv2d(inpaint, 64, (4, 4), (2, 2), trainable=is_train)
         hidden = lrelu(batch_norm(hidden, train=is_train))
      layer_num += 1
      with tf.variable_scope('hidden' + str(layer_num)):
         hidden = conv2d(hidden, 128, (4, 4), (2, 2), trainable=is_train)
         hidden = lrelu(batch_norm(hidden, train=is_train))
      layer_num += 1
      with tf.variable_scope('hidden' + str(layer_num)):
         hidden = conv2d(hidden, 256, (4, 4), (2, 2), trainable=is_train)
         hidden = lrelu(batch_norm(hidden, train=is_train))
      layer_num += 1
      with tf.variable_scope('hidden' + str(layer_num)):
         hidden = conv2d(hidden, 512, (4, 4), (2, 2), trainable=is_train)
         hidden = lrelu(batch_norm(hidden, train=is_train))
      layer_num += 1
      with tf.variable_scope('hidden' + str(layer_num)):
         hidden = tf.reshape(hidden, [batch_size, 4*4*512])
         hidden = fully_connect(hidden, 1, trainable=is_train)
      return hidden[:, 0]
```

参 考 文 献

[1] 孙燮华. 数字图像处理：原理与算法[M]. 北京：机械工业出版社，2010.

[2] 章毓晋. 图像处理[M]. 北京：清华大学出版社，2006.

[3] 王家文，李仰军. MATLAB7.0图形图像处理[M]. 北京：国防工业出版社，2006.

[4] 于万波. 基于Matlab的图像处理[M]. 北京：清华大学出版社，2008.

[5] 陈兵旗. 实用数字图像处理与分析[M]. 北京：中国农业大学出版社，2008.

[6] 吴国平. 数字图像处理原理[M]. 武汉：中国地质大学出版社，2007.

[7] 张德丰. MATLAB数字图像处理[M]. 北京：机械工业出版社，2009.

[8] 阿查里雅，等. 数字图像处理原理与应用[M]. 田浩，等译. 北京：清华大学出版社，2007.

[9] 崔屹. 数字图像处理技术与应用[M]. 北京：电子工业出版社，1997.

[10] 陆系群，陈纯. 图像处理原理、技术与算法[M]. 杭州：浙江大学出版社，2001.

[11] 王宏，赵海滨. 数字图像处理：Java语言实现[M]. 沈阳：东北大学出版社，2005.

[12] 守吉陈，张立明. 分形与图像压缩[M]. 上海：上海科技教育出版社，1998.

[13] PETROU M，BOSDOGIANNI M. 数字图像处理疑难解析[M]. 赖剑煌，译. 北京：机械工业出版社，2005.

[14] 曹茂永. 数字图像处理[M]. 北京：北京大学出版社，2007.

[15] 刘直芳，等. 数字图像处理与分析[M]. 北京：清华大学出版社，2006.

[16] 阮秋琦，阮宇智，等. 数字图像处理[M]. 北京：电子工业出版社，2011.

[17] NIXON M S，等. 特征提取与图像处理[M]. 北京：电子工业出版社，2010.

[18] SONKA M，等. 图像处理、分析与机器视觉[M]. 北京：清华大学出版社，2011.

[19] 章毓晋. 图像工程：上册—图像处理[M]. 北京：清华大学出版社，2012.

[20] 高木干雄，等. 图像处理技术手册[M]. 孙卫东译. 北京：科学出版社，2007.

[21] PARKER J R，等. 图像处理与计算机视觉算法及应用[M]. 北京：清华大学出版社，2012.

[22] CHAN T F. 图像处理与分析：变分、PDE、小波及随机方法[M]. 北京：科学出版社，2011.

[23] CASTLEMAN K R. 数字图像处理[M]. 北京：电子工业出版社，2011.

[24] 赵小川，等. 现代数字图像处理技术提高及应用案例详解[M]. 北京：北京航空航天大学出版社，2012.

[25] 贾渊，等. 偏微分方程图像处理及程序设计[M]. 北京：科学出版社，2012.

[26] 秦襄培，等. MATLAB图像处理宝典[M]. 北京：电子工业出版社，2011.

[27] 贾永红，等. 数字图像处理[M]. 武汉：武汉大学出版社，2010.

[28] 胡学龙，等. 数字图像处理[M]. 北京：电子工业出版社，2011.

[29] 杨丹，等. MATLAB图像处理实例详解[M]. 北京：清华大学出版社，2013.

[30] 陈家新，等. 医学图像处理及三维重建技术研究[M]. 北京：科学出版社，2010.

[31] 田捷，等. 医学成像与医学图像处理教程[M]. 北京：清华大学出版社，2013.

[32] 杨杰，等. 数字图像处理及MATLAB实现[M]. 北京：电子工业出版社，2010.

[33] 高展宏，等. 基于MATLAB的图像处理案例教程[M]. 北京：清华大学出版社，2011.

[34] 田岩数，彭复员. 数字图像处理与分析[M]. 武汉：华中科技大学出版社，2009.

[35] 朱虹. 数字图像处理基础[M]. 北京：科学出版社，2005.

[36] 赵小川，等. MATLAB数字图像处理实战[M]. 北京：机械工业出版社，2013.

[37] 姚敏. 数字图像处理[M]. 北京：机械工业出版社，2006.

[38] 马晓路，等. MATLAB 图像处理从入门到精通[M]. 北京：中国铁道出版社，2013.

[39] 张洪刚，等. 图像处理与识别[M]. 北京：北京邮电大学出版社，2006.

[40] Matlab 显示图片和 SubPlot 命令[EB/OL]. http://blog.csdn.net/zjhzyzc/article/details/5778010.

[41] 刘刚. MATLAB 数字图像处理[M]. 北京：机械工业出版社，2010.

[42] 朱秀昌. 数字图像处理与图像通信[M]. 北京：北京邮电大学出版社，2008.

[43] 秦襄培. MATLAB 图像处理宝典[M]. 北京：电子工业出版社，2011.

[44] 常青. 数字图像处理教程[M]. 上海：华东理工大学出版社，2009.

[45] 周贤伟，付娅丽. 图像处理技术及其应用[M]. 北京：国防工业出版社，2005.

[46] 陈志华，高岩. 计算机图像处理与应用[M]. 上海：华东理工大学出版社，2011.

[47] 胡晓军，徐飞. MATLAB 应用图像处理[M]. 西安：西安电子科技大学出版社，2011.

[48] 夏德深，傅德胜. 计算机图像处理及应用实验教程[M]. 南京：东南大学出版社，2005.

[49] 陆玲，周书民. 数字图像处理方法及程序设计[M]. 哈尔滨：哈尔滨工程大学出版社，2011.

[50] 陆玲，王蕾，桂颖. 数字图像处理[M]. 北京：中国电力出版社，2008.

[51] 许录平. 数字图像处理[M]. 北京：科学出版社，2007.

[52] 李文锋. 图形图像处理与应用[M]. 北京：中国标准出版社，2006.

[53] 张强王，正林. 精通 MATLAB 图像处理[M]. 北京：电子工业出版社，2012.

[54] 韩晓军. 数字图像处理技术与应用[M]. 北京：电子工业出版社，2010.

[55] 杨帆. 数字图像处理与分析[M]. 北京：北京航空航天大学出版社，2013.

[56] 柳青. 图形图像处理实用教程[M]. 北京：高等教育出版社，2005.

[57] 孙兴华，郭丽. 数字图像处理——编程框架理论分析实例应用和源码实现[M]. 北京：机械工业出版社，2012.

[58] 于仕琪，刘瑞祯. OpenCV 教程：基础篇[M]. 北京：北京航空航天大学出版社，2007.

[59] 布拉德斯基，克勒. 学习 OpenCV(影印版)[M]. 南京：东南大学出版社，2009.

[60] 何东健. 数字图像处理[M]. 西安：西安电子科技大学出版社，2008.

[61] 杨枝灵，等. 数字图像获取处理及实践应用[M]. 北京：人民邮电出版社，2003.

[62] 汪丹，等. 视频模糊图像的复原算法研究[D]. 昆明：云南大学，2011.

[63] GONZALEZ R C，WOODS R E. Digital Image Processing[M]. 3rd ed. New Jersey：Prentice Hall，2008.

[64] ELHARROUSS O，ALMAADEED N，AL-MAADEED S，et al. Image inpainting：a review[J]. Neural Processing Letters，2019(5).

[65] PRATT W K. Digital Image Processing[M]. 3rd ed. Los Altos：John Wiley & Sons，2007.

[66] 百度如流[OL]. http://hi.baidu.com/%D0%A1%D0%A1%D0%A1%D3%E3_/blog/item/5c3e671 b919d72ddad6e75f6.html.

[67] 数字图像处理[EB/OL]. http://baike.baidu.com/view/286846.htm.

[68] 图像处理和识别中常用的 OpenCV 函数[EB/OL]. http://ishare.iask.sina.com.cn/f/ 20023808.html.

[69] 彩色图像处理[OL]. http://baike.baidu.com/view/1145894.htm.

[70] 陈炳权，等. 数字图像处理技术的现状及其发展方向[J]. 吉首大学学报(自然科学版)，2009 (1)：63-70.

[71] 唐志文. 浅析数字图像处理技术的研究现状及其发展方向[J]. 硅谷，2010(5)：30.

[72] 图片格式[EB/OL]. http://baike.baidu.com/view/19666.htm#1.

[73] OpenCV 参考手册[EB/OL]. http://www.opencv.org.cn.

[74] 人眼的结构[EB/OL]. http://www.yongyao.net/zhuanti/aiyan/rs01.html.

[75] 颜色模型[EB/OL]. http://baike.baidu.com/view/1985217.htm.

［76］ 马赫带［EB/OL］. http：//baike. baidu. com/view/162292. htm.

［77］ 视觉掩蔽［EB/OL］. http：//baike. baidu. com/view/1774271. htm.

［78］ 山东科技大学数字图像处理精品课程网站［EB/OL］. http：//jpkc. sdust. edu. cn/sztxcl/.

［79］ 代数运算与几何运算［EB/OL］. http：//wenku. baidu. com/view/22add12e915f804d2b16c173. html.

［80］ 直方图规定化［EB/OL］. http：//baike. baidu. com/view/1203254. html.

［81］ 天津理工大学数字图像处理课件［EB/OL］. http：//resource. jingpinke. com/details？objectId＝oid：ff808081-2475b91c-0124-75b9854b-7865&uuid＝ff808081-2475b91c-0124-75b9854a-7864.

［82］ 遥感数字图像处理基础［EB/OL］. http：//bj3s. pku. edu. cn/activity/subjects/lesson3. pdf.

［83］ 低通滤波［EB/OL］. http：//baike. baidu. com/view/1669798. htm.

［84］ 带阻滤波器［EB/OL］. http：//zh. wikipedia. org/zh/%E5%B8%A6%E9%98%BB%E6%BB%A4%E6%B3%A2%E5%99%A8.

［85］ 巴特沃斯滤波器［EB/OL］. http：//zh. wikipedia. org/zh/%E5%B7%B4%E7%89%B9%E6%B2%83%E6%96%AF%E6%BB%A4%E6%B3%A2%E5%99%A8.

［86］ 孟昕. 运动模糊图像的处理与恢复研究［D］. 合肥：安徽大学，2007.

［87］ 上海交通大学数字图像处理课件［EB/OL］. ftp：//ftp. cs. sjtu. edu. cn：990/fhqi/DIP/Chapter%207/Active%20Contour%20Models. ppt.

［88］ 实战——无边缘活动轮廓模型［EB/OL］. http：//bbs. sciencenet. cn/blog-287000-507515. html.

［89］ 无损压缩［EB/OL］. http：//baike. baidu. com/view/156047. htm.

［90］ HUFFMAN 编码压缩算法［EB/OL］. http：//coolshell. cn/articles/7459. html.

［91］ 安阳师范学院多媒体技术与应用网络教学资源［EB/OL］. http：//wlzy. aynu. edu. cn/jsj/wlkc/dmtjs/text/cha04/section4/part1/index01. htm#.

［92］ 林福宗. 多媒体技术教程［M］. 北京：清华大学出版社，2009.

［93］ 艾海舟. 数字图像处理教程［EB/OL］. http：//media. cs. tsinghua. edu. cn/~ahz/digitalimageprocess/.

［94］ ECE472/572-Digital Image Processing［EB/OL］. http：//web. eecs. utk. edu/~qi/ece472-572/index. html.

［95］ GONZALEZ C，WOODS R. Digital Image Processing［M］. Prentice-Hall Inc. ，2002.

［96］ 南京大学数字图像处理课程课件［EB/OL］. http：//cs. nju. edu. cn/zhandc/DIP/Ch01. ppt.

［97］ Computational Photography［EB/OL］. http：//www. cs. cmu. edu/afs/andrew/scs/cs/15-463/pub/www/463. html.

［98］ BANKMAN I N. Handbook of Medical Imaging Processing and Anylysis［J］. A Harcourt Science and Technogy Company，2000.

［99］ Computer Vision［EB/OL］. http：//pages. cs. wisc. edu/~lizhang/courses/cs766-2010f.

［100］ 北京航空航天大学数字图像处理课程网站［EB/OL］. http：//imageprocessing. buaa. edu. cn/.

［101］ 计算机图像处理讲义［EB/OL］. http：//staff. ustc. edu. cn/~leeyi/pict_ text/.

［102］ 数字图像处理课程网站［EB/OL］. http：//cs. nju. edu. cn/zhandc/DIP/.

［103］ 克莱姆森大学课程网站［EB/OL］. http：//www. ces. clemson. edu/~stb/ece847/fall2004/.

［104］ 布朗大学课程资源［EB/OL］. http：//cs. brown. edu/courses/csci1950-g/lectures/21/morphing. ppt.

［105］ OpenCV 中的傅里叶变换［EB/OL］. http：//blog. csdn. net/abcjennifer/article/details/7359952.

［106］ OpenCV 中的傅里叶变换和逆变换［EB/OL］. http：//blog. csdn. net/xlh145/article/details/8944684.

［107］ OpenCV 中文网站论坛［EB/OL］. http：//www. opencv. org. cn/forum/viewtopic. php？f＝1&t＝186.

［108］ Intel 开源计算机视觉库 OpenCV 参考资料［EB/OL］. https：//www. w3cschool. cn/opencv/.

［109］ OTSU N. A threshold selection method from gray-level histogram［J］. IEEE Transactions on Systems Man Cybernet，1978，9（1）：62-66.

［110］ ADAMS R，BISCHOF L. Seeded region growing［J］. IEEE transactions on pattern analysis and machine intelligence，1994，16（6）：641-647.

［111］ 李培华，张田文．主动轮廓线模型(蛇模型)综述[J]．软件学报，2000，11(6)：751-757.

［112］ 冯俊萍，等．基于数学形态学的图像边缘检测技术[J]．航空计算技术，2004，27(5)：158-161.

［113］ 小波与小波变换[EB/OL]．http://wenku.baidu.com/view/7839b821aaea998fcc220eed.html.

［114］ Matlab 练习程序(图像 Haar 小波变换)[EB/OL]．http://www.cnblogs.com/tiandsp/archive/2013/04/12/3016989.html.

［115］ IOUL O，DUHAME P. Fast algorithms for discrete and continuous wavelet transforms[J]. IEEE Transactions on Information Theory，1992，38(2)：569-586.

［116］ Discrete Wavelet Transforms[EB/OL]. http://sfb649.wiwi.hu-berlin.de/fedc_homepage/xplore/ebooks/html/csa/node60.html.

［117］ 自己写的一个二维离散小波分解的程序[EB/OL]．http://www.ilovematlab.cn/thread-252493-1-1.html.

［118］ 运动模糊实现(VC++)[OL]．http://blog.csdn.net/freeboy1015/article/details/7734247.

［119］ PETERI R，HUSKIES M，FAZEKAS S. DynTex：A Comprehensive Database of Dynamic Textures [J]. Pattern Recognition Letters，2010，31(12)：1627-1632.

［120］ Volume 2：Aerials[EB/OL]. http://sipi.usc.edu/database/database.php？volume=aerials.

推 荐 阅 读

计算机图形学原理及实践（原书第3版）（基础篇）

作者：（美）约翰·F. 休斯 安德里斯·范·达姆 摩根·麦奎尔 戴维·F. 斯克拉 詹姆斯·D. 福利 史蒂文·K. 费纳 科特·埃克里 译者：彭群生 刘新国 苗兰芳 吴鸿智 等 ISBN：978-7-111-61180-6

计算机图形学原理及实践（原书第3版）（进阶篇）

作者：（美）约翰·F. 休斯 安德里斯·范·达姆 摩根·麦奎尔 戴维·F. 斯克拉 詹姆斯·D. 福利 史蒂文·K. 费纳 科特·埃克里 译者：彭群生 吴鸿智 王锐 刘新国 等 ISBN：978-7-111-67008-7

本书是计算机图形学领域久负盛名的经典教材，被国内外众多高校选作教材。第3版从形式到内容都有极大的变化，与时俱进地对图形学的关键概念、算法、技术及应用进行了细致的阐释。为便于教学，中文版分为基础篇和进阶篇两册。

主要特点

首先介绍预备数学知识，然后对不同的图形学主题展开讨论，并在需要时补充新的数学知识，从而搭建起易于理解的学习路径，实现理论与实践的相互促进。

更新并添加三角形网格面、图像处理等当代图形学的热点内容，摒弃了传统的线画图形内容，同时关注经典思想和技术的发展脉络，培养解决问题的能力。

基于WPF和G3D展开应用实践，用大量伪代码展示算法的整体思路而略去细节，从而聚焦于基础性原则，在读者具备一定的编程经验后便能够做到举一反三。

推荐阅读

机器学习：从基础理论到典型算法（原书第2版）

作者：（美）梅尔亚·莫里 阿夫欣·罗斯塔米扎达尔 阿米特·塔尔沃卡尔
译者：张文生 杨雪冰 吴雅婧 ISBN：978-7-111-70894-0

本书是机器学习领域的里程碑式著作，被哥伦比亚大学和北京大学等国内外顶尖院校用作教材。本书涵盖机器学习的基本概念和关键算法，给出了算法的理论支撑，并且指出了算法在实际应用中的关键点。通过对一些基本问题乃至前沿问题的精确证明，为读者提供了新的理念和理论工具。

机器学习：贝叶斯和优化方法（原书第2版）

作者：（希）西格尔斯·西奥多里蒂斯 译者：王刚 李忠伟 任明明 李鹏
ISBN：978-7-111-69257-7

本书对所有重要的机器学习方法和新近研究趋势进行了深入探索，通过讲解监督学习的两大支柱——回归和分类，站在全景视角将这些繁杂的方法——打通，形成了明晰的机器学习知识体系。

新版对内容做了全面更新，使各章内容相对独立。全书聚焦于数学理论背后的物理推理，关注贴近应用层的方法和算法，并辅以大量实例和习题，适合该领域的科研人员和工程师阅读，也适合学习模式识别、统计/自适应信号处理、统计/贝叶斯学习、稀疏建模和深度学习等课程的学生参考。

人工智能：原理与实践

作者：（美）查鲁·C. 阿加沃尔　译者：杜博 刘友发　ISBN：978-7-111-71067-7

本书特色

本书介绍了经典人工智能（逻辑或演绎推理）和现代人工智能（归纳学习和神经网络），分别阐述了三类方法：

基于演绎推理的方法，从预先定义的假设开始，用其进行推理，以得出合乎逻辑的结论。底层方法包括搜索和基于逻辑的方法。

基于归纳学习的方法，从示例开始，并使用统计方法得出假设。主要内容包括回归建模、支持向量机、神经网络、强化学习、无监督学习和概率图模型。

基于演绎推理与归纳学习的方法，包括知识图谱和神经符号人工智能的使用。

神经网络与深度学习

作者：邱锡鹏　ISBN：978-7-111-64968-7

本书是深度学习领域的入门教材，系统地整理了深度学习的知识体系，并由浅入深地阐述了深度学习的原理、模型以及方法，使得读者能全面地掌握深度学习的相关知识，并提高以深度学习技术来解决实际问题的能力。本书可作为高等院校人工智能、计算机、自动化、电子和通信等相关专业的研究生或本科生教材，也可供相关领域的研究人员和工程技术人员参考。